# Biomolecular Chemistry

エキスパート応用化学テキストシリーズ
**EXpert Applied Chemistry Text Series**

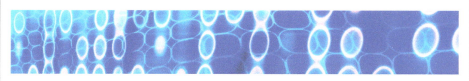

# 生体分子化学
## 基礎から応用まで

*Naoki Sugimoto*
杉本直己 ……………………………………………………………… [編著]

| *Masanobu Naito* | *Mineo Hashizume* | *Shuntaro Takahashi* | *Naoki Tanaka* | *Hisae Tateishi* |
| 内藤昌信 | 橋詰峰雄 | 高橋俊太郎 | 田中直毅 | 建石寿枝 |

| *Tamaki Endoh* | *Kouhei Tsumoto* | *Satoru Nagatoishi* | *Teruhiko Matsubara* | *Minoru Ueda* |
| 遠藤玉樹 | 津本浩平 | 長門石 曉 | 松原輝彦 | 上田 実 |

*Shoichiro Asayama*
朝山章一郎 ……………………………………………………………… [著]

講談社

## 執筆者一覧
（カッコ内は担当の章）

**編著者**

杉本　直己　　甲南大学 先端生命工学研究所　　（1章,3章）

**執筆者（50音順）**

朝山章一郎　　首都大学東京 大学院都市環境科学研究科 分子応用化学域
　　　　　　　　　　　　　　　　　　　　　　　　　　　　　　（12章）
上田　　実　　東北大学大学院 理学研究科 化学専攻　　（11章）
遠藤　玉樹　　甲南大学 先端生命工学研究所　　（6章）
髙橋俊太郎　　甲南大学 先端生命工学研究所　　（3章）
建石　寿枝　　甲南大学 先端生命工学研究所　　（5章）
田中　直毅　　京都工芸繊維大学 分子化学系　　（4章,7章）
津本　浩平　　東京大学大学院 工学系研究科 バイオエンジニアリング専攻
　　　　　　　　　　　　　　　　　　　　　　　　　　　　　　（8章）
内藤　昌信　　物質材料研究機構 構造材料研究拠点 輸送機材料分野　　（2章）
長門石　暁　　東京大学大学院 工学系研究科 バイオエンジニアリング専攻
　　　　　　　　　　　　　　　　　　　　　　　　　　　　　　（8章）
橋詰　峰雄　　東京理科大学 工学部 工業化学科　　（2章, 10章）
松原　輝彦　　慶應義塾大学 理工学部 生命情報学科　　（9章）

# はじめに

(現在のところ)生命現象として見つかった奇妙な挙動が，分子レベルではこのようにして起こっているのではないかという解釈ができるだけである．「このような構造やメカニズムならこのような奇妙な挙動をする」というような予測は，現状ではとうていできそうにない．私もどうにかして生命現象を，分子のレベルで明らかにしようと研究を進めているが，生命の分子レベルでの法則が解明できないでいる．

(中略)

わからないことが多すぎる．前途は多難である．が，暗くはない．なぜなら，問題がたいへん興味深いからである．専門家のみが生物機能の模倣を追求していた生物研究の時代から，分子レベルでの新しい生命化学の時代へと，21世紀の幕開けとともに変遷しそうである．いままでは科学が敬遠するしかなかった，意識，記憶，夢などの生命活動の根源のテーマに分子レベルでアプローチできる時代が到来したといえよう(まだまだギャップは大きいが)．まさに，生命化学のルネッサンスであり，多くのアクティブな人たちの活躍が期待される．

　これは，20年前に書いた，筆者の小文「これからの学問：ミクロなレベルで生命を考える」(『大学時報』45巻，pp.116-119(1996年))の一節である．
　その約10年後に，大学学部生向けの教科書『生命化学』(単著，丸善(2007年))を執筆した．この本では，生命現象に関わる分子たちの性質と機能を解説した．まさに「What is Life?」の命題に迫る生命化学の真骨頂を伝えた．(つもりであった．当時は．)
　それからさらに10年が経ち，この生体分子化学(生命化学)の分野はよりいっそう発展している．生体分子の新しい性質や機能が日進月歩明らかにされて，「昨日の常識が今日の非常識，今日の非常識が明日の常識」的な状況になりつつある．それゆえ，核酸，タンパク質，糖，脂質などを中心に，その構造，物性，機能を総合的に理解し，さらに新しい知見に基づいてそれらの生体分子の活性を制御することを学ぶ，適切な教科書が必要になってきた．しかしながら，分野の発展によって，10年前とは異なり，一人の著者が生体分子のすべての化学を解説することはかなり困難な状況にある．

## はじめに

　そこで，生体分子を化学的に研究されているフロントランナーの先生方に執筆をお願いし完成した教科書が，本書『生体分子化学』である．本書の目的は，読者の方々が生体機能を担う重要な分子の構造，物性および反応を理解すること，さらにそれらの生体分子の活性を制御できるようになることにある．大学学部生だけでなく，大学院生や若手研究者も読者になることを想定して執筆をお願いした．本書は，執筆者の多方面からの視点によって，読者に幅広い視野を与えてくれるだろう．

　本書を使って生体分子化学を学習する上で，最も重要な点は以下の2点である．

### （1）化学の基礎を学び，生体分子に応用する

　第1章でまずは本書の全体像を把握し，次に第2, 3, 4章で有機化学，物理化学，高分子化学などの生体分子を扱うのに必須な化学的基礎概念と手法を学ぶ．いよいよ，それらの基盤化学を，第5章以下で各生体分子に応用し，その分子の構造，物性および反応を理解するのである．新しい知見なども豊富に出てくる．従来の常識だけでなく，新たな常識や「非常識」も同様に学んでほしい．そして，読者が新しく素晴らしい課題を見つけ研究を始めるきっかけにしてほしい．

### （2）歴史を学び，未来を知る

　学ぶことは，知識を学ぶことだけでなく，すぐれた先人研究者の発想や知恵をも学ぶことを意味している．その発想や知恵を，読者がいかに自分のやりたい未来のテーマで参考にできるかが重要である．そこで，各所に卓越した先人研究者の発想，業績，逸話などを写真などとともに紹介した．その先人研究者になったつもりで，生体分子化学を学んでほしい．

　本書の各章をご執筆いただいた先生方は各分野の卓越した研究者の方々であり，多忙のなか，素晴らしい内容をご執筆いただいた．感謝いたしたい．本書を作成するきっかけは，私が所長を務める甲南大学先端生命工学研究所（FIBER）の研究成果によって，従来の核酸化学の常識が大きく変化し始めたことによる．このFIBERの研究をご支援いただいた，多くのご関係各位，特に平生甲一氏，澤田壽夫氏，伊藤勲氏，岡崎一雄氏に，心より御礼申し上げる．また，企画から編集までたいへんお世話になった講談社サイエンティフィクの五味研二氏に，深く感謝したい．彼の献身的な援助のおかげで，本書は出版できたのだから．

2017年正月　　杉本　直己

# 目　次

**第1章　序章** ······················································· 1
  1.1　生体分子の種類と役割 ····································· 1
  1.2　生体分子の相互作用 ······································· 4
  1.3　生体分子の周辺環境 ······································· 6
  1.4　生体分子のユニークな挙動 ································· 7
  1.5　本書の活用法 ············································ 10

**第2章　有機化学の基礎** ············································ 13
  2.1　代表的な有機化学反応の分類と官能基 ······················· 15
  2.2　有機化学反応の反応機構 ··································· 17
    2.2.1　電子の動きから見た有機化学反応 ······················· 17
    2.2.2　イオン反応とラジカル反応 ···························· 17
  2.3　有機化学反応の例 ········································ 18
    2.3.1　置換反応，付加反応，脱離反応，転位反応 ··············· 18
    2.3.2　酸化還元反応 ······································· 25
    2.3.3　光反応 ············································ 27
  2.4　分子間に働く相互作用 ···································· 30
    2.4.1　ファンデルワールス力 ······························· 30
    2.4.2　水素結合 ·········································· 31
    2.4.3　疎水性相互作用 ····································· 32
    2.4.4　静電相互作用 ······································· 33

**第3章　物理化学の基礎** ············································ 35
  3.1　化学反応とエネルギー ···································· 35
    3.1.1　熱力学第一法則 ····································· 35
    3.1.2　熱力学第二法則とエントロピー ························ 38
    3.1.3　自由エネルギーと化学反応 ···························· 41
    3.1.4　化学ポテンシャルと化学平衡 ·························· 44

## 目　次

　　　3.1.5　結合反応とエネルギー　47
　3.2　化学反応の速度　49
　　　3.2.1　化学反応の速度式と速度定数　49
　　　3.2.2　反応速度とエネルギー　52
　3.3　生命体とエネルギー　54
　　　3.3.1　生体内でのエネルギーの流れ　54
　　　3.3.2　非平衡熱力学と生命体　57

## 第4章　高分子化学の基礎　59
　4.1　高分子の合成法　59
　　　4.1.1　重合反応の分類　59
　　　4.1.2　重合反応の特徴　60
　4.2　合成高分子の化学構造　64
　　　4.2.1　コンフィグレーション（立体配置）　64
　　　4.2.2　共重合体　66
　　　4.2.3　分子量分布　67
　4.3　高分子溶液の物性　68
　　　4.3.1　高分子鎖の広がりと排除体積効果　68
　　　4.3.2　高分子電解質　70
　　　4.3.3　格子モデルを用いた高分子溶液の熱力学　72
　　　4.3.4　高分子溶液の相分離　73
　　　4.3.5　高分子溶液の粘性　74

## 第5章　核酸　77
　5.1　核酸研究の歴史　77
　5.2　細胞内での核酸　80
　5.3　核酸の構造と性質　82
　　　5.3.1　核酸の化学構造　82
　　　5.3.2　核酸の立体構造　83
　　　5.3.3　核酸の構造を決定する相互作用　86
　　　5.3.4　核酸と溶液の相互作用　88
　　　5.3.5　核酸の分光学的性質とその活用　91
　5.4　核酸の合成法　94

5.5　ゲノム配列の解析と活用·················································· 98
　5.5.1　ゲノム配列の解析···················································· 98
　5.5.2　特定遺伝子の配列の検出·········································· 100
　5.5.3　ゲノムの配列解析から構造解析へ······························ 101

# 第6章　セントラルドグマ·················································· 103
6.1　セントラルドグマ誕生に至る歴史······································ 103
6.2　セントラルドグマにおける反応過程の共通性······················ 104
6.3　ゲノムDNAの複製反応·················································· 106
6.4　RNAへの転写反応························································ 108
　6.4.1　転写反応の流れ···················································· 109
　6.4.2　転写後RNAのプロセシング···································· 112
6.5　タンパク質への翻訳反応················································ 114
6.6　翻訳後タンパク質の動態················································ 121
6.7　細胞内の分子環境·························································· 122
6.8　遺伝子発現の調節·························································· 124
6.9　セントラルドグマの化学的な理解······································ 132

# 第7章　タンパク質·························································· 133
7.1　タンパク質研究の歴史···················································· 133
7.2　タンパク質の機能·························································· 135
7.3　タンパク質の構造とその解析方法······································ 136
　7.3.1　α-アミノ酸の構造··················································· 136
　7.3.2　タンパク質の立体構造に関わる相互作用····················· 140
　7.3.3　タンパク質の立体構造の階層性································· 140
　7.3.4　タンパク質の定量と構造解析···································· 145
7.4　タンパク質の性質―安定性，立体構造形成，凝集················ 150
　7.4.1　タンパク質の変性とフォールディング························ 150
　7.4.2　タンパク質の安定性の指標······································· 151
　7.4.3　タンパク質の立体構造の予測と形成機構····················· 154
　7.4.4　タンパク質の立体構造形成の補助······························ 157
　7.4.5　タンパク質の凝集·················································· 158
7.5　タンパク質の合成と精製················································ 160

7.5.1　$N$-カルボキシアミノ酸無水物(NCA)の開環重合 ………… 160
   7.5.2　ペプチド固相合成 ……………………………………… 161
   7.5.3　遺伝子工学を用いる方法 ……………………………… 162
   7.5.4　タンパク質の分離・精製と分析 ……………………… 162
  7.6　タンパク質工学 ………………………………………………… 165

# 第8章　酵素 …………………………………………………………… 169
  8.1　酵素研究の歴史 ………………………………………………… 169
  8.2　酵素および酵素反応の特徴 …………………………………… 170
  8.3　酵素の分類 ……………………………………………………… 171
  8.4　触媒反応の機構 ………………………………………………… 172
   8.4.1　触媒機構の種類 ………………………………………… 172
   8.4.2　特異性に関する構造モデル …………………………… 177
   8.4.3　遷移状態と活性化エネルギー ………………………… 178
  8.5　酵素の反応速度論 ……………………………………………… 179
   8.5.1　ミカエリス・メンテンの式と定数の意味 …………… 179
   8.5.2　$V_{max}$と$K_m$の測定方法および各種プロット ……… 182
  8.6　酵素反応の制御 ………………………………………………… 183
   8.6.1　反応温度 ………………………………………………… 184
   8.6.2　反応pH …………………………………………………… 184
   8.6.3　阻害剤 …………………………………………………… 185
   8.6.4　基質の阻害と活性化 …………………………………… 186
   8.6.5　アロステリック効果 …………………………………… 187
   8.6.6　可逆的・不可逆的な化学修飾 ………………………… 189
  8.7　酵素活性に関わるタンパク質以外の要素 …………………… 189
   8.7.1　補酵素 …………………………………………………… 189
   8.7.2　金属イオン ……………………………………………… 190
  8.8　酵素工学 ………………………………………………………… 190
   8.8.1　酵素機能の改変：合理的再設計と進化分子工学 …… 191
   8.8.2　抗体酵素 ………………………………………………… 192
   8.8.3　人工酵素の設計 ………………………………………… 193
  8.9　タンパク質以外の酵素 ………………………………………… 194

## 第 9 章　糖 ································································ 197
### 9.1　糖研究の歴史 ························································· 197
### 9.2　単糖の構造と性質 ····················································· 199
#### 9.2.1　単糖の構造と命名法 ··············································· 199
#### 9.2.2　さまざまな基本単糖 ··············································· 205
#### 9.2.3　還元糖と非還元糖 ················································· 206
### 9.3　二糖および多糖の構造と性質 ··········································· 207
#### 9.3.1　二糖の構造と性質 ················································· 207
#### 9.3.2　多糖の構造と性質 ················································· 209
### 9.4　複合糖質の構造と性質 ················································· 212
#### 9.4.1　血液型糖鎖と糖転移酵素 ··········································· 212
#### 9.4.2　糖タンパク質糖鎖 ················································· 213
#### 9.4.3　スフィンゴ糖脂質 ················································· 214
#### 9.4.4　プロテオグリカン ················································· 215
### 9.5　糖質の合成 ··························································· 217
#### 9.5.1　天然の糖鎖からの抽出および分解 ··································· 217
#### 9.5.2　糖鎖部分の有機化学的合成および酵素による合成 ····················· 218
#### 9.5.3　糖タンパク質の化学合成および酵素による調製 ······················· 219
### 9.6　糖鎖の分析 ··························································· 219
#### 9.6.1　糖鎖の蛍光標識と二次元マッピング ································· 220
#### 9.6.2　薄層クロマトグラフィーおよび免疫染色法による同定 ················· 221
#### 9.6.3　質量分析法 ······················································· 221
#### 9.6.4　糖鎖の立体構造解析とデータベース ································· 223

## 第 10 章　脂質と生体膜 ······················································ 225
### 10.1　脂質, 生体膜研究の歴史 ··············································· 225
### 10.2　脂質の構造と性質 ····················································· 227
#### 10.2.1　脂質の分類と構造 ················································· 227
#### 10.2.2　脂質の性質 ······················································· 233
### 10.3　生体膜の構造と性質 ··················································· 235
#### 10.3.1　生体膜の構造 ····················································· 235
#### 10.3.2　生体膜の役割 ····················································· 238
#### 10.3.3　生体膜の性質 ····················································· 239

10.4　脂肪と脂質の代謝，生合成 ・・・・・・・・・・・・・・・・・・・・・・・・・・・・・・・・ 241
10.5　脂質と生体膜の応用 ・・・・・・・・・・・・・・・・・・・・・・・・・・・・・・・・・・・・・・ 242
　10.5.1　ミセル ・・・・・・・・・・・・・・・・・・・・・・・・・・・・・・・・・・・・・・・・・・・・・・・ 243
　10.5.2　リポソームおよびその他の二分子膜 ・・・・・・・・・・・・・・・・・・・ 243
　10.5.3　単分子膜 ・・・・・・・・・・・・・・・・・・・・・・・・・・・・・・・・・・・・・・・・・・・・ 248

## 第11章　天然有機化合物 ・・・・・・・・・・・・・・・・・・・・・・・・・・・・・・・・・・・・・ 251

11.1　天然物研究の歴史 ・・・・・・・・・・・・・・・・・・・・・・・・・・・・・・・・・・・・・・・ 251
11.2　生体における天然物の役割 ・・・・・・・・・・・・・・・・・・・・・・・・・・・・・・ 254
11.3　天然物の合成方法（天然物の入手方法と分析方法）・・・・・・・・・・ 258
　11.3.1　生体における天然物の合成 ・・・・・・・・・・・・・・・・・・・・・・・・・・・ 258
　11.3.2　天然物の全合成 ・・・・・・・・・・・・・・・・・・・・・・・・・・・・・・・・・・・・・ 258
　11.3.3　天然物の複雑な構造を単純化する ・・・・・・・・・・・・・・・・・・・・ 259
　11.3.4　天然物ライブラリー ・・・・・・・・・・・・・・・・・・・・・・・・・・・・・・・・・ 259
11.4　天然物の応用および活性評価 ・・・・・・・・・・・・・・・・・・・・・・・・・・・・ 260
　11.4.1　天然物の生命科学分野における応用 ・・・・・・・・・・・・・・・・・・ 260
　11.4.2　天然物の活性評価法 ・・・・・・・・・・・・・・・・・・・・・・・・・・・・・・・・・ 264
11.5　天然物ケミカルバイオロジー ・・・・・・・・・・・・・・・・・・・・・・・・・・・・ 266

## 第12章　バイオマテリアル ・・・・・・・・・・・・・・・・・・・・・・・・・・・・・・・・・・ 269

12.1　バイオマテリアル研究の歴史 ・・・・・・・・・・・・・・・・・・・・・・・・・・・・ 269
12.2　バイオマテリアルに求められる性質 ・・・・・・・・・・・・・・・・・・・・・・ 271
12.3　生体適合性とバイオマテリアル ・・・・・・・・・・・・・・・・・・・・・・・・・・ 272
　12.3.1　ポリ（2-メトキシエチルアクリレート）（PMEA）・・・・・・・・・ 273
　12.3.2　ポリ（2-メタクリロイルオキシエチルホスホコリン）（PMPC）
　　　　　 ・・・・・・・・・・・・・・・・・・・・・・・・・・・・・・・・・・・・・・・・・・・・・・・・・・・・ 274
12.4　細胞認識性とバイオマテリアル ・・・・・・・・・・・・・・・・・・・・・・・・・・ 275
12.5　ドラッグデリバリーシステムとバイオマテリアル ・・・・・・・・・・ 276
　12.5.1　ドラッグデリバリーシステムに用いられる代表的なキャリア ・・・・ 276
　12.5.2　バイオマテリアルを用いたキャリアの基本設計 ・・・・・・・・・・・・ 277
　12.5.3　外部刺激応答性デリバリーに用いられるバイオマテリアル ・・・・・ 280
　12.5.4　核酸デリバリーと核酸シャペロン ・・・・・・・・・・・・・・・・・・・・・・・ 283

# 第1章　序章

　本書『生体分子化学』の目的は,「核酸やタンパク質の構造や物性を知りたい」,「脂質や糖の役割を学びたい」,「生命科学の最先端の研究を理解するための基盤知識を得たい」,「人工的な生体高分子は何の役に立つの?」,「バイオテクノロジーのキーポイントは?」などとお考えの読者に,初歩的なことから最先端まで,私たちの生命活動を支える生体分子の構造・物性や挙動を十二分に理解してもらうことである.つまり本書では,生物学の観点よりも,分子のレベルで化学的観点から生命現象を理解することを重視する.つまり,生体を構成する分子や生体の化学反応に寄与する分子(これらが**生体分子**(biomolecule)である)の挙動およびそれらの挙動に及ぼす周辺環境などの影響について,分子科学的に理解していただきたい.

　本章では,生体分子の基礎および各章の内容を簡潔に概説する.さらに,生体分子を対象とした化学研究の最新の話題を紹介し,細胞内で活躍する生体分子だけでなく,新しい分子材料としての観点から生体分子化学の将来性を示し,本書の活用法を伝授する.

## 1.1　生体分子の種類と役割

　意外にも,生体分子は比較的少ない種類の原子からできている.細胞内では,複雑な化学反応が,必要なときに,必要な場所で,必要な量だけ,効率よく行われていることを考えると,この事実は驚くべきことである.

　金属イオンや水を除けば,細胞内のほぼすべての分子は炭素を基本にしてできている.細胞がつくる炭素化合物は,分子の大小を問わず**有機分子**(organic molecule)と呼ばれ,それ以外の分子は**無機分子**(inorganic molecule)と呼ぶ(二酸化炭素などは無機分子に含まれる).細胞内で重要な役割を担う主な有機分子,特に有機小分子は,**ヌクレオチド**(nucleotide),**アミノ酸**(amino acid),**糖**(sugar, saccharide),**脂質**(lipid)などであり,無機分子は前述の**金属イオン**(metallic ion)や**水**(water)などである(図1.1).本書において,これらの分子の基礎化学は「第

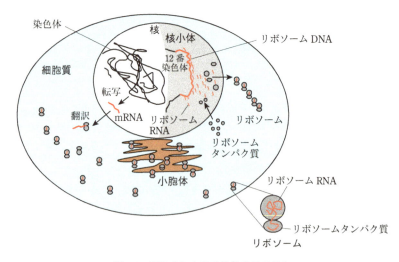

図1.1 細胞内における生体分子の流れ

2章 有機化学の基礎」で，さらに大きな分子（高分子）の基礎化学は「第4章 高分子化学の基礎」で学ぶことになる．またこれら分子の性質や相互作用，動的挙動などの定量的な解析は「第3章 物理化学の基礎」で学ぶ．

　有機小分子であるヌクレオチドは，**核酸**(nucleic acid)，すなわちデオキシリボ核酸(deoxyribonucleic acid, **DNA**)とリボ核酸(ribonucleic acid, **RNA**)の構成単位である．このヌクレオチドが，ホスホジエステル結合によって高分子のポリヌクレオチドになる．さらに，できたポリヌクレオチドの鎖が，逆平行に2本並び，相補的な塩基間で水素結合を形成して二重らせんになる．これがかの有名なWatsonとCrickのDNA二重らせん構造である．1953年に彼らはこの二重らせん構造を発表し，その9年後にノーベル生理学・医学賞を受賞している．核酸の詳細は「第5章 核酸」で学ぶ．またヌクレオチドの一種であるアデノシン三リン酸(ATP)は，細胞内の化学反応でのエネルギーの受け渡しに関わっている．

　核酸の主な役割は，生物にとって必要な情報（遺伝情報）の保持とその情報の取り出しである．核酸は情報分子と呼ばれ，生物はこの情報に基づいて機能分子であるタンパク質を生み出し，生命機能を発現する．この情報の発現過程は，**セントラルドグマ**(central dogma)と呼ばれ，DNAからRNAに情報が移る**転写**(transcription)とRNAからタンパク質が発現する**翻訳**(translation)の過程からなっている．この情報の発現に関しては，「第6章 セントラルドグマ」で学ぶ．

アミノ酸は**タンパク質**（protein）の構成単位である．このアミノ酸が，ペプチド結合によって連結したものがポリペプチドであり，これが適切に折りたたまれると（**フォールディング**，folding），機能をもつタンパク質になる．タンパク質の構造には階層性があり，一次構造から，二次構造（αヘリックスやβシートなど）や超二次構造，ドメイン（機能をもった独立の部分）や球状タンパク質構造（三次構造），タンパク質会合体（四次構造）などの構造が階層的に形成される．この階層性がタンパク質の機能発現において非常に重要である．また，糖と同じく，グリシン以外のアミノ酸にはD型とL型の光学異性体があるが，タンパク質に含まれるのはL型だけである．生体分子の興味深い特徴の1つであり，ご記憶願いたい（ただし，最近は眼の水晶体をはじめとして，D型のアミノ酸の研究も注目されている）．タンパク質の詳細については，「第7章　タンパク質」で学ぶ．

　生体分子が行う化学反応のほとんどは，**酵素**（enzyme）と呼ばれるタンパク質によって触媒されている．酵素が触媒する反応には次々と連続して起きるものが多く，1つの反応の生成物が次の反応の出発物質（**基質**，substrate）となることもある．このように，特定の場所で，特定の期間に，限られた量の物質とエネルギーを生成または減ずることが，酵素の重要な働きである．もし酵素がなければ，生命活動に必要な物質やエネルギーは生成されず，実際ある種の酵素の働きが欠損すると疾患が引き起こされる．酵素については，「第8章　酵素」で学ぶ．

　糖はATPと同じく細胞のエネルギー源であり，**オリゴ糖**（oligosaccharide）や**多糖**（polysaccharide）の構成単位でもある．糖には複数の不斉炭素があり，これによって立体異性体が生じるため，糖の種類は多様である．**単糖**（monosaccharide）は，それ以上小さな単位に加水分解されない単量体ユニットである．この単糖が数個結合したものをオリゴ糖，数十個以上つながったものを多糖と呼ぶ．ある糖の-OH基と別の糖の-OH基とは，結合ができるときに水分子が1個脱離する**縮合反応**（condensation reaction）によって結合する．核酸やタンパク質などの生体高分子も同様の縮合反応によって生成する．縮合反応でできた結合は，逆向きの反応である**加水分解**（hydrolysis）により，水分子が1個加わって切れる．単糖には，別の単糖（あるいは他の化合物）と結合できる-OH基が数個あるので，縮合の際に枝分かれし，膨大な種類の多糖を構築できる．このため，多糖内の単糖の配列決定は，DNA分子の核酸塩基（どれも同じ形式でつながっている）の配列決定よりはるかに難しい．糖はこのような多様な構造ゆえにいろいろな機能をもっている．例えば，ヒトの血液型の違いはいろいろな生命機能の違いに関係しているが，

もともとは細胞表面の糖鎖の種類の違いに由来している．糖については，「第9章　糖」で学ぶ．

　脂質は，細胞膜や細胞小器官の主要な構成成分である．脂質の中でも，炭素鎖の末端にカルボキシ基をもつ分子が**脂肪酸**(fatty acid)であり，炭素鎖に二重結合を含む不飽和脂肪酸と，二重結合を含まない飽和脂肪酸に分類される．リン酸と脂肪酸のエステルを**リン脂質**(phospholipid)と呼び，この分子は親水性部分と疎水性部分をもつ．この化学構造の特異性によって，リン脂質は**脂質二重膜**(lipid bilayer)を形成する．これが生体膜の主成分となる．また脂質は，エネルギー源としても，ホルモンやビタミンなどの生理活性物質としても，重要な役割をする．これらについては，「第10章　脂質と生体膜」で学ぶ．

　遺伝情報の流れ（発現）はセントラルドグマ，つまりDNA→RNA→タンパク質で表されることは前述した．不思議なことに，重要な生体分子である糖や脂質は，この遺伝情報の流れに組み込まれていない．では，これらの分子は遺伝情報とはまったく関係ないのであろうか．時間があれば考えてみてほしい．

　その他にも，生体に関係する重要な分子として，天然の有機化合物や人工的な生体材料(**バイオマテリアル**，biomaterial)に注目が集まっている．また，多数の天然有機化合物の集団(**ライブラリー**，library)の中から，標的の生体分子に特異的に結合し生理活性を発現する分子を見つける手法が**バイオテクノロジー**(biotechnology)では活用されている．人工的に開発された分子を活用して，生体適合性や**ドラッグデリバリー**(drug delivery)の機能を向上させる試みも多くなされている．これらについては，「第11章　天然有機化合物」と「第12章　バイオマテリアル」で学ぶ．

　さて，本書で取り扱う生体分子は，分子間の相互作用によって多種多様な機能を生み出している．次に，この相互作用について概説する．

## 1.2　生体分子の相互作用

　生体分子の結合は，一般的に**共有結合**(covalent bond)と**非共有結合**(non-covalent bond)に分類される(2.4節も参照)．原子が他の原子と結合する場合，電子で満たされていない電子殻は不安定なため，そのような原子は他の原子との間で電子を融通し合って電子殻を満たそうとする．それには，電子を原子どうしで共有する(**電子対**，electron pair)か，電子が別の原子に移動するかのどちらかであり，

表1.1 非共有結合の形成によって生じる相互作用エネルギーの大きさ

| 相互作用の形態 | 距離$r$依存性 | 相互作用エネルギー (kcal mol$^{-1}$) |
| --- | --- | --- |
| イオン−イオン | $r$に反比例 | $-15 \sim -5$ |
| イオン−双極子 | $r^2$に反比例 | $-2 \sim 0$ |
| 双極子−双極子 | $r^3$に反比例 | $-0.5 \sim 0$ |
| イオン−誘起双極子 | $r^4$に反比例 | $-0.1$ |
| 誘起双極子−誘起双極子 | $r^6$に反比例 | $-10 \sim 0$ |

これによって2通りの結合が生じる．前者が共有結合であり，後者が非共有結合（この場合は電子がある原子から別の原子に完全に移るので**イオン結合**(ionic bond))と呼ばれる．電子対が2個の原子間で平等に共有されず，一方にいくらか片寄り，**双極子**(dipole)が生じる場合もある．また，電子の偏りがない無極性分子であっても周囲の極性分子によって**誘起双極子**(induced dipole)を生じることもある．こうして表1.1のような相互作用が生じる．これらの結合のエネルギーは，相互作用の距離と，溶媒（水の場合が多い）の誘電率に依存している．特に，生体分子では**ファンデルワールス力**(van der Waals force，**ファンデルワールス相互作用**ともいう)が重要な役割をすることが多い．この相互作用は，2個の原子が非常に接近した場合に必ず起こる，誘起双極子−誘起双極子間に働く電気的引力である．

**水素結合**(hydrogen bond)も，非共有結合の一種である．イオンと水分子（極性をもつ）とは相互作用しやすいので，大部分の塩(NaClなど)は水によく溶け，Na$^+$やCl$^-$のようにばらばらになったイオンが水分子に取り囲まれる(**水和**，hydration)．この水和のために，生体分子どうしの間の水素結合は水中ではぐんと弱くなる．一方，共有結合の強さはほとんど変わらない．後述するが，生体分子と水の関係はこのように非常に興味深い．また，水溶液中では生体分子の疎水性の官能基どうしが会合する傾向がある．この会合反応を進める相互作用は，**疎水性相互作用**(hydrophobic interaction)と呼ばれる．この相互作用は，タンパク質のフォールディング，酵素と基質の結合，脂質の会合などを引き起こす要因となる．非共有結合は一般に共有結合よりはるかに弱いが，後で述べるように，細胞内で分子が数多く集合したり離れたりする場合には，重要な役割を果たす．

核酸，タンパク質，そして多くの多糖などの生体内での機能は，それらの構成単位であるヌクレオチド，アミノ酸，単糖の並ぶ順序，すなわち**配列**(sequence)に依存している．この配列は共有結合によって支配されている．一方，これらの

# 第1章 序 章

生体分子は周辺環境によって**構造**(structure)を変えるが，機能を調節する場合は，主に非共有結合がその役割を担っている．つまり，生体分子にとって，自身の配列と同様に，周辺環境との相互作用がきわめて重要になる．次に，この生体分子と周辺環境(特に溶媒である水)との関係を説明する．

## 1.3 生体分子の周辺環境

　水は細胞重量の約70%を占め，細胞内の反応のほとんどが水溶液中で起こる．水は，アンモニアやメタンと同じ程度の分子量(サイズ)であるが，常温常圧で液体であり，生命体の溶媒として適切な性質を示す．例えば，水は極性が大きな分子であり，多くの極性分子(親水性分子，例えばイオンや糖，アンモニアなど)と前述したような相互作用ができる．また前述した水素結合によって，緻密に充填された構造をとることもできる．さらには，比熱や蒸発熱が大きいことから，気温の変化や化学反応熱などが生じても，溶媒の温度変化が緩衝されるという特徴がある．一方，疎水性分子にとっては，水は良い溶媒とはいえない．しかし，この貧溶媒性のおかげで，前述したようにリン脂質は疎水性部分が集まって二重層を形成し，生体膜を形づくれるのである．

　DNAの基本構造は，「第5章 核酸」で学ぶように，ワトソン・クリック塩基対からなる右巻きの二重らせん構造である．この構造も水の影響を受けて2種類の**コンホメーション**(conformation；低い相対湿度のときがA型，高い相対湿度のときがB型)をとる．周辺のカチオン濃度が高い場合には，左巻きのZ型二重らせん構造もとる．さらに，生化学の実験でよく使う試験管内の溶液状態と細胞内で行われる反応の溶液状態は大きく異なる．特に異なるのは生体分子の濃度だ．試験管内の生体分子の濃度は1 g L$^{-1}$程度だが，細胞内では数百 g L$^{-1}$にもなる．そのような分子が混み合った状態(**分子クラウディング**，molecular crowding)が生体分子の構造，安定性，機能などにどのような影響を与えるのかは重要な課題であり，研究が進みつつある．その成果として，分子クラウディング環境では，DNAの二重らせん構造は不安定化することが明らかになってきている．つまり，ワトソン・クリック塩基対の二重らせん以外にも，細胞内(核内)ではいくつもの重要な構造があるのではないかと考えられる(図1.2)．このように従来の常識とは異なった，分子レベルでの生命現象が，周辺環境の変化によって見出され始めている．

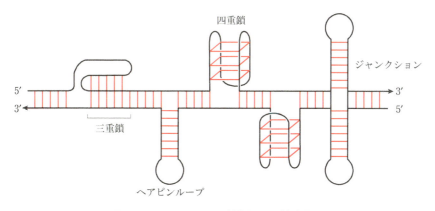

図1.2　DNAやRNAの二次構造および高次構造

　第2章以降で学ぶ，生体分子の基本的な挙動以外にも，ユニークな挙動が見出されている．次にそれらについて紹介する．

## 1.4　生体分子のユニークな挙動

　まずは生体分子の基本的な挙動として，核酸のユニークな挙動を考察する．一本鎖のRNAは分子内で複雑な高次構造をとりやすく，そのような高次構造がRNAの機能発現に重要である．遺伝情報の発現過程（セントラルドグマ）は，DNAからRNAに情報が移る転写とRNAからタンパク質が発現する翻訳の過程からなることは前述したが，翻訳には**リボソーム**（ribosome）が関与している．リボソームは一本鎖であるメッセンジャーRNA（mRNA）上を滑るように進みながらタンパク質を翻訳していくため，mRNAのレール上を進むリボソームの行く先には，さまざまなRNAの高次構造が存在していると推察できる．mRNA上のこれらの安定な高次構造はリボソームの進行を妨げ，タンパク質の翻訳速度を低下させる．そのため，転写されたmRNAの高次構造によって，タンパク質の生成量や構造が大きな影響を受けると考えられる．筆者らは，セントラルドグマのセカンドステップである「RNA→タンパク質」の段階には，RNAの高次構造という形で，タンパク質のフォールディングをコードする"**protein folding code**"が存在しているのではないかと考えている．この"protein folding code"は，これまで考えられてきた一次的なアミノ酸配列のコード（**protein sequence code**）とは異なり，タンパク質の翻訳過程に関わる新たな構造的コードであるといえる

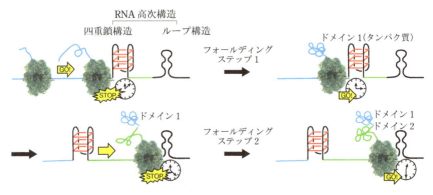

図1.3 protein folding code の概念図

(図1.3).従来の常識から外れた,ユニークな挙動である.

　前節で述べたように,細胞内はタンパク質や核酸をはじめとして,代謝産物やイオンなどの分子が極度に混み合って存在する分子クラウディング環境にある.特定の分子がクラウディング状態になることにより自身の構造を大きく変化させることもあるが,その分子が直接は相互作用しない他の分子に対しても,水の活量や排除する体積の変化などの影響を通して,生体分子が活性や安定性を変化させうることがわかってきた.その成果として,分子クラウディング環境においては,核酸中のワトソン・クリック塩基対部位(ステム部位など)は不安定化するが,非ワトソン・クリック塩基対部位(四重鎖構造や三重鎖構造など)は安定化すること,RNAポリメラーゼやヌクレアーゼなどのセントラルドグマに関わるタンパク質の活性が大きく変化することなどがわかりつつある.

　Protein folding code の観点に基づくと,RNAの高次構造というmRNAにコードされた構造的な内部因子に加え,分子クラウディング環境という外部因子が,protein folding code が機能する上で大きな役割を果たしていると考えることができる.つまり,翻訳だけでなく,遺伝情報の発現過程(セントラルドグマ)では,複製・転写・翻訳といった化学反応が連続的に進行し,核酸は構造の形成と解離を常に繰り返すことになる.そのため,異なる空間や時間において,核酸の高次構造はその構造や安定性を多様に変化させて,環境変化に対応しているのではなかろうか(図1.4).将来的に興味深い研究課題である.

　化学的な手法の観点からも,生体分子のユニークな挙動を見出すことができる.例えば,タンパク質の構造を知りたい場合,核磁気共鳴(NMR)分光法やX線結

1.4 生体分子のユニークな挙動

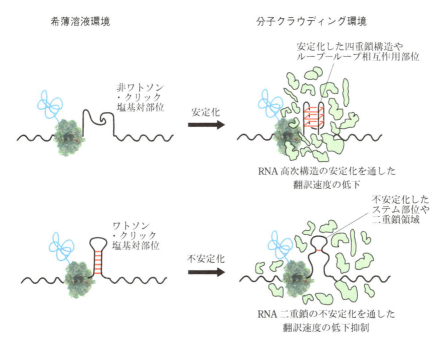

図1.4 分子クラウディング環境が及ぼす翻訳速度への影響

晶構造解析によって構造決定するのが一般的であり，特に良質な結晶化が可能になれば正確なX線結晶構造解析が可能になる．しかしながら，この良質なタンパク質結晶を得るのはなかなか難しい．興味深いことに，分子クラウディング状態にある細胞内において，タンパク質の結晶化が自発的に起こる場合が知られている．ウイルスでのキャプシド，昆虫細胞でのカニシューリン，さらには蛍光タンパク質であるXpa（crystalizable and photo-activatable：クリスパ，Xは結晶の意味）などである．このようなタンパク質の結晶化には，核形成が重要な関与をしている．核形成メカニズムは明らかではないが，核形成にはタンパク質分子どうしが相互作用し合う必要があり，そのためには各タンパク質分子の水和が崩れる過程（**脱水和**，dehydration）が重要なのであろう．このようなユニークな挙動から，タンパク質の細胞内での結晶化手法が開発され，細胞内でのタンパク質の構造と機能解析の新手法が生み出されるかもしれない．

日常生活への実用という観点からも，生体分子のユニークな挙動は興味深い．例えば，「疾患と薬」の関係を分子レベルで考える科学者はたくさんいる．しか

しながら，「健康と運動」の関係を分子レベルで解明しようとしている研究者は多くはない．一般的に，運動すると体内の脂肪が減少し，脂質の蓄積によって引き起こされる慢性の炎症を改善できるとされている．しかし，もっと分子レベルの説明が欲しい．運動の効果によって，糖尿病などの生活習慣病が改善されるのはなぜか．血糖値の減少はインシュリンの働きによることはわかっているが，運動による骨格筋の量の維持や筋収縮と糖尿病がいかに関係しているのか，分子レベルで理解したい．現在のところ，運動によって血糖値が低下するのは，AMPキナーゼという酵素が活性化して，血液から骨格筋への糖の取り込みを促進し，糖濃度を減少させることに関係があると分子レベルでわかってきている．もしこのような効果を運動以外に分子の相互作用によっても起こすことができれば，運動に変わる新しい「薬」の開発につながる可能性がある．

## 1.5　本書の活用法

さてこの序章の最後は，本書の活用法である．本書は，有機化学・物理化学・高分子化学などの化学の基本原理・概念から，核酸・タンパク質・糖・脂質などの生体分子の構造・物性および機能の本質に迫ることを主眼に置いている．生化学の教科書に載っている物質代謝の各論，例えばクエン酸回路や脂質・アミノ酸代謝などには触れない．

生体分子について学ぶ上で，1.1節で記載したように，各生体分子の個々の役割を理解することが第一である．しかしながら，個々の生体分子の特徴を個別に理解するのではなく，各々の構造や機能を比較検討し，それらの構造と機能は1.2節で述べたような生体分子の相互作用に依存していることを分子レベルで理解することが肝要である．さらに，1.3節で述べたような周辺環境によって，生体分子の構造や機能がどのように変化し，その変化がどのように生命現象に影響を及ぼすのかを化学的に学ぶことも重要である（図1.5）．

読者自身が，このような生体分子の基盤的な知識や概念を理解していれば，将来的に1.4節で述べたようなユニークな生命現象に遭遇しても，その本質を逸早く見抜き，その現象をいろいろな面で活用し，実用化できることになるであろう．

さあ，次章からの「生体分子ワールド」の旅を楽しんでほしい．

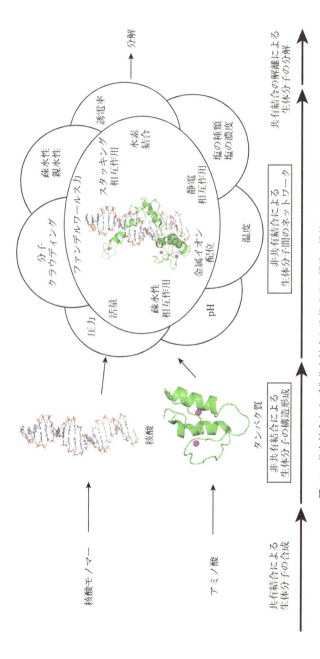

図1.5 共有結合および非共有結合と生体分子の構造・機能とのかかわり

**参考文献**

1) 杉本直己,生命化学,丸善(2007)
2) 杉本直己,遺伝子化学,化学同人(2002)
3) G. Plopper 著,中山和久 監訳,プロッパー細胞生物学―細胞の基本原理を学ぶ,化学同人(2013)
4) P. Mentr'e 著,辻 繁,中西節子,落合正宏,大岡忠一 訳,細胞の中の水,東京大学出版会(2006)

# 第2章　有機化学の基礎

本章では生体分子の構造や化学反応などを理解する上で必要な有機化学について，(1)代表的な有機化学反応の分類と(2)生体内での有機化学反応の特徴などを取り上げる．その前に，まずは「有機」とは何かについて，図2.1の分子を通して見ていこう．この分子は尿の中から見つかったことから，尿素と呼ばれるようになった生体分子である．タンパク質が体内で代謝されると，アミノ酸に分解された後，アンモニアへと至る．しかし，生体にとって有毒なアンモニアは，肝臓に運ばれ，二酸化炭素(重炭酸イオン)と反応することで尿素として無毒化され，最終的には尿として体外に排出される(尿素回路，式(2.1))．

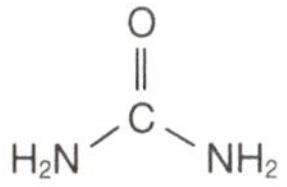

図2.1　尿素分子の化学構造

$$2\,NH_3 + CO_2 + 3\,ATP + 2\,H_2O \\ \longrightarrow NH_2CONH_2 + 2\,ADP + 2\,Pi + AMP + PPi \quad (2.1)$$

［ADP：アデノシン二リン酸，AMP：アデノシン一リン酸，Pi：無機リン酸，PPi：二リン酸］

19世紀初頭まで，生物に由来する生体分子のことを有機化合物と呼び，生物に由来しない分子は無機化合物に分類されていた．ところが1828年ドイツのF. Wöhlerによって，無機化合物であるシアン酸アンモニウムから尿素が作り出されてしまった．これは有機化学の定義を覆す大発見であった．それ以降，無機−有機に本来あった非生体分子−生体分子という意味は失われ，現在では，有機化合物は一般に炭素を含む化合物の総称として使われるようになっている．しかし，二酸化炭素や炭酸塩，四塩化炭素，ダイヤモンド，グラファイトなどは無機化合物に分類されるように，その定義にはあいまいさも残っている．

有機化学反応という視点から見た生体分子の物質変換の特異性とは何だろうか．それは，生体内での反応場が，ほとんどの場合において水系であるというこ

## ● Friedrich Wöhler（1800～1882）

Wöhlerは無機物から有機物である尿素を生み出し，生命体なしでも有機物が作れることを示した．それ以外にも，異性体の発見など，多くの業績を残している．その発見の多くには，ある偉大な科学者との深い友情が関わっている．その人とはJ. F. von Liebigである．彼が創作したリービッヒ冷却管は，教科書などでおなじみであろう．1824年，Wöhlerはシアン酸銀（AgOCN）の分子式を発表した．同年，Liebigは爆発性の高い雷酸銀（AgCNO）を同定した．2つの化合物は，分子式は同じであるのに性質はまったく異なっていた．1828年12月末のある夜，冬休みを楽しむWöhlerのもとをLiebigが訪ね，夜を徹してシアン酸と雷酸の問題を議論している．これが「異性体」という構造化学の新しい概念を生むきっかけとなった．Wöhlerがシアン酸とアンモニアの反応から尿素を見出したのも，実はシアン酸銀のようなシアン酸塩の研究を進めるなか，シアン酸アンモニウムを作ろうとしたのがきっかけであった．二人は生涯にわたり1500通もの手紙をやりとりしている．その中には新しい発見などを書き綴るだけでなく，新規化合物や貴重な鉱物などを送り合い，生涯にわたって親交を深めた．彼らの文通はのちに往復書簡集として出版されている（日本語訳：山岡望訳，化学史談VII, VIII, 内田老鶴圃新社（1966））．

とに尽きるだろう．しかも，生物が行う化学変換は，それと類似の有機合成反応に比べ，収率や立体特異性などがきわめて高く，より制御されたものとなっている．とはいえ，そこでの化学反応のメカニズムが特別なものということはなく，有機化学の知識で十分理解できる．生命現象を分子レベルで理解しようとする分子生物学は，目覚ましい進歩を遂げている．そのため，生体分子の現象や機能をより正しく深く理解するための相補的なツールとして，有機化学の知識が不可欠となってきている．

## 2.1　代表的な有機化学反応の分類と官能基

　生物は外界から食物として無機物や有機物を取り込み，活動や成長に必要な化学物質へと変換している．このような生物が行う有機化学反応のことを**代謝**（metabolism）という．代謝には，外界から取り込んだ高分子量の生体高分子を水やアンモニアといった単純な低分子まで分解する過程でエネルギーを得る**異化**（catabolism）と，異化で得られたエネルギーを使ってタンパク質や核酸，多糖，脂質など，細胞を構成・構築するのに必要な生体分子を合成する**同化**（anabolism）がある．代謝に関与する化学反応は数十万種にも及ぶが，有機化学の反応機構に則ると，主として4つに大別することができる．

**置換反応**（substitution reaction）：有機化合物のある官能基が他のものに置き換わる反応

$$\mathrm{H-CH_2-X} + \mathrm{Y-Z} \longrightarrow \mathrm{H-CH_2-Y} + \mathrm{X-Z} \tag{2.2}$$

**付加反応**（addition reaction）：有機化合物に他の官能基が付け加わる反応

$$\mathrm{\mathord{>}C=C\mathord{<}} + \mathrm{X-Y} \longrightarrow \mathrm{\mathord{>}\underset{|}{C}-\underset{|}{C}\mathord{<}} \quad (\text{X, Y が付加}) \tag{2.3}$$

**脱離反応**（elimination reaction）：有機化合物からある官能基が取り除かれる反応

$$\mathrm{\mathord{>}\underset{|}{C}-\underset{|}{C}\mathord{<}} \longrightarrow \mathrm{\mathord{>}C=C\mathord{<}} + \mathrm{X-Y} \tag{2.4}$$

**転位反応**（rearrangement reaction）：有機化合物中で結合の切断と生成が起こり，原子の並び替えが起こる反応

$$\mathrm{\mathord{>}C=C\mathord{<}} \longrightarrow \mathrm{\mathord{>}C=\underset{|}{C}\mathord{<}} \tag{2.5}$$

　**官能基**（functional group）とは，有機分子の性質や機能を特徴づける部分構造のことをいう．特に生体分子によくみられる特徴的な官能基をあげておこう

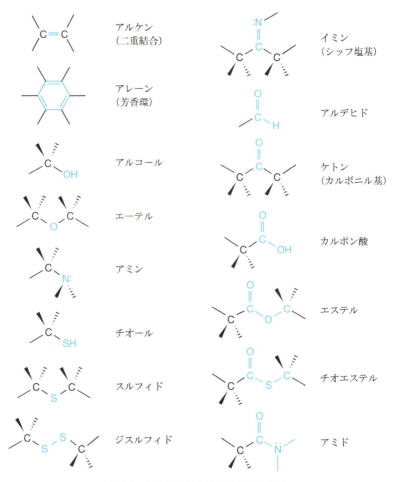

図2.2 生体分子にみられる主な官能基

(図2.2).

　多くの官能基は炭素と電気的に陰性な元素の組み合わせをもつため，結合原子間の電気陰性度の差によって電荷の偏りが誘起される（誘起効果）．生体分子がもつ多くの官能基は，炭素より電気的に陰性な原子と炭素が結合することで，炭素原子には正の部分電荷（δ+）が誘起されることになる．特に生体内の有機化学反応では，このような分極を帯びた官能基が静電相互作用をきっかけとして，電子の授受をともなって結合を変換する．なかでも，カルボニル基は多くの生体分子に含まれており，生体内での有機化学反応で重要な役割を担っている．

## 2.2 有機化学反応の反応機構

### 2.2.1 電子の動きから見た有機化学反応

有機化学反応は，電子の動き（電子移動）がもたらす物質の変化ととらえることができる．これは有機電子論という考え方である．量子力学によって電子のふるまいを記述する量子化学的な有機反応論ほどの精密性はないが，分子に含まれる官能基や立体構造によって，どのように反応が進行するかを直感的に理解するためには非常に役に立つ．特に重要なのが，**求電子剤**（electrophile：$E^+$で表す）と**求核剤**（nucleophile：$Nu^-$で表す）という概念である．"phile" とは「愛する」「好む」を意味する接尾語である．つまり，求電子剤は電子を好む物質であり，求核剤は核を好む物質ということになる．具体的には，求電子剤は正に分極した（$\delta+$）電子不足の原子をもつため，電子が豊富な原子から電子対を受容する性質をもつ．これには，カチオン，$BF_3$や$AlCl_3$などの中性のルイス酸や電気陰性度の高い原子に隣接した炭素原子などが含まれる．一方，求核剤は負に分極した（$\delta-$）原子をもち，求電子剤に電子対を供与する役割をする．代表的なものにアニオン，非共有電子対をもつアミン（:$NH_3$など），$\pi$電子を有するアルケン，アルキン，芳香族などがあげられる．生体内では，鉄—硫黄クラスターのような錯体がルイス酸として活躍することもある．一般的に鉄—硫黄クラスターは酸化還元反応に関与することが多いが，例えば図2.3に示す[4Fe-4S]錯体はルイス酸としても作用する（Cysはタンパク質のシステイン残基，第7章参照）．これについては次節の転位反応の項でも説明する．

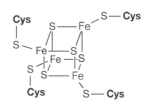

図2.3　[4Fe-4S]錯体

### 2.2.2 イオン反応とラジカル反応

電子移動の様式から有機化学反応を見ると，**イオン反応**（ionic reaction）と**ラジカル反応**（radical reaction）に分けることができる．原子間で2個の電子を共有してできるのが共有結合であるが，このときにイオン反応（式(2.6)）では電子が2個ずつ，ラジカル反応（式(2.7)）では1個ずつ動く．有機化学反応にともなう電子の移動を記述するために，電子の流れを両羽矢印で示すことがしばしばある．これは，求核剤から求電子剤に向かって電子対（2電子分）が動いて新しい結合ができたことを意味している．一方，片羽矢印は，1電子の移動によるラジカル反

応を示している．生体内に含まれる代表的なラジカルとして，スーパーオキシドアニオンラジカル（・$O_2^-$）やヒドロキシルラジカル（HO・）などの活性酸素がある．活性酸素のようなフリーラジカルは，大量に存在するとDNAや組織に損傷を与え，細胞障害性を示す．一方で，少量のフリーラジカルは生体内で重要な情報伝達因子として機能していることも明らかになってきている．

**イオン反応**

$$Nu^- + E^+ \longrightarrow Nu-E \qquad (2.6)$$

両羽矢印＝2電子分（電子対）の流れ

**ラジカル反応**

$$A-B \longrightarrow A\cdot \quad \cdot B \qquad (2.7)$$

片羽矢印＝1電子分の流れ（・は不対電子）

## 2.3 有機化学反応の例

### 2.3.1 置換反応，付加反応，脱離反応，転位反応

ここでは，先ほどあげた4つの有機化学反応が生体内での反応にどのように利用されているかをいくつかの例とともに詳しく見ていこう．

#### A. 置換反応

置換反応は有機化合物のある官能基を他のものに置き換える反応である．タンパク質，核酸，多糖など主要な生体高分子を合成する**脱水縮合**（dehydration condensation）や，その逆反応である**加水分解**（hydrolysis）などがこれに含まれる．生体内で起こる求核置換反応では，反応場が水である．そのため，生体は水を反応基質として取り込んだり，逆に反応場から排除して所望の反応のみを進行させたりするしくみを作り上げている．例えば，生体分子の加水分解反応では，エステルやアミド結合に含まれるカルボニル炭素などの求電子剤に対して水分子の酸素が求核剤として作用する．

代謝では基質や反応生成物をある反応場にとどめたり，次の反応場に送ったりして，代謝反応の進行／抑制をうまく制御している．その際，溶解性やファンデルワールス力（2.4.1項参照）が異なるさまざまな置換基を分子に組み込むことで，酵素や細胞膜との分子間相互作用を調整している．

## 2.3 有機化学反応の例

置換反応の使い方に生体分子の巧みさがうかがえる例として，α-グルコースとATPの反応を見てみよう（式(2.8)）．

$$
\text{Asp-COO}^- + \alpha\text{-グルコース} + \text{ATP} \cdot \text{Mg}^{2+} \longrightarrow \text{Asp-COO}^- + \alpha\text{-グルコース-6-リン酸} + \text{ADP} \tag{2.8}
$$

　α-グルコースは，食物中のデンプンや，体内に蓄積されたグリコーゲンから得られる．細胞内に入ったα-グルコースは，ATPの末端のリン酸基を六炭糖（ヘキソース）のヒドロキシ基へ転移する酵素であるヘキソキナーゼに取り込まれる．その活性中心には，アスパラギン酸残基があり，これが塩基として作用することで，C6位のヒドロキシ基が脱プロトン化し，求核性が増大する．この反応では，補酵素としてのマグネシウムイオン（$Mg^{2+}$）の貢献が大きい．$Mg^{2+}$がATPのリン酸基に配位すると，ATPの電荷が-4から-2となるために，末端リン原子の求電子性が増大する．その結果，α-グルコースのC6位のヒドロキシ基がATPの末端のリン原子を攻撃しやすくなり，α-グルコースの1つのヒドロキシ基がリン酸基に置換され，ATPはアデノシン二リン酸（ADP）として脱離する．もし仮に$Mg^{2+}$がなければ，ヒドロキシ基の酸素の非共有電子対とリン酸基の酸素の負電荷の間で静電反発が起こり，α-グルコースとATPの間で置換反応が進行することはない．このようにして，中性のα-グルコースがグルコース-6-リン酸になり負電荷を帯びると，細胞膜は電荷を帯びた物質を通さないので，細胞外に出ることはない．こうしてエネルギー源となるグルコースの細胞内濃度は調節されている．

## B. 付加反応

　有機化学で付加反応というと，アルケンへの求電子付加反応が代表例としてあげられる．例えば，強酸条件下でプロペン($CH_2=CH-CH_3$)を水と反応させると，2-プロパノール($CH_3-CH(OH)-CH_3$)が生じる．この反応ではプロペンの二重結合が求電子剤であるオキソニウムイオン($H_3O^+$)のプロトンを攻撃し，C-H結合を形成する．これにより生じたカルボカチオン中間体($CH_3-CH^+-CH_3$)が，求核剤である水と反応してC-O結合を形成し，最終的には水とのプロトン移動反応により$H_3O^+$が再生する．このように，求電子付加反応は不飽和結合にさまざまな官能基を導入することができる有用な反応である．一方で，生体内ではステロイドやテルペノイドなど，限られた生合成でしか用いられていない．例えば，リナリル二リン酸からモノテルペンであるα-テルピネオール(式(2.9))やリモネン(式(2.10))を生成する反応などでみられる．

$$\tag{2.9}$$

## 2.3 有機化学反応の例

$$\text{リナリル二リン酸 (LPP)} \longrightarrow \cdots \longrightarrow \text{リモネン} \quad (2.10)$$

例えば$\alpha$-テルピネオールが生成する反応(式(2.9))では，リナリル二リン酸から二リン酸が自発的に脱離することでアリルカルボカチオンを生じる．これが分子の末端にある二重結合への求電子付加反応を起こす．その結果，カルボカチオンが新たに生じ求核的な水分子が反応する．最後に，プロトン化したアルコールからプロトンが移動することで，$\alpha$-テルピネオールが生じる．この後さらにヒドロキシ基の脱離が起これば，柑橘類の香りの成分として有名なリモネンとなる．

先にも述べたが，生体内の有機化学反応では，カルボニル基が重要な役割を担っている．例えば，カルボニル基の隣に二重結合をもつ$\alpha,\beta$-不飽和カルボニル化合物は，$\beta$位の炭素が求電子的となり，二重結合に付加した生成物が得られる(式(2.11))．これは，二重結合とカルボニル基が隣接すると，$\pi$共役によって二重結合の分極が起こるためであり，共役付加と呼ばれる．

$$\alpha,\beta-\text{不飽和カルボニル化合物} \quad (2.11)$$

前述したアルケンへの水の付加反応であるが，生体内で二重結合を含む分子に水が付加してアルコールを生じる反応のことは**水和反応**(hydration reaction)と呼ぶ．例えば，酸素呼吸を行う生物全般にあるクエン酸回路の中では，フマル酸に水が求核的共役付加することで，($S$)-リンゴ酸が生成する(式(2.12))．この反応は一般的な有機化学反応では$R$体となる．酵素による反応の立体特異性については第8章で述べる．

$$\text{フマル酸} \longrightarrow \longrightarrow (S)\text{-リンゴ酸} \tag{2.12}$$

ちなみに，フマル酸にはマレイン酸という二重結合の *cis-trans* 異性体（幾何異性体）がある．*trans* 型の1,2-エチレンジカルボン酸であるフマル酸は，ケシ科カラクサケマン属Fumariaなど多くの植物中に含まれているため，この名がある．一方，*cis* 型の1,2-エチレンジカルボン酸であるマレイン酸は，ある種の細菌でフマル酸への異性化酵素が見出されているのみで生体内ではほとんどみられない．これ以外にも共役付加には，式(2.13)に示すメイラード反応として知られる糖（式中のアルドース，第9章参照）とアミノ基をもった分子（タンパク質など）がシッフ塩基を形成し，アマドリ化合物を生成する反応（アミノカルボニル反応，糖化反応）がある．

$$\text{アルドース（開環構造）} + H_2N\text{-タンパク質} \longrightarrow \text{シッフ塩基} \xrightleftharpoons[-\text{H}^+]{+\text{H}^+} \longrightarrow \text{アマドリ化合物} \tag{2.13}$$

一連の反応の最終的な生成物はAGEs（advanced glycation end products）と呼ばれ，動脈硬化やアルツハイマー病の疾患病変部などにみられる．なお，メイラード反応は食品の褐色化の原因としても知られている．

## C．脱離反応

付加反応の逆反応に相当するのが脱離反応である．加熱による脱水や脱炭酸反応なども脱離反応に含まれる．有機化学的にはハロゲン化アルキルに対して求核置換反応（$S_N1$反応，$S_N2$反応）と競合して生じる脱離反応（E1反応，E2反応）もよく知られている．生体内で頻繁に現れる脱離反応として，ここではE1cB（共役塩基一分子脱離）反応も別途取り上げる（cBとは共役塩基＝conjugated baseのこと）．

**E1反応**：最初にC–X結合が切れてカルボカチオン中間体を与え，続いて塩基によってプロトンが奪われてアルケンを生成する．

$$(2.14)$$

**E2反応**：C–X結合とC–Y結合が同時に切れて，中間体なしの1段階でアルケンを与える．

$$(2.15)$$

**E1cB反応**：最初にC–X結合が切れてカルボアニオン中間体を与え，これが$Y^-$を失ってアルケンを生成する．

$$(2.16)$$

例えば，コハク酸からフマル酸を生成する反応ではE2反応（式(2.17)）もしくはE1cB反応（式(2.18)）による脱離機構が考えられている．

**E2機構**

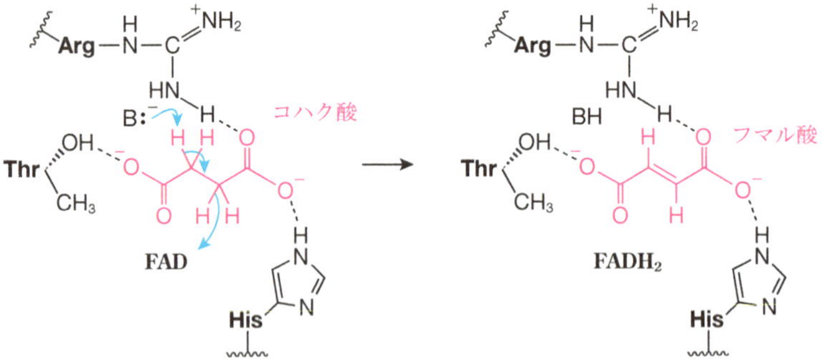

(2.17)

**E1cB機構**

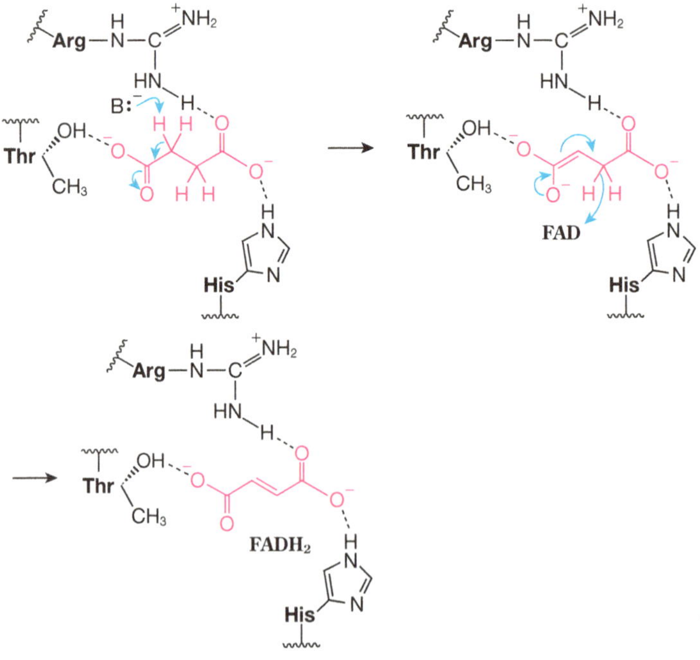

(2.18)

E2機構では，塩基性残基または補因子によるα炭素からの脱プロトン化が起こり，フラビンアデニンジヌクレオチド（FAD）がβ炭素からのヒドリドの受容体として作用することによりコハク酸がフマル酸に酸化される．一方，E1cB機構で

はFADがヒドリド付加を受ける前にエノラート中間体が形成する．ただし，この酸化反応にはまだ未解明の点が多く残されている．

D. 転位反応

　転位反応とは，有機化合物中で結合の切断と生成が起こり，原子の並び替えが起こる反応である．なかでも反応前後の化合物が異性体の関係にある場合，**異性化**(isomerization)という．例えば，クエン酸回路には，第三級アルコールであるクエン酸が，アコニターゼによって可逆的にイソクエン酸に変換される反応がある(式(2.19))．

$$\text{(2.19)}$$

クエン酸　　　　　　　　　cis-アコニット酸　　　　　　　　イソクエン酸

　この反応では，まず鉄-硫黄クラスター(図2.3)の酸触媒作用によりクエン酸の脱水が進行し，その結果，cis-アコニット酸が生成する．引き続き，cis-アコニット酸の二重結合に対して求核共役付加反応によって再度水和が起こる．結果として，比較的反応性に乏しい第三級アルコールのクエン酸が反応性の高い第二級アルコールのイソクエン酸に変換されたことになる．異性化という立体化学の違いをうまく操って反応効率を上げていく様は，生体内での有機化学反応の妙ともいえよう．

### 2.3.2 酸化還元反応

　有機化学における酸化はある分子にハロゲンや酸素のような電気的に陰性な原子を付加するか，ある分子から水素を奪うような過程であり，逆に還元とは分子がハロゲンや酸素を失うか，あるいは水素が付加される過程である．酸化とは古くは文字どおり物質に酸素が付加することを指したが，現代ではより広義に「物質が電子を失うこと」と定義される．

　ミトコンドリアの電子伝達系など，生体内の「正常な」酸化還元反応は酵素が

関与するものがほとんどであるので，本章での説明は省略する．ここでは非酵素的な反応が起こる場合について紹介する．

スーパーオキシドアニオンラジカル（・$O_2^-$），ヒドロキシルラジカル（HO・），過酸化水素（$H_2O_2$）など，反応性の高い酸素種は**活性酸素**（reactive oxygen species）と呼ばれる．電子伝達系での反応などにおいて生成することから，生体内に必ず存在する物質ともいえるが，過剰に存在すると生命に悪影響を及ぼす．例えばラジカル種が不飽和脂肪酸（LH）を攻撃すると，ラジカル連鎖反応的に過酸化脂質（LOOH）が生成し，これが生体毒性を示すことが知られている（式(2.20)）．

$$(2.20)$$

ラジカル種および過酸化脂質が一電子還元を受けて生成したラジカル（LOO・やLO・）は，他の脂質や核酸，タンパク質に対して水素引き抜きやラジカル付加反応を引き起こす．

生体内には活性酸素種を不活性化する機構とともに，活性酸素種によって損傷した生体分子を修復する機構が存在する．例えば，グルタチオンはグルタミン酸，システイン，グリシンからなるトリペプチドで，細胞内では0.5〜10 mMという高濃度で存在する．チオール基をもつためGSH（glutathione–SHの意味）と表記

されることが多い．グルタチオンにより細胞内のチオール濃度は恒常性を維持されており，細胞内は還元的な環境となっている．グルタチオンは上記種々の活性酸素種と反応し，それらを還元して不活性化する能力をもつ．このときグルタチオン自身は酸化され，2分子でジスルフィド結合を形成した酸化型グルタチオン（GSSG）となる（式(2.21)）．

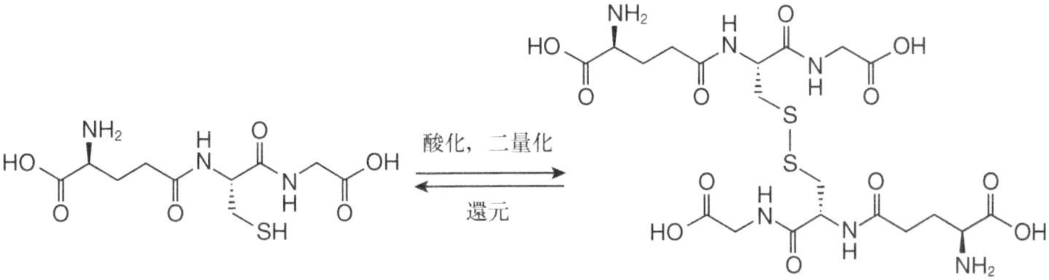

還元型グルタチオン
（GSH）

酸化型グルタチオン
（GSSG）

(例) G-SH + ·OH ⟶ G-S· + H$_2$O　　ヒドロキシルラジカルの不活性化（自身の酸化）

G-S· + ·S-G ⟶ G-S-S-G　　二量化

(2.21)

また酵素とともに過酸化水素の除去，過酸化脂質の還元，解毒作用（有害物質をチオール基に結合させる）や，タンパク質のジスルフィド結合の切断にも関与していることが知られている．

### 2.3.3 光反応

エチレンやベンゼンなど二重結合を有する分子は光を吸収することができ，二重結合の共役長が長くなるとより長い波長をもつ光を吸収することができる．光を吸収して励起状態となった分子は，高い反応性をもち，さまざまな反応に関与することができる．太陽光，特に紫外光（UV）には有機分子の構造変換や分解を誘起する能力があり，人体にとって有害である．光照射による生体分子の損傷の代表的な例として，DNA中の連続したチミン2分子によるチミンダイマーの形成が知られている（式(2.22)）．シクロブタン型の二量体が得られるこの反応は有機化学的には[2+2]付加環化反応に相当する．一方で，生命活動において重要な光反応もある．例えばビタミンD$_2$の生合成の過程においては，皮膚上で紫外光によるエルゴステロール（プロビタミンD$_2$）の光開環反応が起こり，プレエル

ゴカルシフェロール(プレビタミン$D_2$)が生成する．その後，熱異性化によりビタミン$D_2$となる(式(2.23))．

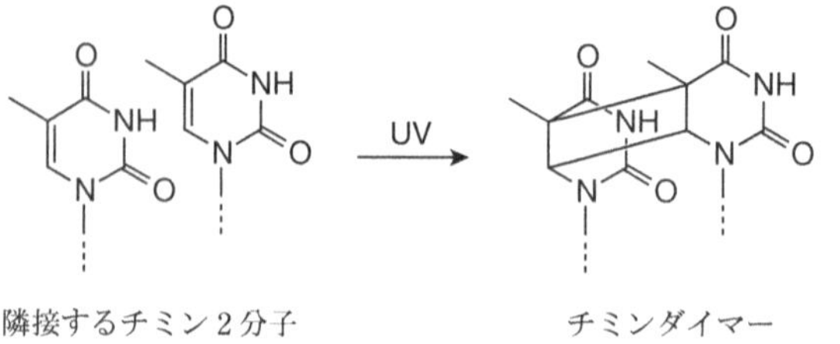

(2.22)

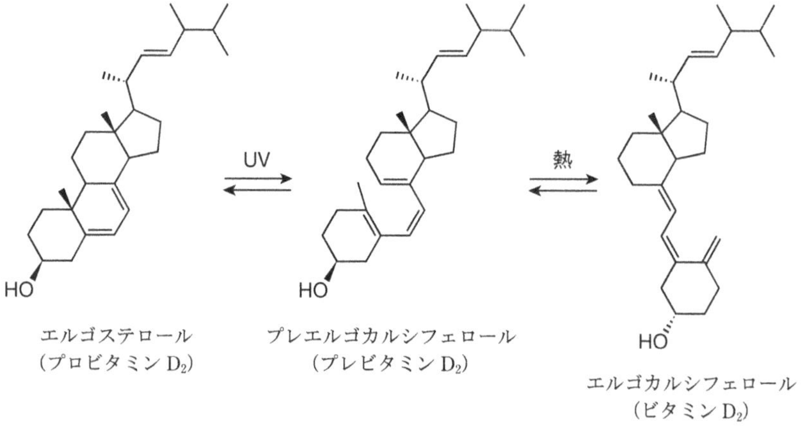

隣接するチミン2分子　　　　チミンダイマー

エルゴステロール　　　　プレエルゴカルシフェロール
(プロビタミン$D_2$)　　　　(プレビタミン$D_2$)

エルゴカルシフェロール
(ビタミン$D_2$)

(2.23)

　植物が行う光合成は光エネルギーを化学エネルギーに変換する反応である．色素クロロフィルが吸収した光エネルギーを電子として伝達し，最終的に化学エネルギーに変換している．視物質であるレチナールの光異性化反応も光エネルギーを利用した非酵素的な反応である．レチナールの場合，$cis$体自身の吸収極大波長は380 nmであるが，シッフ塩基化(360 nm)に引き続くプロトン化によって440 nmにシフトする．さらに，タンパク質内という特殊環境の影響で，498 nmまで長波長シフトが起こる．一方，光合成細菌から見出された水溶性の光受容タンパク質イエロープロテイン(photoactive yellow protein)の発色団は$p$-クマル酸であり，その最大吸収波長は290 nmである．これがタンパク質中のシステイン残基とチオエステルを形成することで340 nmへと長波長シフトし，さらにはフェノール性ヒドロキシ基の脱プロトン化で400 nmまでシフトする．さらにレチナールと同様，タンパク質内で安定化されることで，最終的には446 nmまでシフト

2.3 有機化学反応の例

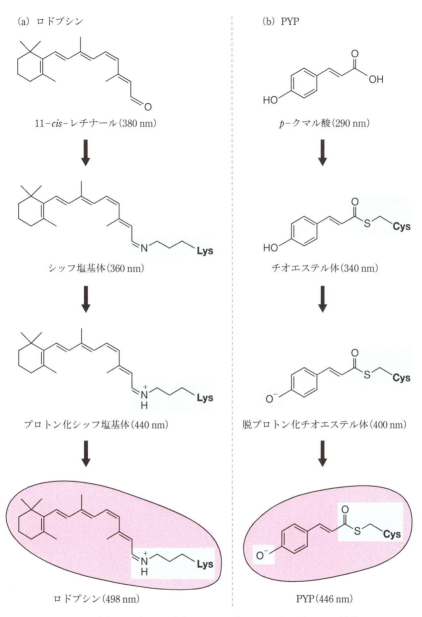

図2.4 (a)ロドプシンと(b)イエロープロテイン(PYP)の発色機構

する(図2.4).　$p$-クマル酸の光反応は，特殊な水素結合を利用した光情報伝達に関与している．詳細については，次節の水素結合の項で述べる．

## 2.4 分子間に働く相互作用

上述のように有機化学反応では,電子の授受を通じてさまざまな反応が起こる.フラスコ内で行うとさまざまな副生成物が出てくるような有機化学反応でも,生体内では酵素の作用により水溶媒中の温和な条件で狙い定めた生体分子のみをうまく作り分けることができる.酵素の最大の特徴は,非共有結合性の分子間相互作用をうまく使っているところにある.ここでは,生体内でみられる分子間相互作用について具体的に説明する.

### 2.4.1 ファンデルワールス力

**ファンデルワールス力**(van der Waals force)は分子内の電子分布が瞬間的に偏って生じる双極子どうしの相互作用であり,電気的に中性な分子間に働く弱い引力である.その強さは距離の6乗に反比例して弱くなるため,分子どうしが2〜3 Å程度のごく近距離まで接近したときに引力として有効に働く.その平均的な引力は1 kcal mol$^{-1}$(4.2 kJ mol$^{-1}$)程度である.これは,室温における分子の擾乱にともなう熱エネルギー(0.6 kcal mol$^{-1}$, 2.5 kJ mol$^{-1}$)よりわずかに大きい程度である.生体分子は,この弱い相互作用を多点で用いることで,共有結合にも匹敵するような結合強度を得ている.

例えば,抗原抗体の複合体であるFab D 1.3とリゾチームの複合体は,相補的な立体構造が組み合うことで,ファンデルワールス力のみでもほぼ解離が起こらないような強固な結合を形成している(図2.5).

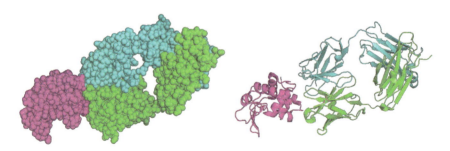

図2.5 Fab D 1.3とリゾチームの複合体
　　左側の図はCPK表示(ファンデルワールス表示)と呼ばれ,原子をファンデルワールス半径で表している.右側の図はリボン表示と呼ばれ,らせんが$\alpha$ヘリックスを,矢印が$\beta$シートを表している(第7章を参照).Protein Data Bank code 1FDLをもとに,PyMOL(http://pymol.org/)を用いて作成.

### 2.4.2 水素結合

**水素結合**(hydrogen bond)は酸素や窒素などと共有結合した水素原子(-OHや-NH)と窒素,酸素,硫黄などの原子との相互作用である.水素結合は第5章で述べる核酸の二重らせん構造や,第7章で述べるタンパク質の$\alpha$ヘリックス,$\beta$シート構造の形成に大きく寄与している.水素結合の強さは一般的には数kcal mol$^{-1}$(10〜数十kJ mol$^{-1}$)であり,ファンデルワールス力より強いが共有結合やイオン結合よりはるかに弱い.

一般的な水素結合では,OH---O距離は2.6〜3.5 Å程度であるが,直線から外れるほど,また,距離が遠くなるほど結合は弱くなる.逆に,OH---O間の距離が約2.6 Å以下になると,結合エネルギーは数十kcal mol$^{-1}$(100〜数百kJ mol$^{-1}$)ほどにもなり,共有結合に匹敵する強さになる.このとき,プロトンは,2つの酸素原子の中間に位置することになり,通常の水素結合にみられるような双極子モーメントの偏りがなくなる.さらには,両方の酸素原子間を自由に(低障壁で)移動できるようになる.このような水素結合を低障壁水素結合(low-barrier hydrogen bond)といい,酵素反応の制御などに重要な役割を果たしている(図2.6).

低障壁水素結合が生体内で果たす役割の1つに光情報伝達の制御がある.例えば,光受容タンパク質イエロープロテインは,上述のとおり,その光吸収機構をフェノール性ヒドロキシ基が脱プロトン化した$p$-クマル酸が担っているが,このプロトンは,基底状態では,$p$-クマル酸のヒドロキシ基がグルタミン酸のヒドロキシ基と低障壁水素結合を形成することで安定化している(図2.7).光励起

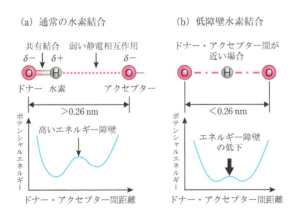

図2.6 通常の水素結合(a)と低障壁水素結合(b)の比較
[S. Yamaguchi *et al.*, *Proc. Natl. Acad. Sci.*, **106**, 440-444 (2009)]

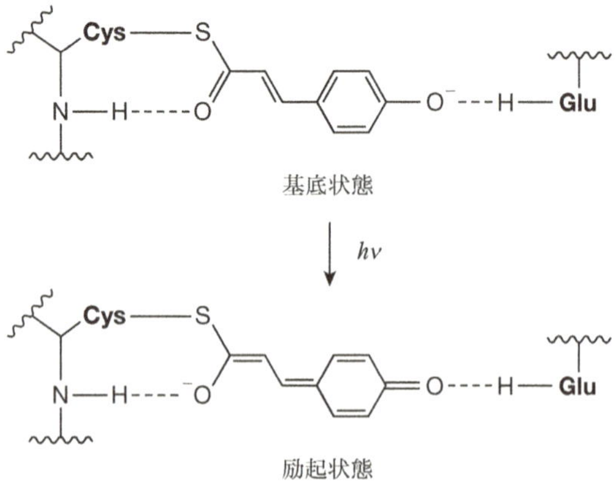

図2.7　励起状態のイエロープロテインにおけるプロトン移動

によりクマル酸とグルタミン酸の距離がわずかに開き，通常の水素結合へと移行するのにともなって，電子状態が変わり，最終的には情報伝達へとつなげている．低障壁水素結合と通常の水素結合というわずかな構造上の違いをうまく利用し，情報伝達のスイッチが行われているというのが生体分子ならではの機構である．

### 2.4.3　疎水性相互作用

　アルキル化合物や芳香族化合物などの疎水性化合物は水へ溶解しにくい．これは疎水性分子の周囲に水分子が氷状構造をつくり，溶解にともなって溶媒である水自身のエントロピーが減少するためである（第3章参照）．そのため疎水性化合物を水に溶解させると，図2.8のように集合して水との接触を避け，エントロピーの減少を抑制しようとする．このようにして疎水性分子どうしが集合するのが**疎水性相互作用**（hydrophobic interaction）である．例えば，水に溶解したメタンやベンゼンのような疎水性低分子の場合，疎水性相互作用による安定化エネルギーは，数 kcal mol$^{-1}$（10〜数十 kJ mol$^{-1}$）とされている．第10章で述べる脂質は，疎水性相互作用により脂質膜を形成する．

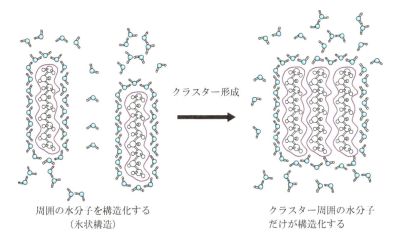

図2.8　疎水性相互作用
　　　　水中の疎水性物質はクラスターを形成することにより構造化した水分子の量を減らす．

## 2.4.4　静電相互作用

　イオンの間に働く**静電相互作用**(electrostatic interaction)は，他の3つの相互作用と比較して強く，遠距離でも作用する．静電相互作用は生体分子においても非常に重要である．例えば，第7章でも述べるが，タンパク質中ではカチオン性のアミノ酸残基であるアルギニンやリジンと，アニオン性のアスパラギン酸やグルタミン酸が塩橋(salt bridge)を形成し，これはタンパク質の高次構造を安定化させるために利用されている．T4ファージリゾチームのフォールディングにおいては，1つの塩橋型の静電相互作用によって，3〜5 kcal mol$^{-1}$ (10〜20 kJ mol$^{-1}$)の安定化エネルギーが得られることが知られている．なお，生体内ではイオン強度が高いため，静電相互作用は抑制されている．

## 参考文献

1) K. P. C. Vollhardt, N. E. Schore 著,古賀憲司,野依良治,村橋俊一 監訳,ボルハルト・ショアー現代有機化学 第6版(上)(下),化学同人(2011)
2) D. Voet, J. Voet, C. Pratt 著,田宮信雄,村松正實,八木達彦,遠藤斗志也 訳,ヴォート基礎生化学 第3版,東京化学同人(2010)
3) 長野哲雄 監訳,マクマリー生化学反応機構,東京化学同人(2007)
4) 佐藤一彦,北村雅人 著,化学の要点シリーズ1 酸化還元反応,共立出版(2012)
5) 今堀和友,山川民夫 監修,生化学辞典 第4版,東京化学同人(2007)
6) 西尾元宏,新版 有機化学のための分子間力入門,講談社(2008)
7) J. N. Israelachvili 著,大島広行 訳,分子間力と表面力 第3版,朝倉書店(2013)
8) J. McMurry, T. Begley 著,長野哲雄 監訳,マクマリー生化学反応機構―ケミカルバイオロジー理解のために,東京化学同人(2007)
9) T. McKee, J. R. McKee 著,市川 厚 監修,福岡伸一 監訳,マッキー生化学―分子から解き明かす生命 第4版,化学同人(2010)

# 第3章　物理化学の基礎

　自然界における化学現象を物理的な法則で記述する学問が物理化学である．生体内における化学現象は，核酸，タンパク質，糖，脂質や天然物といった生体分子の分解・合成などの化学反応以外にも，結合・解離，構造変化など多様である．また，バイオマテリアルをはじめとする人工物と生体分子の反応は工学的な対象でもある．

　本章では，生体内における化学現象を理解するための物理化学の基礎として，①化学熱力学と②反応速度論，および③生体エネルギー論について解説する．化学熱力学は，エネルギーの出入りが関与する化学反応を定量的に解釈するための原理である．反応前後のエネルギーがわかれば，その反応が自発的に進行するかどうかや，反応を進行させるにはどの程度のエネルギーを加える必要があるかを判断することができる．一方，反応がどのくらいの時間で進行するかは反応前後のエネルギー差からは予測できない．化学反応の反応速度を定量的に理解するためにはもう1つの重要な原理である速度論の考えが必要である．これらを統合することで生命現象の本質を化学的に理解することができる．

## 3.1　化学反応とエネルギー

### 3.1.1　熱力学第一法則

　一般的にエネルギーとは，系がもつ仕事をする能力の総称である．A. Newtonによる発見以来，力学的エネルギー（運動エネルギーと位置エネルギーの和）が保存されることは広く知られている．18世紀になって熱，化学，電気などの現象が互いに密接に関わっていることが見つかったが，これらの現象を起こすエネルギーが普遍的な量であることはわかっていなかった．熱と力の等価性（熱による仕事量変化と仕事による熱量変化が等しいこと）を提唱したのがJ. R. von Mayerで，それを実験的に初めて示したのがJ. P. Jouleである．さまざまな形態のエネルギーは相互に変換されるものであり，系内のエネルギー変換において，外部とのエネルギーのやりとりがなければ系内すべてのエネルギーは保存される．この

## ● Julius Robert von Mayer（1814～1878）

ドイツで医学を修めた後，船医として航海中に熱帯地域では静脈血が鮮やかな赤色をしていることに気づいた．このことを熱帯域では体温を保つための酸素消費量が少ないからだと考えた．このことから，熱と運動の関係性を発想し，物理学の研究をスタートさせた．熱の仕事当量を最初に発表した人物であり，熱力学第一法則を発見した一人とされる．

## ● James Prescott Joule（1818～1889）

イギリスの物理学者で，醸造業の傍らで研究を行った．ボルタ電池を用いたモータの実験から，電気エネルギーが熱エネルギーへと変化することを発見した．これはジュールの法則として知られる．さらに，熱の仕事当量の測定に従事し，仕事が熱へ，あるいは熱が仕事へ変わっても同じ仕事当量をもつことを実験的に証明した．Mayerとともに，エネルギー保存則を発見した一人とされている．

エネルギー保存原理が**熱力学第一法則**（the first law of thermodynamics）である．例えば，系内の熱エネルギーが系内の分子の運動エネルギーへと変換されるとき，熱が外界に散逸しなければ，変換された熱エネルギー量と増加した系内の分子の運動エネルギー量は等しい．生命体でも，例えば代謝においてアデノシン三リン酸（adenosine triphosphate, ATP）のリン酸基の加水分解反応が起こる過程で化学結合エネルギーが機械的エネルギーや熱エネルギーとして用いられるが，反応前後のエネルギーの総和は等しい．

その後，熱力学第一法則はR. Clausiusによって次のような数学的表現で解釈されるようになった．まず物質の出入りのない閉じた空間（閉鎖系：closed system）で，その系を構成する原子（分子）がもつエネルギーである運動エネルギー（分子の並進・回転・振動・電子エネルギー），分子間相互作用エネルギー，ポテンシャルエネルギーの総和を**内部エネルギー**（internal energy）と呼び，$U$と表記

する．最初の状態の内部エネルギーを$U_i$，最終状態の内部エネルギーを$U_f$とすると，内部エネルギーは系の状態のみで決まる状態関数なので，どのような経路で状態が変化したかは関係なく，系の内部エネルギー変化$\Delta U$は

$$\Delta U = U_f - U_i \tag{3.1}$$

と記述できる．一方，熱量変化$\Delta Q$や仕事量変化$\Delta W$の観点から考えると，$\Delta U$は$\Delta Q$と$\Delta W$の総和に等しく，次式のように記すことができる[*1]．

$$\Delta U = \Delta Q + \Delta W \tag{3.2}$$

外界と力学的にも熱的にも接触がない閉じた系である孤立系（isolated system）では，$\Delta Q = 0$，$\Delta W = 0$なので，$\Delta U = 0$である．

閉鎖系において，系の$\Delta Q$が正であると，系の$\Delta U$も正となり内部エネルギーは増加するが，$\Delta W$は負となり系は膨張して外界に一部エネルギーを与える．圧力$p$が一定であれば，はじめの体積を$V_i$，最終的な体積を$V_f$として，$\Delta W$は式(3.3)で表せる．

$$\Delta W = -p(V_f - V_i) = -p\Delta V \tag{3.3}$$

$\Delta W$の符号は，系が外界から受け取るときにプラス，外界へ与えるときにマイナスである．式(3.3)に負号があることは，系が外圧に逆らって仕事をすることを意味している．したがって，一定の圧力（定圧過程）では熱は以下のように示すことができる．

$$\Delta Q = \Delta U + p\Delta V \tag{3.4}$$

ここで，定圧[*2]で供給された熱エネルギーを**エンタルピー**（enthalpy）$H$[*3]といい，

$$H = U + pV \tag{3.5}$$

と定義される（図3.1）．$p$が一定のときエンタルピー変化は

---

[*1] 例えば液体の水が気化する場合，水分子の運動の変化が$\Delta Q$で，水が蒸気に状態変化するための仕事が$\Delta W$である．
[*2] 一般的な実験は定圧（大気圧）で行われるため定圧下の熱力学的取り扱いは重要である．
[*3] エンタルピーという言葉は，1909年H. K. Onnesによって，温まるという意味のギリシア語enthalpeinにちなんで命名された．$H$の記号はheat（熱）に由来する．なおOnnesは超伝導の発見で1913年にノーベル物理学賞を受賞している．

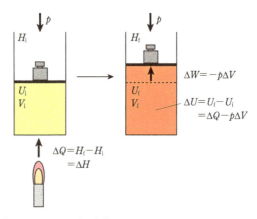

図3.1 定圧状態でのエンタルピー変化
定圧下では系が外界から受け取る熱量変化$\Delta Q$により，系の内部エネルギーは増加($\Delta U$)するが，同時に系は仕事として外界へエネルギーを与える($\Delta W = -p\Delta V$). $\Delta Q$により与えられた内部エネルギー変化量と仕事変化量の和$\Delta Q$ ($=\Delta U + p\Delta V$)がエンタルピー変化$\Delta H$である．

$$\Delta H = \Delta U + p\Delta V \tag{3.6}$$

となる．

逆に反応前後のエンタルピー変化（反応エンタルピー）を知ることで，定圧での反応にともなう熱量変化がわかる．つまり，ある化学反応で反応前後のエンタルピー変化が$\Delta H = H_f - H_i < 0$であれば発熱反応となり，$\Delta H > 0$となれば吸熱反応となる．生体分子が関与する共有結合や非共有結合が形成される反応のほとんどは負のエンタルピー変化をともなう発熱反応である．また，$U, p, V$はすべて状態関数なので，$H$も状態関数である．したがって，ある化学反応（A→B）の反応エンタルピーの測定が困難であっても，他の経路（A→C，C→B）の反応エンタルピーがわかれば，目的の反応エンタルピーを導出することができる（ヘスの法則，図3.2）[*4].

### 3.1.2 熱力学第二法則とエントロピー

熱力学第一法則はいかなる過程においてもエネルギーは保存されることを示している．しかし自然界でのエネルギーのやりとりには自発的な変化の方向が存在する．例えば，沸かしたお湯は自然と冷めていくが，逆に突然沸騰することはな

---

[*4] 歴史的にはJouleが熱と仕事の等価性を示す以前に（1840年），熱エネルギーの保存則は示されていた．

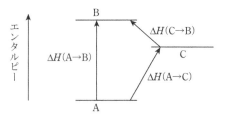

図3.2 ヘスの法則

い．さらに，2種類の理想気体の混合のように熱量変化をともなわない混合反応においては，互いに自発的に混ざり合うが，元の状態に戻ることはできない．これらでは内部エネルギーという「量」は変化しなくとも，「質」が変化しているのである．このような自発的な方向性をもつ状態変化は前述の第一法則では説明することができない．こうした熱エネルギーの移動の方向性に関する法則，すなわち「熱は低温物質から高温物質へと自ら移動しない」が**熱力学的第二法則**(the second law of thermodynamics)である．このことを定量的に理解するために，Clausiusは熱を温度で割ったものが状態関数になることを見出し，それを**エントロピー**(entropy) $S$ と定義した[*5]．

$$dS = \frac{\delta q_\mathrm{rev}}{T} \tag{3.7}[*6]$$

孤立した系において，内部エネルギーの微小変化を考えると，内部エネルギーは状態関数なので，可逆過程(rev)か不可逆過程かという経路によらないから，

$$dU = \delta q_\mathrm{rev} + \delta w_\mathrm{rev} = \delta q + \delta w \tag{3.8}$$

と表される．可逆過程の際に仕事($\delta w$)は最大値をとるので，

$$\delta w_\mathrm{rev} - \delta w = \delta q_\mathrm{rev} - \delta q \geq 0 \tag{3.9}$$

が成り立つ．この式から，クラウジウスの方程式(Clausius equation)と呼ばれる

---

[*5] 1865年Clausiusが，ギリシア語で変換を意味する「tropē」をもとに「エントロピー」(en-tropi)を定義した．「エネルギー」(en-ergon)と意図的に字体を似せたとされている．$S$の記号の起源には諸説ある．

[*6] ここでは，微小変化を状態関数ではd，経路関数では$\delta$を用いて表す．経路関数は経路に依存する量であり，ある状態変化でとりうる量が一義的に決まらない．そのため，その微小変化は単純に積分できない．例えば，状態1から状態1に戻ってくる過程で圧力変化や体積変化は必ず0になるが，仕事や熱は0にならない．

## Rudolf Julius Emmanuel Clausius（1822～1888）

ドイツの物理学者で，ベルリン王立砲工学校などにおいて教鞭をふるった．Jouleらによって発見されていたエネルギー保存則を熱力学第一法則として定式化し，さらに熱が高温物体から低温物体へ移動する特殊性を熱力学第二法則として定式化し，エントロピーを定義した．以上の二法則を，宇宙のエネルギーは一定であり，宇宙のエントロピーは極大に向かって突き進むと表現したのもClausiusである．

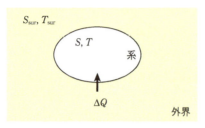

$T_{sur} \geq T$

$\Delta S_{tot} = \Delta S + \Delta S_{sur} = \dfrac{\Delta Q}{T} - \dfrac{\Delta Q}{T_{sur}} \geq 0$

図3.3 熱力学第二法則（エントロピー増大則）の概念図
外界からの熱の移動によって系のエントロピーは増大する．系のエントロピーの変化量$\Delta S$は外界のエントロピー変化量$-\Delta S_{sur}$より大きくなる．

$$dS = \frac{\delta q_{rev}}{T} \geq \frac{\delta q}{T} \tag{3.10}$$

が得られる．系が孤立系の場合，$\delta q = 0$なので，

$$\Delta S \geq 0 \tag{3.11}$$

である．これが熱力学第二法則の数学的記述である．したがって，孤立系で自発過程が起こるとき，エントロピーは増加する．等号（$\Delta S = 0$）は可逆過程の場合である．系と外界の間で熱が移動する状態変化では，やはり系と外界のエントロピー変化の総和（$\Delta S + \Delta S_{sur}$）である全体（孤立系）のエントロピー変化$\Delta S_{tot}$が正になる（図3.3）．これは数学的に

$$\Delta S_{tot} = \frac{\Delta Q}{T} \geq 0 \tag{3.12}$$

と表せる（等号は可逆過程）．不可逆過程の場合，系のエントロピー変化$\Delta S$が外

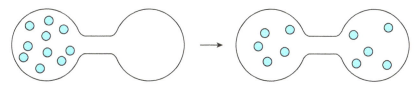

図3.4 エントロピーの概念の例

界のエントロピー変化 $\Delta S_{\mathrm{sur}} = -\Delta Q/T_{\mathrm{sur}}$ を上回るので，

$$\Delta S_{\mathrm{tot}} > 0 \tag{3.13}$$

となる．

　エントロピーは巨視的な概念であり，そこに物質の概念は必要ない．しかし，実際にはエントロピーの変化は原子や分子が熱運動して乱雑に散逸し，無秩序さが増大した結果である．L. Boltzmann はエントロピーを場合の数 $W$（仕事量の $W$ とは異なる），つまり乱雑さと結びつけて

$$S = k_{\mathrm{B}} \ln W \tag{3.14}$$

と定義した．定数 $k_{\mathrm{B}}$（$=3.300 \times 10^{-24}$ cal K$^{-1}$ $=1.381 \times 10^{-23}$ J K$^{-1}$）はボルツマン定数と呼ばれる．反応が進行し，平衡になったときに乱雑さが最も大きくなる（図3.4）．後述するが，エントロピーは溶媒和や分子の構造変化に関わる分子の安定性を決定する重要な因子である．

### 3.1.3　自由エネルギーと化学反応

　生体分子間反応は生命活動であり，細胞などエネルギーや物質の出入りが可能な開放系（open system）で起こる．このような反応は，反応前後で分子がもつ熱量（エンタルピー）だけでなく，分子の乱雑さ（エントロピー）も同時に変化する場合がほとんどである．J. W. Gibbs は反応におけるエンタルピーとエントロピーの寄与を統合し，反応の自発的方向性を示す熱力学パラメータ（エネルギー）を定義した．まず，式(3.8)および式(3.10)に示した可逆過程における第一法則，第二法則

$$dU = \delta q + \delta w = \delta q - p dV \tag{3.15}$$

$$dS = \frac{\delta q}{T} \tag{3.16}$$

> ● Josiah Willard Gibbs (1839〜1903)
>
> アメリカの数学者・物理学者でイェール大学の教授. 最も有名な第三論文 "On the Equilibrium of Heterogeneous Substances（不均質物質の熱力学について）" は300頁を超える超大作で, 平衡系の熱力学がほぼ完成された. この論文では化学ポテンシャルが初めて導入され, 化学平衡, 相平衡と相転移, 相律, 平衡の安定性, 浸透圧, 化学反応, 電気化学など広範な現象が議論されているが, 現在の熱力学の教科書とほぼ変わらない内容であることには驚かされる.

から

$$dU = TdS - pdV \tag{3.17}$$

を導いた. これまで熱と仕事が主役だった熱力学は,「熱力学の基本方程式」と呼ばれるこの式(3.17)によりエネルギーとエントロピーを中心とするものへと発展した. 生体分子の反応以外でも, 身近な化学反応は大気圧で進行し, 温度は制御が容易な量であるから, $p$と$T$の関数で定義されるエネルギー量は特に重要である.

ここで, 次式で定義される$G$を導入する.

$$G = U + pV - TS \tag{3.18}$$

この式は式(3.5)より

$$G = H - TS \tag{3.19}$$

と表せる. 式(3.19)の全微分は

$$\begin{aligned} dG &= dH - TdS - SdT \\ &= Vdp + TdS - TdS - SdT \\ &= Vdp - SdT \end{aligned} \tag{3.20}$$

であり, $G$は$p$と$T$の関数であることがわかる. 式(3.18)で定義される$G$を**ギブス自由エネルギー**(Gibbs free energy)と呼び, 定圧定温過程における変化量$\Delta G$は

## 3.1 化学反応とエネルギー

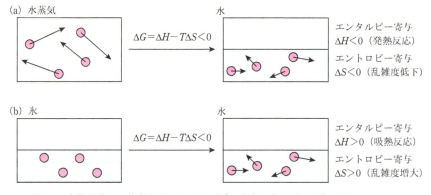

図3.5 自発変化する化学反応におけるギブス自由エネルギー変化の例
 (a) 発熱反応. 理想状態に置かれた(高温の)水蒸気が冷えて水になる過程.
 (b) 吸熱反応. 理想状態に置かれた氷が融けて水になる過程.

$$\Delta G = \Delta H - T\Delta S \tag{3.21}$$

と表される.

定圧過程におけるエネルギー収支は式(3.4)および式(3.5)から $\Delta Q = \Delta H$ である. したがって,エントロピーの収支は式(3.12)から

$$T\Delta S \geq \Delta H \quad すなわち \quad \Delta H - T\Delta S \leq 0 \tag{3.22}$$

となり,式(3.21)より

$$\Delta G = \Delta H - T\Delta S \leq 0 \tag{3.23}$$

となる. すなわち,$\Delta G \leq 0$ が系の自発変化の判断基準である. つまり化学反応は温度・圧力一定下においてギブス自由エネルギーが減少する方向に自発的に進行する. したがって,ある反応が自発的に進行しうるかどうかを調べるには,反応の $\Delta G$ を知ればよいのである. 逆に反応の前後で $G$ が増加した場合($\Delta G > 0$),その逆反応が自発的に進行することになる.

化学反応の解釈にギブス自由エネルギーを使う利点は,$\Delta G$ が式(3.21)のとおり系の状態を示すエンタルピー変化 $\Delta H$ とエントロピー変化 $\Delta S$ を考慮すれば求められるということにある. 例えば,発熱反応では,$\Delta H < 0$ なので $\Delta H$ は常に $T\Delta S$ より負に大きくなくてはならない(図3.5(a)). したがって,エンタルピー依存的な反応である. 一方,吸熱反応では $\Delta H > 0$ なので,エンタルピーの変化

量を超えるだけのエントロピー項の寄与が必要であり，吸熱反応は系のエントロピーの増加によって駆動される（図3.5(b)）．このように，$\Delta G$ の内訳を知ることで，化学反応がエンタルピー支配的か，あるいはエントロピー支配的かを定量的に評価することが可能となる．

### 3.1.4 化学ポテンシャルと化学平衡

平衡状態へ向かう変化を特徴づけるのは反応熱ではなく，自由エネルギーと呼ばれる熱力学量であった．自発的な反応が進んだ後，最終的に系内の物質やエネルギーの（正味の）流出入が等しい状況に達する．これを熱力学的な平衡状態といい，このときギブス自由エネルギー $G$ は最小値をとる．化学反応に関する平衡については，外界から加える圧力や温度のほかに，物質の流入のエネルギーへの寄与を考慮する必要がある．そこで導入されたのが**化学ポテンシャル**（chemical potential）$\mu$ で，これにより，系に起こりうるあらゆる変化（分子の組成，構造変化，帯電状態，分極あるいは磁化など）を記述することができるようになった．$\mu$ は，

$$\mu = \left(\frac{\partial G}{\partial n}\right)_{T,p} \tag{3.24}$$

と定義される．ここで，$n$ は物質量を表す．化学ポテンシャルは言葉のとおり，ある物質の物質量（濃度）に依存したポテンシャルエネルギーのことである．すなわち化学ポテンシャルとは系に物質を加えたときにギブス自由エネルギーがどのように変化するかを示す量である．系内の物質に化学ポテンシャルの差がある場合，その差が小さくなるように物質の移動（あるいは反応）が起こり，平衡状態では物質の化学ポテンシャルは等しくなる．例えば温度・圧力一定の系内で，ある物質の反応が進行するとする（図3.6）．系のギブス自由エネルギー $G$ は，反応前

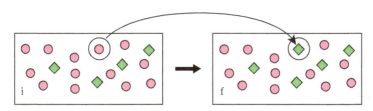

図3.6 化学ポテンシャルの概念図
　　　反応前の系(i)から反応前の物質(●)が微少量 $dn$ だけ反応し，反応後の系(f)では生成物(◆)が $dn$ だけ生成したとすると，化学ポテンシャルは $-\mu_i dn$ および $\mu_f dn$ だけ変化する．

の物質によるギブス自由エネルギー $G_i$ と反応後の生成物によるギブス自由エネルギー $G_f$ の和,すなわち $G=G_i+G_f$ で表される(iはinitial：反応前の物質,fはfinal：反応後の生成物の意味).この状態である量 $dn$ だけ反応が進行して生成物が $dn$ だけ生成したとすると反応前の物質のギブス自由エネルギー変化は $-\mu_i dn$,生成物のギブス自由エネルギー変化は $+\mu_f dn$ となる.したがって,系のギブスエネルギー変化は

$$dG = (-\mu_i + \mu_f)dn \tag{3.25}$$

と書ける.$\mu_i=\mu_f$ のときは式(3.25)から $dG=0$ が成り立つ.$dG=0$ のとき反応は平衡にある.

化学ポテンシャルを用いて,あらゆる化学反応の平衡を記述することができる.まず,可逆的な反応 $A \rightleftharpoons B$ を考える.この反応は,生体分子の構造変化などを記述する際に重要である.ここでは,反応 $A \rightleftharpoons B$ を理想気体の反応として話を展開していくが,生体分子の反応についても同様に考えることができる.温度が一定のとき,ギブス自由エネルギーの圧力依存性は

$$G(p_f) = G(p_i) + \int_{p_i}^{p_f} V dp \tag{3.26}$$

と記述できる.理想気体の状態方程式より $V=nRT/p$ であるから,

$$\begin{aligned}G(p_f) &= G(p_i) + nRT \int_{p_i}^{p_f} \frac{dp}{p} \\ &= G(p_i) + nRT \ln\left(\frac{p_f}{p_i}\right)\end{aligned} \tag{3.27}$$

となる。ここで,$R(=1.987 \text{ cal mol}^{-1}\text{K}^{-1}=8.314 \text{ J mol}^{-1}\text{K}^{-1})$ は気体定数である.圧力1気圧,温度25 ℃での標準状態の圧力 $p°$ とギブス自由エネルギー $G°$(標準状態にある熱力学量は○をパラメータの右上に添える)を用いると,各成分のギブス自由エネルギーは次のように示される.

$$G = G° + nRT \ln\left(\frac{p}{p°}\right) \tag{3.28}$$

$p$ はそれぞれの分圧を示す.式(3.28)は化学ポテンシャルの式で記述すると,

$$\mu = \mu° + RT \ln\left(\frac{p}{p°}\right) \tag{3.29}$$

である.理想気体では $p/p°$ をモル分率 $x$ と書けるので式(3.29)は

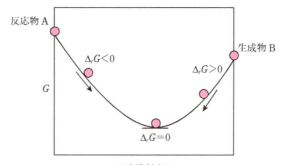

図3.7 反応ギブス自由エネルギーと反応の進行方向の関係
　　　反応が進む(横軸に沿って左から右)につれて，ギブス自由エネルギーの勾配が変化する．勾配が0のときは平衡に達している．勾配が正のときは逆反応の進行を示す．反応進行度$\xi$は，反応物Aのはじめの物質量$n_{A0}$が$n_A$に減少し，生成物Bの物質量が$n_{B0}$から$n_B$に増加したとき，各成分の化学量論で割った量である．ここでは，$\xi = -(n_A - n_{A0}) = n_B - n_{B0}$で表される．

$$\mu = \mu^\circ + RT \ln x \tag{3.30}$$

となる．一般的に化学ポテンシャルには組成依存性があるため，実効的な濃度と考えることができる活量$a$を用いて以下のように表される．

$$\mu = \mu^\circ + RT \ln a \quad (a \equiv \gamma x, \gamma は活量係数) \tag{3.31}$$

ところで反応が$dn$だけ進んだとき，式(3.25)でも示したとおり

$$dG = (\mu_B - \mu_A) dn \tag{3.32}$$

すなわち，

$$\left(\frac{\partial G}{\partial n}\right)_{T,p} = \mu_B - \mu_A \tag{3.33}$$

となる．これは反応物と生成物の化学ポテンシャルの差を表し，反応ギブス自由エネルギー$\Delta_r G$と定義される(図3.7)．反応は化学ポテンシャルが小さい方に向かうので，$\mu_B - \mu_A = \Delta_r G < 0$のときは正方向の反応が自発的に進行し，$\mu_B - \mu_A = \Delta_r G = 0$のときに反応が平衡に達する．一方，$\mu_B - \mu_A = \Delta_r G > 0$のときは逆反応が進行することになる．さて，式(3.31)を用いることで$\Delta_r G$は

$$\begin{aligned}
\Delta_r G &= \mu_B - \mu_A \\
&= \mu_B^\circ + RT \ln a_B - (\mu_A^\circ + RT \ln a_A) \\
&= \Delta_r G^\circ + RT \ln\left(\frac{a_B}{a_A}\right)
\end{aligned} \quad (3.34)$$

となる．ここで，$\Delta_r G^\circ$ は標準反応ギブス自由エネルギーで，$a_A, a_B$ はAおよびBの活量である．この反応が平衡にあるとき，活量の比 $a_B/a_A$ を $K$ とすると，

$$\Delta_r G^\circ = -RT \ln K \quad (3.35)$$

と書ける．$K$ は平衡定数と呼ばれ，平衡定数の大小は温度 $T$ における平衡時の反応の偏りの指標となる．上の反応では，$K$ が大きいほどBが生じやすい．

### 3.1.5 結合反応とエネルギー

ここでは2つの分子AとBが結合してABという複合体ができる平衡反応を考える．

$$A + B \rightleftharpoons AB \quad (3.36)$$

この結合反応も化学反応，特に生体分子の反応における基本的な反応の1つである．結合反応の強さを定量的に解析することにより生体分子間の親和性や反応の特異性を知ることができる．前節より，各成分の化学ポテンシャルを考慮すると，平衡状態では反応物A, Bの化学ポテンシャルの和と生成物ABの化学ポテンシャルは等しい．生体分子間反応の多くは非常に低濃度で起こるため，実際は活量をモル濃度と近似して解析することが多い．したがって，平衡状態での反応ギブス自由エネルギー $\Delta_r G$ は

$$\begin{aligned}
\Delta_r G &= \mu_A + \mu_B - \mu_{AB} \\
&= (\mu_A^\circ + RT \ln[A]) + (\mu_B^\circ + RT \ln[B]) - (\mu_{AB}^\circ + RT \ln[AB]) \\
&= \Delta_r G^\circ + RT \ln\left(\frac{[AB]}{[A][B]}\right) \\
&= 0
\end{aligned} \quad (3.37)$$

と記述できる．式(3.35)より温度 $T$ における反応ギブス自由エネルギー $\Delta_r G_T^\circ$ は

$$\Delta_r G_T^\circ = -RT \ln K_a \quad (3.38)$$

と記述できる．ただし，$K_a = [AB]/[A][B]$ であり，これを結合定数（単位は $M^{-1}$）

と呼ぶ．式(3.38)から$K_a$値が大きいほど，$\Delta G_T°$値が負に大きくなることがわかる．$K_a$値は結合の強さを示し，結合反応の強さ（親和性）を定量的に比較する際に非常に重要なパラメータである．例えば37℃においてAとBの結合反応の$K_a$が10 M$^{-1}$であったとすると，$\Delta_r G_T°$は$-1.4$ kcal mol$^{-1}$（$-5.9$ kJ mol$^{-1}$）である．一方，AとCの結合反応の$K_a$値を100 M$^{-1}$とすると，$\Delta_r G_T°$は$-2.8$ kcal mol$^{-1}$（$-11.7$ kJ mol$^{-1}$）となる．したがって，AはBよりもCに10倍強く結合し，反応ギブス自由エネルギーの差（$\Delta\Delta_r G$）は1.4 kcal mol$^{-1}$（5.9 kJ mol$^{-1}$）である．この値は生体分子間に働く水素結合のエネルギー（第1章，第2章参照）と同程度であり，親和性の差（選択性）は分子間に働く弱い相互作用で十分得られることがわかる．生体分子がもつ$K_a$値は高いものでは10$^9$ M$^{-1}$（$-12.7$ kcal mol$^{-1}$，$-53.1$ kJ mol$^{-1}$）を超え，最も高いものとしてビオチン－アビジン相互作用の10$^{15}$ M$^{-1}$（$-21.3$ kcal mol$^{-1}$，$-89.1$ kJ mol$^{-1}$）が知られている．

ところで，生体分子間の結合反応では種々の弱い分子間相互作用がいくつも合わさることで複合体が形成されることが多い．そのため，結合定数から導かれる結合の強さだけでなく，結合メカニズムを定量的に知ることも重要である．式(3.21)より式(3.38)は

$$-RT \ln K_a = \Delta G_T° = \Delta H° - T\Delta S° \tag{3.39}$$

となり，結合の強さ（$K_a$）の内訳を反応のエンタルピー変化とエントロピー変化から定量的に理解することができる．生体分子間の結合反応では発熱反応がほとんどで，エンタルピー変化は負になる．エンタルピー変化は主に複合体形成時における分子間相互作用（イオン結合，水素結合，スタッキング相互作用（第5章），ファンデルワールス力など）にともなうエネルギー変化である．一方，エントロピー

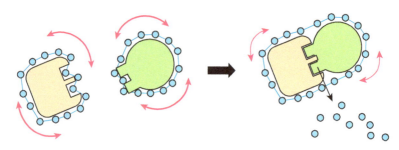

図3.8　分子間相互作用による熱力学的パラメータの変化
　　　　複合体形成にともなう水和構造の再編成もエントロピー変化に影響を与える．

変化は分子の運動が結合にともない制限されることや，複合体形成にともなう水和水のネットワークの再編成などにより負の値を示すことが多い．このように，熱力学的パラメータは複合体形成にともなって変化する分子の構造情報や水和環境を推測するのに活用できる(図3.8)．

## 3.2 化学反応の速度

### 3.2.1 化学反応の速度式と速度定数

熱力学ではある反応のギブス自由エネルギー変化$\Delta G_T^\circ$の正負を調べることで，その反応が進行するかどうかを判断することができる．しかし，どのくらいの時間でその反応が進行するかは$\Delta G_T^\circ$の値からは推測できない．時間という非対称の流れの中に存在する生命体では，その秩序を保つために生体分子が関与する反応が決まった速度で起こっている．また酵素には化学反応の速度を促進する働きがある(第8章)．そのため，化学反応を速度の観点から理解する反応速度論は重要である．

化学反応の速度は反応物の減少あるいは生成物の増加を時間に対して追跡することで得られる．例として，最も単純な反応である反応物Aから生成物Pができる反応について考える．

$$A \rightarrow P \tag{3.40}$$

この反応における反応速度$v$は，ある時間$dt$あたりの反応物Aの濃度変化から，

$$v = -\frac{d[A]}{dt} \tag{3.41}$$

となる．しかし，反応速度は式(3.41)のとおりAの濃度に依存するので，反応が経過するにつれてAの濃度は低くなり速度は遅くなってくる．そこで，反応時間や濃度に依存しない速度定数$k$を化学反応の一般的な速度パラメータとして活用することが多い．

ここでは逆反応が起こらない不可逆反応を考える．反応速度$v$はAの濃度の1乗に比例する．比例係数は反応速度定数$k$であり，その反応に固有の値である．このような反応を一次反応と呼ぶ．

$$v = -\frac{d[A]}{dt} = k[A] \tag{3.42}$$

式(3.42)を積分することで，時間$t$におけるAの濃度を知ることができる．時間0でのAの濃度を$[A]_0$とすると，式(3.42)から

$$\ln\left(\frac{[A]}{[A]_0}\right) = -kt \tag{3.43}$$

$$[A] = [A]_0 \exp(-kt) \tag{3.44}$$

が得られる．すなわち，Aは反応が始まってから時間の経過につれて指数関数的に減少する(図3.9(a))．一方，生成物Pは指数関数的に増加する．反応速度定数$k$は，$\ln[A]$を時間$t$に対してプロットした傾きから得られる．

続いて式(3.40)の反応が可逆である場合を想定する．

$$A \rightleftharpoons P \tag{3.45}$$

AからPができる正反応と同時にPからAができる逆反応が起こるという反応である．正反応の速度定数を$k_1$，逆反応の速度定数を$k_{-1}$としたとき，Pの生成速度$v$はAの濃度変化として以下のように表すことができる．

$$v = \frac{d[P]}{dt} = -\frac{d[A]}{dt} = k_1[A] - k_{-1}[P] = (k_1 + k_{-1})[A] - k_{-1}[A]_0 \tag{3.46}$$

$$[A] = [A]_0 \frac{k_{-1} + k_1 \exp[-(k_1+k_{-1})t]}{k_1 + k_{-1}} \tag{3.47}$$

平衡に達したときの$[A]$を$[A]_{eq}$とすると

$$\frac{[A]-[A]_{eq}}{[A]_0-[A]_{eq}} = \exp[-(k_1+k_{-1})t] \qquad \left([A]_{eq} = \frac{k_{-1}[A]_0}{k_1+k_{-1}}\right) \tag{3.48}$$

上の式(3.48)は一次反応の式(3.44)と等価であることから，可逆反応においても生成物Pは指数関数的に増加することがわかる(図3.9(b))．ここで，見かけ上の反応速度定数$k_{obs}$は$\ln([A]-[A]_{eq})$と反応時間$t$のプロットから得られる直線の傾き$k_1+k_{-1}$に相当する．この反応は平衡反応であるので，$t$が∞に近づくにつれてA，Pの濃度は一定となる．このとき$v=0$になるので，式(3.46)より

$$\frac{k_1}{k_{-1}} = \frac{[A]_{eq}}{[P]_{eq}} \tag{3.49}$$

となり，これは前節で求めた熱力学量である平衡定数$K$と一致する．平衡定数$K$がわかれば式より$k_1$，$k_{-1}$を求めることができる．

さらにAとBからABが生じる結合反応

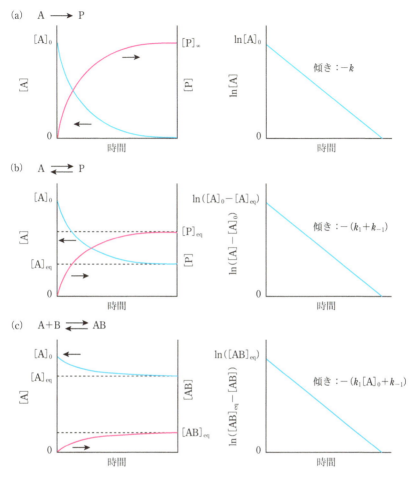

**図3.9** 化学反応で観測される反応物の経時変化と速度定数の算出法
(a)不可逆的一次反応, (b)可逆的一次反応, (c)可逆的二次反応(ただし[A]≫[B]の条件のため, $[A]_0 \to [A]_{eq}$の減少量は無視できる). 速度定数は各直線プロットの傾きや切片から得られる.

$$A + B \rightleftharpoons AB \tag{3.50}$$

について速度論的に考える.この反応は二分子反応であり,速度がA, B両方の濃度の1乗に比例する場合,反応は二次反応となる.このときのABの生成速度は

$$\frac{d[AB]}{dt} = k_1[A][B] - k_{-1}[AB] \tag{3.51}$$

となる．ここでも，平衡時では[AB]の変化速度は0になるので，式(3.51)より

$$\frac{k_1}{k_{-1}} = \frac{[AB]_{eq}}{[A]_{eq}[B]_{eq}} \tag{3.52}$$

となり，これは平衡定数（結合定数）$K_a$ と一致する．式(3.52)より式(3.51)は

$$\frac{d[AB]}{dt} = k_1([A]_0-[AB])([B]_0-[AB]) - k_{-1}[AB] \tag{3.53}$$

と書ける．実際に速度パラメータを求める際には，取り扱いを容易にするために，Aの濃度がBよりも大過剰である条件下で測定することが多い．この条件により，Aの減少量を無視することができ，$[A]_0 - [AB] \fallingdotseq [A]_0$ となるから，

$$\frac{d[AB]}{dt} = k_1[A]_0[B]_0 - (k_1[A]_0 + k_{-1})[AB] \tag{3.54}$$

$$[AB] = [AB]_{eq}\{1-\exp[-(k_1[A]_0+k_{-1})t]\} \\ \left([AB]_{eq} = \frac{k_1[A]_0[B]_0}{k_1[A]_0+k_{-1}}\right) \tag{3.55}$$

$$\frac{[AB]_{eq}-[AB]}{[AB]_{eq}} = \exp[-(k_1[A]_0+k_{-1})t] \tag{3.56}$$

となる．式(3.56)は一次反応の式(3.44)と等価である．つまり，この条件では[AB]の変化を見かけ上の一次反応（擬一次反応）とすることができる（図3.9(c)）．したがって，$k_{obs} = k_1[A]_0 + k_{-1}$ となるから，$k_{obs}$ を $[A]_0$ に対してプロットすることで速度パラメータを求めることができる．

### 3.2.2 反応速度とエネルギー

　化学反応の速度は一般的に温度が上がると大きくなる．化学反応の進行度は反応前後の系のギブズ自由エネルギー差で決定されるが，実際には分子が反応するために必要なポテンシャルエネルギーが存在する．このエネルギー差を**活性化エネルギー**（activation energy）と呼び，その障壁の越えやすさが速度定数として表される．このような概念を数式的に表現したのが1889年にS. Arrheniusにより提案された**アレニウスの式**（Arrhenius equation）である．

$$k = A\exp\left(-\frac{E_a}{RT}\right) \tag{3.57}$$

この式は

## ● Svante Arrehenius (1859〜1927)

スウェーデンの物理学者・化学者でストックホルム大学などの教授を務めた．活性化エネルギーの概念を定式化しただけでなく，酸と塩基の定義の提唱をしたことでも有名で，電解質解離理論により1903年にノーベル化学賞を受賞した．生命は宇宙を漂う胞子によってもたらされたという地球外起源説を唱えたことでも知られる．

$$\ln k = -\frac{E_a}{RT} + \ln A \tag{3.58}$$

と書けることからわかるように，$\ln k$ を $1/T$ に対してプロットすることで $E_a$ を求めることができる．頻度因子 $A$ は一定温度での反応確率を表す．つまり，$A$ には分子と分子の衝突に関わる分子の運動や立体構造などの情報が含まれる．酵素をはじめとする触媒には，反応速度を大きくする役割がある．これは触媒に活性化エネルギーを小さくし，ポテンシャルエネルギー障壁を下げる働きがあり，より多くの分子が障壁を乗り越えていきやすくなるためである(第8章)．触媒によっては，反応物の空間的配置を変えたり，接触時間を延ばしたりする(頻度因子 $A$ を増加させる)ことで反応を促進するものもある．

ポテンシャルエネルギーの頂点の状態では，反応は遷移状態にあると考えられる．H. Eyring はその中間状態の分子の活性複合体を定義し，活性化エンタルピーを $\Delta H^\ddagger$，活性化エントロピーを $\Delta S^\ddagger$ として，反応速度定数 $k$ を次の式で表した．

$$k = \left(\frac{k_B T}{h}\right) \exp\left(-\frac{\Delta H^\ddagger - T\Delta S^\ddagger}{RT}\right) = \left(\frac{k_B T}{h}\right) \exp\left(-\frac{\Delta G^\ddagger}{RT}\right) \tag{3.59}$$

ここで，$h$ はプランク定数 ($=1.584\times10^{-34}$ cal s $=6.626\times10^{-34}$ J s) である．アレニウスの式(3.57)との比較から，$\Delta H^\ddagger$ が $E_a$，$\Delta S^\ddagger$ が $A$ と対応する．生体反応では図3.8で示したように水和構造の変化によりエントロピー変化が生じる．したがって，溶媒環境が反応速度を大きく左右する場合もある．

上述のように遷移状態を熱力学的に取り扱うことによって，反応速度をさまざまな熱力学定数により取り扱うことができる．まず，

$$\left(\frac{\partial \Delta G}{\partial P}\right)_T = \Delta V \tag{3.60}$$

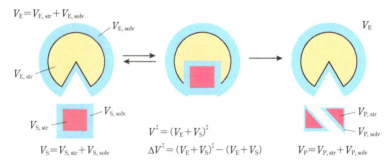

図 3.10 化学反応を触媒する生体分子の体積変化と状態変化の相関を表す概念図
$V_E$：酵素（生体分子）の全体積，$V_{E,str}$：酵素のファンデルワールス体積，$V_{E,solv}$：酵素の溶媒和体積，$V_S$：基質の全体積，$V_{S,str}$：基質のファンデルワールス体積，$V_{S,solv}$：基質の溶媒和体積，$V_P$：生成物の全体積，$V_{P,str}$：生成物のファンデルワールス体積，$V_{P,solv}$：生成物の溶媒和体積

の関係式から，反応速度の圧力依存性について，

$$\left(\frac{\partial \ln k}{\partial P}\right)_T = -\frac{\Delta V^{\ddagger}}{RT} \tag{3.61}$$

が導かれる．$\Delta V^{\ddagger}$ は活性化体積と呼ばれる．分子の体積変化は，溶媒分子を排除することによる体積変化（ファンデルワールス体積）と溶媒分子が相互作用した際の収縮にともなう体積変化の和である．反応速度の圧力依存性から活性複合体形成にともなう分子体積の変化と溶媒和効果を評価することができる．エネルギー値と比較して体積はイメージしやすい情報であり，特に酵素反応などの遷移状態における生体分子の構造と水和のメカニズムの議論に役立つ（図 3.10）．

## 3.3 生命体とエネルギー

### 3.3.1 生体内でのエネルギーの流れ

生命体は生体分子の集合体である以上，生命現象は生体分子の化学的な挙動を理解することで説明できるはずである．3.1 節と 3.2 節で示したように生体分子はエネルギーレベルが低くなるように化学反応を起こす．エントロピーが増加し，いずれ熱力学的な平衡状態に達する．一方で生命体は，生きていくために絶えず活動しており，化学的な平衡状態にはない．また，前述のとおり生命体は開放系である．したがって，生命体は絶えず外界から物質やエネルギーを取り込むことで，恒常的にエントロピーが増加しないようにしている[*7]．生命系ではこのよう

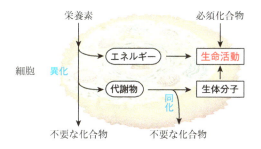

図3.11　細胞内における物質代謝

にして，見かけ上，物質やエネルギーの収支をほぼ一定に保つことで秩序を保っている．これを**定常状態**(steady state)と呼ぶ．

　細胞レベルで常に起こっている生体分子の合成と分解のことを代謝という(図3.11，2.1節も参照)．これは異化と同化の2つの過程から構成される．前者は外界から獲得した栄養素などの物質を分解することでエネルギーを得る(すなわち $\Delta G < 0$ の反応)過程のことであり，後者は異化反応で作られた分解物からエネルギーを使って(すなわち $\Delta G > 0$ の反応)新しい分子を合成する過程のことである．異化反応とは具体的には，糖類などの物質の酸化によるエネルギーの獲得であり，光合成で光エネルギーを利用して炭水化物を合成することは同化反応である[*8]．生体内では獲得したエネルギーは主に化学的な物質へ変換され，さまざまな化学反応のために分配もしくは貯蔵される．アデノシン三リン酸(ATP)は生体におけるエネルギー物質として最もよく使われている分子である(図3.12)[*9]．ATPはリボースにアデニンと3つのリン酸が共有結合している(5.3節参照)．そのリン酸ジエステル結合は比較的不安定で，次のような平衡にある．

$$\text{ATP} + \text{H}_2\text{O} \rightleftharpoons \text{ADP} + \text{Pi} \tag{3.62}$$

$$\text{ATP} + \text{H}_2\text{O} \rightleftharpoons \text{AMP} + \text{PPi} \tag{3.63}$$

［ADP：アデノシン二リン酸，AMP：アデノシン一リン酸，Pi：無機リン酸，PPi：二リン酸］

---

[*7] Erwin Rudolf Josef Alexander Schrödinger (1933年ノーベル物理学賞)は，このことを「生物体は負のエントロピーを食べて生きている」と表現している．
[*8] 糖の分解によるエネルギー獲得については，解糖系ならびにクエン酸回路など種々の代謝経路が発見されているが，それらの詳細は生化学の専門書を参考されたい．
[*9] このことからATPは生体エネルギーの通貨とも呼ばれる．

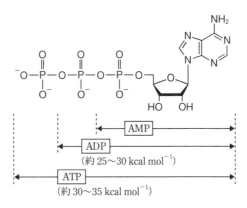

図3.12 ATP に含まれる化学エネルギー

ATPの生合成についてグルコースを例にとると，その摂取から最終的な代謝による分解までの反応式は

$$C_6H_{12}O_6 + 6\,O_2 + 38\,ADP + 38\,Pi \rightarrow 6\,CO_2 + 6\,H_2O + 38\,ATP \quad (3.64)$$

と記述できる．この際に熱エネルギー 393 kcal mol$^{-1}$(1644 kJ mol$^{-1}$)が発生する．グルコースの直接酸化（燃焼）により生じる熱量は約 670 kcal mol$^{-1}$(2803 kJ mol$^{-1}$)であるから，277 kcal mol$^{-1}$(1159 kJ mol$^{-1}$)がATPの合成に使用されたことになる．実際，式(3.62)の分解にともなうギブス自由エネルギー変化$\Delta G^*$は$-7.3$ kcal mol$^{-1}$($-30.5$ kJ mol$^{-1}$)であり[*10]，ATPの合成エネルギー $38 \times 7.3 = 277.4$ kcal mol$^{-1}$(1160 kJ mol$^{-1}$)とよく一致する．したがって，グルコースの化学エネルギーのうち約6割が熱として放出され，残りの約4割は分配・貯蔵する化学エネルギーとしての利得分となる．3.1.2項で記したように，熱エネルギーは「質」の悪いエネルギーである．例えば，グルコースの分解において基質である「グルコース+$O_2$」のエントロピーよりも，放出する「$CO_2$+$H_2O$+熱」のエントロピーの方が大きい．すなわち，その差し引きは負の値となり，細胞はあたかも「負のエントロピー」を取り込んでいるとみなすこともできる．こうして得たATPのリン酸ジエステル結合の分解エネルギーを消費することで生命体は定常状態として恒常性を保つことができる．

---

[*10] 純物質の標準状態における反応自由エネルギーを$\Delta G^*$と表記する．実際の細胞内の条件とは厳密には異なる．

## Ilya Prigogine (1917～2003)

ロシア生まれの物理学者で，ベルギー・ブリュッセル自由大学教授．熱力学的な不可逆過程の中には，エントロピー生成をともないながらも，むしろ積極的に構造が生成・維持される場合があることを明確に示した(散逸構造論)．この業績により1977年にノーベル化学賞を受賞した．揺らぎ，自己組織化，相関パターンなどの概念を打ち出し，近代物理化学の発展に大きく寄与した．哲学や歴史的思考が強く，著作の中では文化や社会についても論じており，彼の思想は人文・社会科学や経済学など学問横断的に広く影響を与えた．

### 3.3.2 非平衡熱力学と生命体

生命系自体は平衡から離れた動的な存在であるが，生命体が定常状態にある場合は，見かけ上その生命体内外の環境が一定であるとみなされる．前項では，個々の生命現象を担う化学反応の理解において，熱力学的，いわゆる静的な解釈が有力であることを示した．しかし生命体は常に定常状態にあるわけでなく，例えば細胞分裂や，細胞のがん化などでは細胞内の環境がダイナミックに変化する．生命体は，太陽から常にもたらされる非対称なエネルギーの流れのほかに，時間という非対称かつ不可逆な流れに存在する．しかし，熱力学的に平衡ではない中で，無秩序に広がっていくわけではない(このような非平衡の中の秩序形成に関する理論は「散逸構造論」としてI. Prigogineによって提唱された)．したがって，可逆的な平衡反応だけでなく，不可逆な非平衡熱力学を速度論的な理解をすることで初めて生命体を化学的に理解したことになるだろう．

熱力学第三法則は，「純粋な物質の絶対零度でのエントロピーは0になる」である．ボルツマンの式(式(3.14))からわかるように，絶対零度では分子が結晶になり，運動も停止した完全に秩序立った状態，すなわち場合の数 $W=1$ のときに相当する．しかし，実際にはほとんどの物質で絶対零度でもエントロピーは0にならない(残余エントロピー)．ガラスやさまざまな高分子などでは，温度を下げていくと結晶にはならずに流動性が失われた状態になる．これは，最も安定な結晶状態になる前に達した準安定状態にあたる．準安定状態のエネルギー障壁を越

えるには非常に長い時間がかかるため,もはや最安定構造を実現することができない.生体分子においても準安定状態は見受けられる.例えば,生体分子のフォールディング(立体構造形成)において,分子量の大きなRNAやタンパク質にはそのフォールディングの過程で多数の準安定な中間体が存在するため,最安定な立体構造を形成するのが困難な場合が多い.実際は,RNAやタンパク質は第5章から第7章で示すように,直鎖状分子が末端から合成される.したがって,フォールディングは末端から効率的に進行する.一方,合成速度によって準安定状態にある異なる立体構造をとることもある(図1.3参照).生体のダイナミクスを理解するためには,時間の次元を加味した熱力学が重要である.

### 参考文献

1) D. H. Everett 著,玉虫伶太,佐藤 弦 訳,入門 化学熱力学 第2版,東京化学同人(1974)
2) 山本義隆,熱学思想の史的展開1, 2, 3(ちくま学芸文庫),筑摩書房(2008)
3) 功刀 滋,生体物理化学,産業図書(1995)
4) I. Prigogine, D. K. Kondepudi 著,妹尾 学,岩元和敏 訳,現代熱力学—熱機関から散逸構造へ,朝倉書店(2001)
5) 杉本直己,生命化学,丸善(2007)
6) 三間 孝,分子から細胞にいたる生命の意味,東京図書出版会(2009)
7) 寺嶋正秀,馬場正昭,松本吉泰,現代物理化学,化学同人(2015)

# 第4章　高分子化学の基礎

　核酸やタンパク質，糖は天然の高分子である．これらは生体高分子と呼ばれ，化学的につくられる合成高分子と区別される．人類は木綿，麻，絹，羊毛などの天然繊維を有史以来衣料として利用してきた．天然高分子および合成高分子が鎖状の形態を有することは今となっては当然のことであるが，H. Staudinger がこうした分子が高い分子量をもつ分子であること(高分子説)を提唱した際には学会にまったく認められなかった．その後，高分子説が認められるとともに多くの人工高分子が合成されるようになり，高分子の合成法や物性に関する理論の基礎が米国のP. J. Flory などによって打ち立てられた．

　本章では，生体高分子の機能発現のしくみを化学の視点から理解するために，主に合成高分子の①合成法，②化学構造，③溶液中での性質について，生体高分子と関連づけながら学習する．

## 4.1　高分子の合成法

　高分子の合成法には，さまざまなバリエーションがある．ここでは代表的な重合反応についてその基本的な機構を解説する．

### 4.1.1　重合反応の分類

　高分子を生成する反応(重合)には多くの種類がある．基礎となる低い分子量の分子(モノマー，単量体)の構造で分類すると，重合において低分子の脱離をともなう**縮重合**(condensation polymerization あるいは polycondensation；重縮合，縮合重合とも呼ばれる)と，モノマーの分子量が繰り返し単位と変わらずにそのまま重合する**付加重合**(addition polymerization)に分けられる．一方，反応機構の観点からは**逐次重合**(stepwise polymerization)と**連鎖重合**(chain polymerization)に分類できる．逐次重合ではモノマーがもつ官能基が反応して順次高分子量のものが生成する．例えば，第2章でも述べたように，ほとんどの生体高分子は水中での縮重合により生成する．一方，連鎖重合は開始剤の作用によって活性種となった

## 第4章 高分子化学の基礎

### ● Hermann Staudinger（1881〜1965）

イソプレンの合成を端緒とする一連のゴムの研究から，1920年頃に高分子は低分子が多数つながった化合物であるという高分子説を主張した．低分子の集合体であるという低分子会合説が主流の学会で孤立したが，高分子説が認められるとフライブルグ大学に教授として迎えられた．1930年代はナチスから圧迫を受けたが，1940年になって大学に高分子化学研究所が設立され，1953年にはノーベル化学賞を受賞した．

表4.1　逐次重合と連鎖重合の機構による分類

| | | |
|---|---|---|
| 逐次重合 | 重縮合 | |
| | 重付加 | |
| | 付加縮合 | |
| 連鎖重合 | 付加重合 | それぞれにラジカル重合・カチオン重合・アニオン重合・配位重合がある． |
| | 開環重合 | |

モノマーが，別のモノマーと結合するとともに活性種を伝播すること（連鎖反応）により生じる．逐次重合と連鎖重合はそれぞれモノマーや活性種の化学構造によりさらに表4.1のように分類される．次にこれら重合法の違いについて述べる．

### 4.1.2　重合反応の特徴

#### A.　逐次重合

逐次重合には異なる反応性官能基を2つもつモノマー1種類が結合するタイプと，同一の反応性官能基を2つもつモノマー2種類が交互に結合するタイプがある．アミノ酸の縮合によるタンパク質の生成反応は前者に分類される（式(4.1)）．

$$\text{H}_2\text{N}-\underset{\underset{\text{H}}{|}}{\overset{\overset{R_1}{|}}{\text{C}}}-\overset{O}{\overset{\|}{\text{C}}}-\text{OH} + \text{H}-\text{N}-\underset{\underset{\text{H}}{|}}{\overset{\overset{R_2}{|}}{\text{C}}}-\overset{O}{\overset{\|}{\text{C}}}-\text{OH} \xrightarrow{-\text{H}_2\text{O}} \text{H}_2\text{N}-\underset{\underset{\text{H}}{|}}{\overset{\overset{R_1}{|}}{\text{C}}}-\underset{\text{ペプチド結合}}{\underbrace{\overset{O}{\overset{\|}{\text{C}}}-\underset{\underset{\text{H}}{|}}{\text{N}}}}-\underset{\underset{\text{H}}{|}}{\overset{\overset{R_2}{|}}{\text{C}}}-\overset{O}{\overset{\|}{\text{C}}}-\text{OH}$$

(4.1)

また後者はポリエチレンテレフタレート(PET,エチレングリコールとテレフタル酸の重合物)や,ナイロン6,6(アジピン酸とヘキサメチレンジアミンの重合物)の生成反応などである(式(4.2), (4.3)).

$$\text{HOOC-C}_6\text{H}_4\text{-COOH} + \text{HOCH}_2\text{CH}_2\text{OH} \xrightarrow{-\text{H}_2\text{O}} \left[\text{OC-C}_6\text{H}_4\text{-COCH}_2\text{CH}_2\right]_n \quad (4.2)$$

$$\text{HOOC(CH}_2)_4\text{COOH} + \text{H}_2\text{N(CH}_2)_6\text{NH}_2 \xrightarrow{-\text{H}_2\text{O}} \left[\text{N-C(CH}_2)_4\text{C-N(CH}_2)_6\right]_n \quad (4.3)$$

以上はモノマーの化学構造による分類であるが,逐次重合を反応機構で分類することもできる.具体的には縮重合の他に低分子の脱離がない付加反応を繰り返す**重付加**(polyaddition)や,付加と縮合の2つの段階からなる**付加縮合**(addtion condensation polymerization)がある.

B. 連鎖重合

(i) ビニル重合およびその反応機構

連鎖重合はモノマーの化学構造から付加重合と**開環重合**(ring-opening polymerization)に分類することができる.開環重合の身近な例としてナイロン6の重合反応がある.典型的な付加重合としては,不飽和結合をもつビニルモノマーが連続的に付加反応を起こすビニル重合がある.ポリ塩化ビニルやポリエチレンなど身の回りにある合成高分子の多くはビニル重合で作られたものである.そのため以下ではビニル重合を中心に連鎖重合について解説する.

連鎖重合が進行する際の成長末端を**活性種**(active species)という.ビニル重合は活性種の違いにより,ラジカル重合,カチオン重合,アニオン重合,配位重合に分類される.カチオン重合とアニオン重合をあわせてイオン重合と呼ぶ.

連鎖重合では一般的に式(4.4)に示すように①重合の開始(**開始反応**,initiation reaction),②モノマーの伸長(**生長反応**,propagation reaction),③重合の停止(**停止反応**,termination reaction)の3段階によって高分子鎖が生成する.例えばラジカル重合の開始段階では,開始剤のラジカルがモノマーを活性化する.このモノマーが別のモノマーと結合すると新たな末端が活性化した二量体が生成する(生長ラジカル).この後も反応が連鎖的に起こり,モノマーが伸長する.2分子

の生長ラジカルが出会うと反応が停止する．また生長ラジカルが他の化合物に移動する連鎖移動反応も起きる．

開始反応

$$R\cdot + CH_2=CHX \longrightarrow R-CH_2-\overset{H}{\underset{X}{C}}\cdot$$

生長反応

$$R-CH_2-\overset{H}{\underset{X}{C}}\cdot + n\,CH_2=CHX \longrightarrow R{\left(CH_2-\overset{H}{\underset{X}{C}}\right)}_m\overset{H}{\underset{X}{C}}\cdot$$

停止反応

$$R{\left(CH_2-\overset{H}{\underset{X}{C}}\right)}_m\overset{H}{\underset{X}{C}}\cdot + R{\left(CH_2-\overset{H}{\underset{X}{C}}\right)}_l\overset{H}{\underset{X}{C}}\cdot \longrightarrow {\left(CH_2-\overset{H}{\underset{X}{C}}\right)}_n \quad (4.4)$$

タンパク質や核酸の分子量決定に用いられるポリアクリルアミドゲルはラジカル重合によって合成される（式(4.5)）．

$$NH_4^+ \; {}^-O-\underset{O}{\overset{O}{S}}-O-O-\underset{O}{\overset{O}{S}}-O^- \; NH_4^+ \longrightarrow 2\,NH_4^+ \; {}^-O-\underset{O}{\overset{O}{S}}-O\cdot$$

APS

$$NH_4^+ \; {}^-O-\underset{O}{\overset{O}{S}}-O\cdot \;+\; \underset{H_3C}{\overset{H_3C}{}}N-CH_2-CH_2-N\underset{CH_3}{\overset{CH_3}{}}$$

TEMED

$$\longrightarrow NH_4^+ \; {}^-O-\underset{O}{\overset{O}{S}}-OH \;+\; \underset{H_3C}{\overset{H_3C}{}}N-CH_2-\overset{\cdot}{C}H-N\underset{CH_3}{\overset{CH_3}{}}$$

$$\underset{H_3C}{\overset{H_3C}{}}N-CH_2-\overset{\cdot}{C}H-N\underset{CH_3}{\overset{CH_3}{}} + n\,CH_2=\underset{\underset{NH_2}{C=O}}{CH} \Longrightarrow {\left(CH_2-\underset{\underset{NH_2}{C=O}}{CH}\right)}_n$$

$$(4.5)$$

アクリルアミドの重合の開始には，過硫酸アンモニウム（APS）と $N,N,N'N'$-テトラメチルエチレンジアミン（TEMED）が用いられる．まずAPSがもつ不安定な-O-O-結合が開裂してできるフリーラジカルが，TEMEDの水素を引き抜いて

炭素ラジカルを生成する．この炭素ラジカルから重合が開始される．したがって，APSとTEMEDの2つがそろって重合開始剤となる．TEMEDは重合促進剤と理解されている場合があるが，厳密には正しくない．伸長反応は，アクリルアミドの二重結合をしている2つの炭素原子のうち，立体障害の小さい側の炭素を炭素ラジカルが攻撃することで開始される．二重結合を2つもっている$N,N'$-メチレンビスアクリルアミド(BIS)共存下で重合すると，高分子に分岐構造が付与され，網目構造をもつゲルをつくることができる．伸長反応が進むと最終的には伸長した高分子のラジカルどうしが反応し，反応が停止する．この機構からわかるように，TEMEDの添加量が多すぎると重合反応が停止しやすくなり，ポリアクリルアミド鎖長が短くなり，ゲルの強度が低下する．

(ⅱ) 配位重合

通常のラジカル重合で合成したポリプロピレンは不斉炭素の配置がランダムになったアタクチック構造(後述)をとる．しかし，トリエチルアルミニウム-三塩化チタンからなるチーグラー・ナッタ触媒を用いて合成を行うと，ポリプロピレンの末端とモノマーが触媒に配位しながら高分子が伸長するため，より規則性の高いイソタクチック構造のポリプロピレンが得られる．このように有機金属化合物を触媒として用い，モノマーおよびポリマーを配位させながら行う重合を**配位重合**(coordination polymerization)という．

(ⅲ) リビング重合

連鎖重合において活性種の反応性を制御して停止反応と連鎖移動反応をきわめて起こりにくくすると，生長末端の寿命が延びる．このような重合は，生長末端が長時間「生きている」ことから，**リビング重合**(living polymerization)と呼ばれる．一般の連鎖重合では分子量に分布があるのが通常であるが，リビング重合では分子量分布の狭い高分子鎖を合成することができるという特長がある．これはリビング重合では停止反応が起こりにくいため，反応の進行に従って重合度が増加するからである(図4.1)．さらに開始剤の濃度の調整により，分子量が制御できるという利点もある．リビング重合は活性種によってリビングラジカル重合，リビングカチオン重合，リビングアニオン重合に分類される．近年，有機ハロゲン化合物を開始剤に用いるなどして一時的に安定化した活性種(ドーマント種)を利用したリビング重合が新たに開発されている．

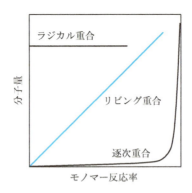

図4.1　リビング重合の進行にともなう分子量の変化

## 4.2　合成高分子の化学構造

　合成高分子鎖の化学構造は多くの場合，1種類のモノマーで構成される．複数の基本ユニットが重合してできるタンパク質や核酸の複雑な化学構造と比較すれば単純に思えるかもしれない．しかし実は合成高分子の分子鎖の化学構造にはさまざまな多様性が秘められている．本節ではその多様性を生む要素を解説する．

### 4.2.1　コンフィグレーション（立体配置）

　分子鎖にそったモノマーどうしの共有結合の様式を**コンフィグレーション**（configuration，**立体配置**）という．コンフィグレーションは具体的には以下の3つに分類される．

**(1) 繰り返し単位の結合様式**

　$CH_2=CHR$の化学式で表されるビニルモノマーが重合して高分子ができるとき，その結合様式としては式(4.6)に示す頭−尾，頭−頭，尾−尾の3種類が考えられる．1つの高分子鎖が一定の結合様式からなる場合もあるが，3種類の結合様式が混在する場合もある．ポリスチレンやポリメタクリル酸メチル，ポリアクリルアミドの結合様式は，立体障害のために頭−尾となる場合が多い．

## 4.2 合成高分子の化学構造

$$
\begin{array}{c}
\text{(ビニルモノマー)} \longrightarrow \text{頭−尾} \\
\longrightarrow \text{頭−頭} \\
\longrightarrow \text{尾−尾}
\end{array}
\tag{4.6}
$$

### (2) 幾何異性体

天然ゴムの主成分である1,4-ポリイソプレンの高分子鎖には二重結合があるため，図4.2に示すように $cis$ 型と $trans$ 型の2種類の幾何異性体が存在する．なお，加硫処理により架橋して柔軟性のあるゴム弾性を得るためには，$cis$ 型の含有率が100%に近いポリイソプレンが必要である．これは $cis$ 型のポリイソプレンは折れ曲がった構造をしており分子鎖間に働く分子間力が小さく，結晶化しにくいためである．$trans$ 型では，結晶化が起こりやすい．また，ポリペプチドのアミド結合には二重結合性があるため，幾何異性体が存在する．ほとんどの場合，立体障害のために $trans$ 型になるが，立体障害の小さいプロリンのN末端側では $cis$ 型になることがある．

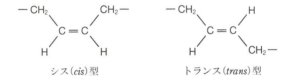

図4.2 二重結合をもつ高分子の幾何異性体

### (3) 立体規則性

ビニルモノマーが頭−尾結合で重合した高分子は $-CH_2-C^*HR-$ の繰り返しで表される．側鎖Rが結合した $C^*$ は不斉炭素であり，この繰り返し単位には光学異性体が存在することになる[*1]．このためビニルポリマーには図4.3に示すよう

---

[*1] 高分子の主鎖中にある不斉炭素は，その炭素の高分子鎖上のそれぞれの方向での構造上の違いが大きくないので，光学的性質には影響を与えない．擬似不斉炭素とも呼ばれる．

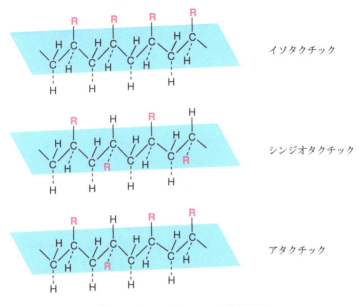

図4.3 ビニルポリマーの立体規則性

に，主鎖に並んだ側鎖Rの立体的な配置が同じ方向であるイソタクチック，側鎖Rが上下交互に並んだシンジオタクチック，配置がランダムになったアタクチックの3種類の立体配置が存在する．また，立体配置の規則性を**立体規則性**（tacticity，**タクチシチー**）と呼ぶ．立体規則性は高分子の物性に大きな影響を与え，イソタクチック，シンジオタクチック高分子は規則性が高いため結晶性となるが，アタクチック高分子は非晶となる．

### 4.2.2 共重合体

1種類のモノマーから得られる高分子を単独重合体（ホモポリマー）と呼ぶ．一方，2種類以上のモノマーが重合したものを共重合体（コポリマー）と呼ぶ．天然のタンパク質は20種類，核酸は4種類のモノマーが規則正しく配置された共重合体である．2種類のモノマーからなる合成高分子の共重合体は図4.4に示すような4種類の形式が考えられる．

（1）**ランダム共重合体**：モノマーの配列に秩序のない一般的な共重合体
（2）**交互共重合体**：2種類のモノマーが交互に並んだ共重合体
（3）**ブロック共重合体**：それぞれのモノマーが長く連続した共重合体

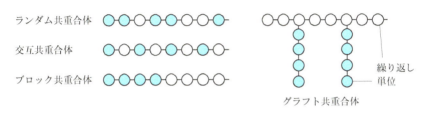

図4.4　共重合体の種類

**(4) グラフト共重合体**：側鎖にポリマーが結合した共重合体

同じ割合のモノマーでできている共重合体でも，その共重合の形式が異なると高分子の性質はまったく異なるものになる．

### 4.2.3　分子量分布

高分子の分子量は，質量分析，ゲルろ過クロマトグラフィー，光散乱法，粘度測定，浸透圧測定などさまざまな方法で決定することができる．タンパク質や核酸は通常，分子鎖の長さが厳密に一定にそろっているが，1つの重合反応で得られる合成高分子の分子量には分布がある（図4.5）．分子量分布を決定するためには質量分析かゲルろ過クロマトグラフィーを用いる必要がある．

分布がある合成高分子の分子量は平均値で表される．よく使われるのは，数平均分子量$M_n$と重量平均分子量$M_w$である．数平均分子量$M_n$は，高分子試料の全重量を高分子の分子数で割ったものである．つまり，分子数平均の分子量である．$q$種類の分子量成分からなる高分子試料において$M_i$ ($i=1, 2, \cdots, q$)を成分$i$の分子量，$N_i$を成分$i$の分子数とすると，$M_n$は以下の式で表される．

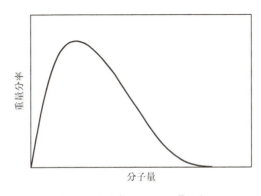

図4.5　合成高分子の分子量分布

$$M_\mathrm{n} = \frac{\sum_{i=1}^{q} N_i M_i}{\sum_{i=1}^{q} N_i} \tag{4.7}$$

高分子としての性質は分子量が高いものほど顕著に表れる．したがって，単に分子数で平均した$M_\mathrm{n}$は高分子の特徴を必ずしも反映していない可能性がある．

一方，重量平均分子量$M_\mathrm{w}$は，分布をもつ高分子試料の中の各成分の総重量$N_i M_i$をさらに分子量で重み付けした値の和を，各成分の重量分率で平均化したものであり，次式で表される．

$$M_\mathrm{w} = \frac{\sum_{i=1}^{q} N_i M_i^2}{\sum_{i=1}^{q} N_i M_i} \tag{4.8}$$

式からもわかるように，分布がない場合（$q=1$）には$M_\mathrm{n}$と$M_\mathrm{w}$が一致する．$M_\mathrm{n}$と$M_\mathrm{w}$の違いを理解するために，$q=2$，すなわち二成分の高分子が混合している場合を想定する．分子量100,000と分子量20,000の高分子が等モルずつ混合している場合には，$M_\mathrm{n}=60,000$である．しかし，分子量20,000の高分子が重量全体に占める割合は約17%にすぎず，重量比で8割以上は分子量100,000の高分子となる．したがって，平均分子量60,000という値はこのような実態を必ずしも反映していない．一方，$M_\mathrm{w}$は約87,000となり，実態に近い値という印象を受ける．

## 4.3 高分子溶液の物性

### 4.3.1 高分子鎖の広がりと排除体積効果

溶媒に溶けた合成高分子の鎖は図4.6に示すような無定形な形態をとる場合が多く，その形態は溶液における鎖の広がりの大きさで評価される．溶液中の高分子鎖は，図4.6のような長さ$b$のセグメントが$n$個の結合点で連結した仮想的な鎖のモデルで表され，高分子鎖の両末端間距離の平均二乗$\langle R^2 \rangle$や回転半径の平均二乗$\langle S^2 \rangle$が広がりの指標となる．鎖の体積や，高分子鎖間の相互作用，高分子鎖と溶媒の相互作用を考慮しない理想鎖においては$R$の分布はガウス分布関数で近似される．

実在の分子鎖（実在鎖）においては，鎖のある部分が占めている空間に鎖の別の

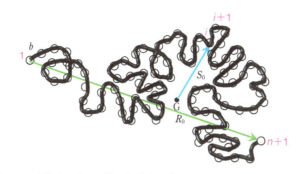

図4.6 溶液中の高分子鎖の無秩序な構造
　　　$R_0$は溶液中の理想鎖の末端間距離，$S_0$は回転半径，Gは重心.

図4.7 良溶媒中および貧溶媒中での高分子鎖の構造

部分は存在できない．これを**排除体積効果**（excluded volume effect）という．排除体積効果を考慮する場合には，高分子鎖－溶媒間相互作用と高分子鎖－高分子鎖間相互作用を比較する必要がある．高分子鎖－溶媒間相互作用が相対的に強い場合，高分子は溶媒に溶けやすい．こうした溶媒を良溶媒という．また高分子鎖－溶媒間相互作用が弱く，高分子が溶けにくい溶媒を貧溶媒という．図4.7に示すように良溶媒中の高分子鎖どうしには見かけ上，反発が生じ，鎖の広がりは理想鎖よりも大きくなる．温度を変化させると見かけ上排除体積効果がなくなり実在鎖の広がりが理想鎖と同じ状態が生じる．この状態を**シータ状態**（theta state, $\theta$状態）といい，それを実現する溶媒を**シータ溶媒**（theta solvent, $\theta$溶媒）という．球状タンパク質の多くは第7章の図7.2に示すような天然構造をとっている．この構造は，分子鎖が広がらず，高度に凝縮した状態である．球状タンパク質は通常水に溶けやすいため意外な印象を受けるが，タンパク質にとって水は貧溶媒である（第7章参照）．

## 4.3.2 高分子電解質

　高分子鎖上に多数のイオン解離基を有する高分子を高分子電解質という．代表的な高分子電解質としてはイオン交換樹脂に用いられているポリスチレンスルホン酸や，オムツなどの高吸水性ポリマーに用いられているポリアクリル酸などがある．高分子電解質は水中では多数の電荷を有する巨大な高分子イオンと対イオン（低分子イオン）に分かれる．タンパク質や核酸も電荷をもっているので天然の高分子電解質である．

　高分子電解質の対イオンは高分子イオンの近傍に静電的に束縛された状態にあり，この現象を対イオン凝縮と呼ぶ（図4.8(a)）．ポリスチレンスルホン酸を水に溶かすと，プロトンがポリスチレンスルホン酸イオンの近傍に引き寄せられるため，水溶液のpHはスルホン酸基が完全解離するとして計算した値よりも高くなる．また，高分子電解質の鎖はイオンの解離が進むに従って解離基どうしの静電反発によって広がる．解離度が高い状態では鎖は直鎖状に近づくことになり，エントロピー的には不利となる．そのため，高分子電解質の解離基は，解離が進行するとともにイオン解離しにくくなる．低分子の場合，電解質のp$K_a$の値は一定であるが，高分子電解質の場合は解離の進行にともないp$K_a$の値が変化することになる．これは高分子電解質の特徴の1つである．

　水溶液中の球状タンパク質は高分子電解質としての性質とコロイド粒子としての性質をあわせもっている．均一な表面電荷を有するコロイド粒子の表面では，高分子電解質の場合と同様，対イオン濃度が高くなり，電気二重層が形成される．コロイド表面に最近接した対イオンの中心がつくる面をシュテルン面という．水溶液中ではコロイドが接近すると，電気二重層が重なり合った領域で対イオンの局所濃度が増大することになる．これによりこの領域の浸透圧が上昇し，熱力学的に不利となってしまうため，コロイド粒子どうしは水溶液中で互いに反発する．このようにコロイドが水溶液中で凝集せずに分散した状態が保たれている理由は，コロイド表面の電荷の反発ではなく，浸透圧で説明される．

　コロイドの表面電位を直接測定するのは困難であるため，コロイド粒子の電気泳動速度によって見かけ上の電荷が測定される．コロイド粒子の表面の電位は表面から離れるに従い，指数関数的に減衰する．電気泳動速度から測定される電位は図4.8(b)のすべり面の電位に相当し，**ゼータ電位**（zeta potential）と呼ばれる．ゼータ電位は仮想的な電位であり，コロイド表面の電位そのものではないことに注意する必要がある．またこの図の$1/\kappa$（**デバイ長**，Debye length）は電気二重層

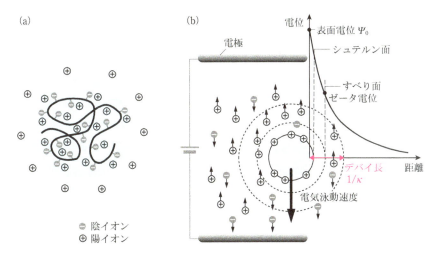

図4.8 水中における高分子電解質の構造(a)および粒子表面の電位(b)

の厚さの指標である．

　タンパク質の水に対する溶解度は，低濃度の塩を加えると増加する．この現象を**塩溶**(salting-in)という．塩濃度が非常に低いときはデバイ長が伸び，タンパク質は溶液中で巨大粒子としてふるまうため溶解度が低くなる．塩の添加によってデバイ長が短くなると，タンパク質粒子の見かけ上の粒径は縮小することになる．その結果タンパク質の溶解度が上がるのである．一方，ドイツのF. Hofmeisterは1888年に卵白タンパク質の主成分であるオボアルブミンの水溶液に高濃度の電解質を加えると，タンパク質が析出することを見出した．この現象を**塩析**(salting-out)といい，タンパク質の精製や保存に利用されている．タンパク質の塩析は添加塩に対する水和により水の実効濃度が減少するためと考えられており，塩の水和力が強く塩析力が強い順番を**ホフマイスター系列**(Hofmeister series)と呼ぶ．

　陰イオン　$SO_4^{2-}>PO_4^{3-}>CH_3COO^->Cl^->NO_3^->Br^-$
　陽イオン　$NH_4^+>K^+>Na^+>Li^+>Mg^{2+}>Ca^{2+}>$グアニジウムイオン

タンパク質の塩析に用いられる硫酸アンモニウムを構成する硫酸イオンとアンモニアイオンはともにホフマイスター系列の上位のイオンであることがわかる．なお，ホフマイスター系列は文献によって順序が多少異なっていることに注意しておく必要がある．

### 4.3.3 格子モデルを用いた高分子溶液の熱力学

格子モデルはFloryとHugginsによって導入されたもので，高分子鎖と溶媒の混合にともなうエンタルピーおよびエントロピーの変化，すなわち混合エンタルピー $\Delta H_{mix}$ と混合エントロピー $\Delta S_{mix}$ を導出するのに便利なモデルである（図4.9）．$\Delta H_{mix}$ は溶媒○と高分子●の混合にともない(○−○)＋(●−●)→2(○−●)のように溶媒間の接触と高分子間の接触が解消されて，高分子と溶媒の接触が生成したときに生じるエネルギーの変化から算出される．$\Delta S_{mix}$ は溶媒○と高分子●を同じ数だけ1つずつ配置していったときの場合の数から計算される．

格子モデルは，タンパク質がなぜ凝縮した構造をとりうるのかを説明するためにも用いられている．格子モデルではタンパク質は図4.9(b)のような，水に溶けやすいユニット●と水に溶けにくいユニット◎によって構成される単純な共重合鎖モデルで表現される．ホモポリマーの場合には鎖の配置は格子に配置する場合の数を数えればよいのであるが，ヘテロポリマーの場合にはなるべく◎−●の接触を増やし，○−◎の接触を減らすように配置しなければならない．このような配置を見つけるのは意外に難しく，計算機シミュレーションによって○−●の接触が最大となる高分子鎖の配置が複数個見つかる．このような立体構造がタンパク質の稠密な構造に対応することになる．●と◎の配置が単純であるとこのよ

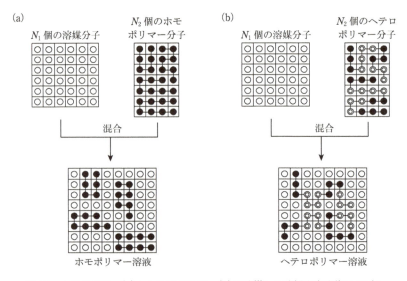

図4.9　ホモポリマー(a)とヘテロポリマー(b)の溶媒への溶解を表す格子モデル

## Paul John Flory (1910〜1985)

ナイロンの発明者であるW. H. CarothersとともにDu Pont社で高分子重合機構の研究を始め，縮合重合と付加重合の速度論解析の結果からラジカル反応機構を発想した．その後，P. J. W. Debye（1936年ノーベル化学賞）によってコーネル大学に招へいされ，排除体積効果や格子モデルなどを提案して高分子溶液論の基礎を築き上げた．1974年にノーベル化学賞を受賞．

うな結果は得られない．タンパク質は水に溶けにくい疎水性アミノ酸を不規則な配置で含んでいるため，稠密な立体構造をとると考えられる．

### 4.3.4 高分子溶液の相分離

高濃度の高分子を貧溶媒に溶解すると高分子が濃厚に溶けている相とわずかに溶けている相の，二相に分離する．温度を下げるとともに良溶媒から貧溶媒に変わるような溶媒に溶かした場合，温度の低下とともに相分離が起こる．相分離が始まる温度を**上限臨界溶液温度**（upper critical solution temperature, **UCST**）という．反対に温度を上げることで相分離が起こる場合，その温度を**下限臨界溶液温度**（lower critical solution temperature, **LCST**）という．図4.10(a)，(b)に示すように分離が起こる温度は高分子の濃度にも依存する．

ポリ（N-イソプロピルアクリルアミド）（PNIPAM）は水中で35℃付近にLCSTを有し，この温度以上では高分子鎖が凝集し，溶液が白濁する（図4.10(c)）．これは主に側鎖の疎水性部分であるイソプロピル基を介した分子内，分子間の疎水性相互作用の温度変化に基づくものと考えられている．PNIPAMのこの性質は温度スイッチング基剤への応用を目指してよく研究されており，特に再生医療に応用可能な細胞シートにおいてその特徴がよく生かされている．PNIPAMをコートした基板に細胞を培養すると，室温付近の温度変化で簡単にシート状になった細胞を基板から取り出し，人体の組織の修復に利用することができる．タンパク質が熱変性するとき，温度上昇にともない分子鎖が広がるのに対して，PNIPAMの温度転移では逆に温度上昇にともない37℃付近で分子鎖が凝縮する．この

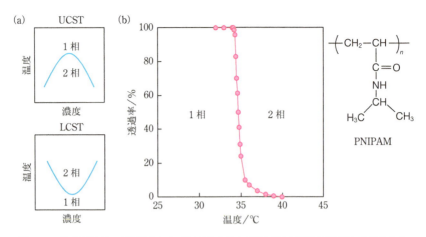

図 4.10 高分子溶液の相図(a)およびLCSTを示すPNIPAM水溶液の温度上昇にともなう白濁(b)

PNIPAMの温度転移はタンパク質の低温変性の機構に類似している．低温変性とはタンパク質を安定化する疎水性相互作用が低温で低下することで起こる変性である（第7章）．

### 4.3.5 高分子溶液の粘性

液体の流れにくさを粘性という．溶解する高分子の分子量により高分子溶液の粘性は異なるため，粘性は高分子の分子量を評価する簡単な方法として利用できる．いま液体の粘性を説明する例として図4.11に示すような，距離が2d離れ，液体を間に満たした2枚の平板を考える．上下の平板を逆方向に速度Vで移動させると，液体には矢印で示したようなせん断流動と呼ばれる速度分布が生じる．速度の違う液体間には摩擦力が生じるので，平板を速度Vで動かし続けるためには力$F_v$をかける必要がある．これが粘性力であり，比例係数として粘性係数$\eta_0$を用いて次式で表される．

$$F_v = \frac{\eta_0 V}{d} \tag{4.9}$$

溶媒に溶解した溶液中の高分子鎖は糸まり状になっており，溶媒分子は通り抜けない剛体様の構造であると考えられている．流動状態では，鎖の上と下で逆方向に流れができるため，鎖は回転し始める．この回転により溶媒との間に新たな摩擦力が生じるために高分子による増粘が起こる．Staudingerはこの現象を高分子

## ● 桜田一郎（1904〜1986）

24歳でドイツへ留学，Ostwaldの下で高分子の研究を始める．その後，低分子会合説の総帥であるK. Hessの下でセルロースの粘度に関する研究を行い，高分子説と低分子説の激しいやりとりに触れた．31歳で京都帝国大学教授に就任，ビニロンの開発や高分子溶液の粘度に関する研究によって日本の高分子化学の基礎を築いた．高分子学会会長，日本化学会会長を務め，日本学士院賞，紫綬褒章，文化勲章を受章．

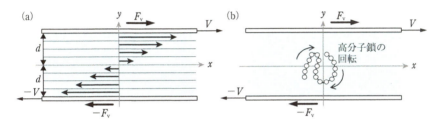

図4.11 逆方向に移動する平板間にある溶液のずり流動(a)とずり流動状態での高分子鎖の動き(b)

説の証明法の1つに利用している．

粘度$\eta_0$を有する溶媒に高分子を溶かしたときに溶液の粘度が$\eta$になったとする．Staudingerは

$$\eta_{sp} = \frac{\eta - \eta_0}{\eta_0} \tag{4.10}$$

で定義される比粘度$\eta_{sp}$について，高分子濃度$c$と高分子の分子量$M$の間に以下の関係が成り立つことを見出し，セルロースの分子量を決定するのに利用した．

$$\frac{\eta_{sp}}{c} = KM$$

後にこの式は$c$に対する$\eta_{sp}/c$のグラフを$c \to 0$へ外挿したときの$y$切片から求められる固有粘度$[\eta]$を用いた**マーク・ホーウィンク・桜田の式**（Mark-Houwink-Sakurada equation）

$$[\eta] = KM^a$$

に改められた.ここで,$K$と$a$は固有のパラメータである.溶質が球状構造であれば$a=0$で,固有粘度は溶質の大きさに依存しない.高分子を溶媒に溶かした場合には$a=0.5$〜$1$の範囲で変化し,貧溶媒では$a=0.5$,良溶媒になるに従い$a=1$に近づく.

**参考文献**

1) 伊勢典夫,今西幸男,川端季雄,砂本順三,東村敏延,山川裕巳,山本雅英 著,新高分子化学序論,化学同人(1995)
2) 高分子学会 編,基礎高分子科学,東京化学同人(2006)
3) 北野博巳,功刀 滋 編著,宮本真敏,前田 寧,福田光完,伊藤研策 著,高分子の化学,三共出版(2008)
4) 近藤 保,鈴木四朗,入門 コロイドと界面の科学(1994)
5) 北原文雄,界面・コロイド化学の基礎,講談社(1994)
6) 村上謙吉,やさしいレオロジー,産業図書(1986)
7) 上田隆宣,測定から読み解くレオロジーの基礎知識,日刊工業新聞社(2012)

# 第5章　核　酸

　第2章から第4章では，化学の基礎について解説をした．本章以降はいよいよその基礎と応用である．その最初の章では，核酸について解説する．
　核酸には，デオキシリボ核酸（**DNA**）とリボ核酸（**RNA**）がある．DNAは生命において最も重要な遺伝情報の担い手であり，RNAはDNAの遺伝情報に基づくタンパク質の合成に携わる．
　本章では，まず①細胞内での核酸の特徴，②核酸の化学構造や性質，③核酸の合成法について解説した後，④核酸の最も重要な「遺伝子」としての役割や⑤核酸を利用した遺伝子解析法について解説する．

## 5.1　核酸研究の歴史

　遺伝の概念の提唱は1859年に遡る．C. Darwinは，5年間にもわたるビーグル号での航海の中で，太平洋・南米沖のガラパゴス諸島において島ごとに異なる生物種を観察した．これに基づいて，「生物の進化」について考察を進め，1859年11月に『種の起源』を著した．Darwinは，生物の進化について，「環境に適応して個体間での変異が起こり，それが次世代へと引き継がれる」と述べている．その後1865年にG. J. Mendelは，形質の異なるエンドウ豆をかけあわせ，次の世代

○ **Gregor Johann Mendel（1822〜1884）**
遺伝学の祖として知られる科学者だが，司祭でもある．植物の交配の研究から提唱された形質の遺伝に関わる法則性は「メンデルの法則」として知られる．生物には，それぞれの形質を決定づける遺伝粒子が個別に存在し，これが親から子へ受け継がれることで遺伝という現象が起こることを提唱し，この粒子（因子）に対して後に「遺伝子」という名がつけられた．

## James Dewey Watson（1928〜）

イリノイ州シカゴ生まれの分子生物学者．シカゴ大学卒業後，アメリカ・インディアナ大学大学院で生物学を専攻し，博士号を取得．ケンブリッジ大学のキャベンディッシュ研究所でF. H. C. CrickとともにDNAの分子構造を研究し，R. E. FranklinやM. H. F. WilkinsらのX線回折の解析結果をもとに，DNAの二重らせん構造を決定した．これが後の分子生物学の飛躍的発展につながり，WatsonはCrickやWilkinsとともに1962年にノーベル生理学・医学賞を受賞した．2007年5月31日には，Watsonの遺伝子情報が，アメリカ国立バイオテクノロジー情報センター（NCBI）のデータベースに公開された．誰のものかが明らかにされているゲノム情報が公開されたのは史上初である．

へ受け継がれる形質について検討し，エンドウ豆の形質の受け継がれ方を親から子へ受け継がれる「因子」を用いて説明した．この因子が，現在，遺伝子と呼ばれるものに相当する．Mendelの発見とほぼ同時期（1869年）に，白血球の細胞成分について研究を行っていたJ. F. Miescherは，病院で廃棄されるガーゼに付着していた膿の白血球の核から，リンと窒素を含む新規物質を発見し，ヌクレイン（nuclein）と命名した．発見の当初，Miescherはヌクレインはリンを保存する物質と考えており，後にMiescherの弟子のR. AltmannがこO物質が酸性であることから核酸（nucleic acid）と名づけた（1889年）．Miescherは，核酸を初めて単離し，化学組成を決定していたが，当時は核酸が遺伝子の正体であるとは気がついていなかった．その後，1920年代には，核酸は糖の組成によってRNAとDNAの2種類に区別されることが見出され，さらにL. C. PaulingのO理論をもとにDNAの分子内における原子の配列が考案され，DNAの基本単位であるデオキシリボース，リン酸，4つのヌクレオチドの分子構造が明らかにされていった．しかしながら，核酸の化学構造は解き明かされたものの，立体構造はまったく未知であった．1950年には，E. Chargaffがさまざまな生物のDNAに含まれるヌクレオチドの存在量を測定し，アデニンとチミン，グアニンとシトシンの比率が常に1対1であるという結果を得た．これは，後の塩基対という概念の有力な実験的根拠となる．この頃，M. H. F. WilkinsとR. E. FranklinはX線結晶構造解析技術を用いて，DNAの立体構造解析に挑んでいた．回折パターンから，DNAは3.4 nmの繰り返

## ● Francis Harry Compton Crick (1916〜2004)

イギリスの科学者．ケンブリッジ大学で物理学を専攻し博士号を取得．その後，Schrödingerの著書『生命とは何か(*What is Life?*)』に感銘を受けて，生物学分野に移行した．そして，ケンブリッジ大学でタンパク質の研究をしていたところ，同室を利用することになったWatsonとともにDNAの構造解析に着手する．それ以後，FranklinやWilkinsらとも協力し，議論を重ねながら，DNAの二重らせん構造を決定する．DNAの二重らせん構造の発見により，DNAの遺伝情報がどのように複製されるかが科学的に明らかになった．この功績により，WatsonやWilkinsとともに1962年にノーベル生理学・医学賞を受賞した．

しで，幅は2 nmのらせん分子であることが強く示唆されていた．1953年にJ. D. WatsonとF. H. C. Crickは，Wilkinsらのデータ値とChargaffらの結果から，DNAの二重らせんモデルを提唱した．この分子構造の解明によって，DNA独特の相補補完性(一方の鎖の塩基配列が決まれば，もう一方の鎖の塩基配列も決まるという性質)が明らかになった．DNAの相補補完性は，遺伝物質としてのDNAの機能を説明するのに十分なものであった．つまり，細胞が分裂する際に，二重らせんのそれぞれの鎖をもとに同じ塩基配列を有する2組のDNAを合成して分配することで，分裂後の細胞に遺伝情報(DNA)を受け渡すことができる．こうしてDNAが遺伝物質の正体であることがわかり，DNAの機能について分子レベルでの説明が与えられた．その後，DNAの二重らせんの相補的な鎖の各々が他方の鎖の合成の鋳型となって2つの新しいDNA分子に次々と複製される現象が示されたことから次章で述べるセントラルドグマの提唱へとつながっていく．

WatsonとCrickがDNA二重らせん構造を発見してから50年経過した2003年，ヒトゲノムプロジェクトによって，全ゲノムの99.99％の塩基配列が解読され，個人の特性を決める遺伝子や疾患発症の原因となる遺伝子などさまざまな遺伝子が特定された．さらに，チンパンジーやイネなどあらゆる生物のゲノムも解読された．こうしたヒトを含めた生物のゲノム配列はデータベース化され，これらを比較することで生命現象を遺伝子レベルで理解する試みが始まっている．

## 5.2 細胞内での核酸

DNAとRNAとでは細胞内での分布や働きが大きく異なる．DNAは細胞の核に存在し，その最も重要な役割は遺伝情報の保持である．ヒトの体は約60兆個の細胞で構成され，それぞれの細胞の核の中には染色体が存在する．染色体には，長いものから順に1番から22番までの番号が付けられた22種類の常染色体と，XおよびYの性染色体がある．それぞれの染色体には，長い二重らせん構造（5.3節参照）のDNAが折りたたまれて収められている．1つの核に収められているDNAは約60億塩基対であり，引き延ばすとその全長は2mにも及ぶ．この巨大なDNAを折りたたみ，直径10 μm程度の核に収納するために重要な役割を果たしているのが，クロマチン構造である（図5.1）．クロマチンの基本単位は，146塩基対のDNAがヒストン（八量体）といわれるタンパク質に1.7回巻きついたヌクレオソームである．DNAはリン酸基をもち，リン酸基の酸解離定数p$K_a$は1であるため，中性条件下でのリン酸基は負電荷を帯びている．一方で，ヒストンはリジンやアルギニンなどの塩基性アミノ酸を含むタンパク質であり（第7章参照），DNAのリン酸基はこうした塩基性アミノ酸と静電相互作用をして，分子内のリン酸基間の反発を緩和する．さらに，DNAの糖リン酸骨格とヒストンのアミノ基などの間には多数の水素結合も形成されている．これらすべての相互作用の結果，DNA二重鎖はヒストンに巻きつきヌクレオソームとして安定化される．

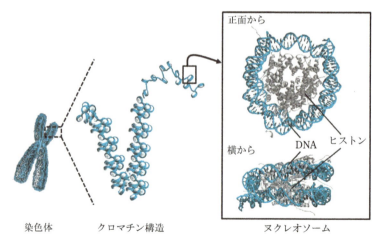

図5.1 染色体とクロマチン構造

そして，ヌクレオソームがいくつも密に捻じれることによってクロマチン繊維と呼ばれる構造が形成されている．細胞核内では，このような凝集過程が何段階も繰り返され，DNAがコンパクトかつ安定に収納されている．

一方で，DNAの遺伝情報が読み出される際は，DNAはヒストンから部分的に解離する．DNAの解離は，ヒストンの塩基性アミノ酸側の鎖がアセチル化を受けることで糖リン酸骨格－ヒストン間の静電相互作用が減少することにより生じると考えられている．このように細胞内では，局所的に生体分子が変異を受けて化学的な相互作用を変化させることで，生命活動が緻密に制御されている．

一方，RNAはDNAより構造も役割も多様である．一般の細胞内に含まれるRNAの量はDNAの10倍以上に達する(例えば，核内と細胞質内には，RNAは分子数にしてDNAの44倍も含まれる)．これらのRNAはメッセンジャーRNA(伝令RNA；messenger RNA, mRNA)，トランスファーRNA(転移RNA；transfer RNA, tRNA)，リボソームRNA(ribosomal RNA, rRNA)および非翻訳RNA(non-coding RNA)に大別される(詳細は第6章を参照)．mRNAはDNAから遺伝情報(塩基配列)が転写されてできる一本鎖のRNAであり，リボソームによるタンパク質の生合成反応(翻訳反応)の鋳型となる．一定の時間が経過すると，mRNAはRNA分解酵素の働きによりヌクレオチドへと分解される．mRNAの分解は，原核生物で数分，真核生物では数時間から数日間かかるとされているが，この違いはmRNAの3′末端の構造(ポリAテール)に由来する(詳細は第6章を参照)．tRNAは，アミノ酸をリボソームへ運ぶ役割を果たす．タンパク質を構成する20種類のアミノ酸は，それぞれに対応したtRNAを1種類以上もつ．rRNAは，タンパク質の合成の場であるリボソームを構成しており，重量にして細胞内の全RNAのうちの80%を占める．

2000年にT. A. Steitzらによってリボソームの構造が解明された．さらにその後の研究によって，rRNAがペプチド転移反応を触媒するリボザイム(酵素活性をもったRNA)として働き，タンパク質の合成に関与しているのはタンパク質ではなくrRNAであることが証明されている．このようにDNAおよびRNAはそれぞれ細胞内で重要な役割を担う．

## ● Thomas Arthur Steitz（1940〜）

アメリカの生化学者．ハーバート大学で生物学を専攻し，博士号を取得する．現在は，イェール大学ハワード・ヒューズ医学研究所の教授である．SteitzはX線結晶構造解析を用いて，リボソームやポリメラーゼなどの種々の生命分子の構造を解析した．Steitzと同時期に，V. Ramakrishnan, A. Yonathらも独立してリボソームのX線結晶構造解析を行っており，彼らはそれぞれがほぼ同時期にリボソームの構造を決定する論文を発表した．これらの論文により，リボソームがタンパク質の生合成の過程でどのようにmRNAの情報を読み取り，アミノ酸を連結するかが原子レベルで明らかになった．SteitzとRamakrishnan, Yonathはこれらの功績によって，2009年のノーベル化学賞を共同受賞した．

## 5.3 核酸の構造と性質

### 5.3.1 核酸の化学構造

核酸は，塩基，糖，リン酸からなる（図5.2）．核酸を構成する塩基には，プリン塩基のアデニン（A），グアニン（G）とピリミジン塩基のシトシン（C），チミン（T）（RNAでは，チミンのメチル基が水素原子に置き換わったウラシル（U））がある（図5.3 (a)）．生体内の核酸には，こうした通常の塩基のほかに，修飾を受けた修飾塩基も存在する．例えば，5位がメチル化あるいはヒドロキシメチル化されたシトシンや，ウラシルが還元されたヒドロキシウラシルなどをはじめとする50種類余りの修飾塩基が確認されている．さらに，tRNAでは全塩基のうちの10〜20％が修飾されていることが知られており，このようなDNAやRNAの塩基の修飾は，核酸塩基による他の分子の認識や核酸の高次構造を変化させたり，酵素分解を受けにくくする効果がある．

核酸塩基に糖が$\beta$-$N$-グリコシド結合したものを**ヌクレオシド**（nucleoside）という（図5.3 (b)）．ヌクレオシド内の原子を表す際，塩基と糖のCやNの番号を区別するため，糖のCの番号にはダッシュ（英語ではprime）を付ける．例えば，糖の1位のCは1′と表す．核酸を構成する糖にはRNAに含まれるD-リボースとDNAに含まれるD-2-デオキシリボースの2種類があり，両者の違いは2位の炭

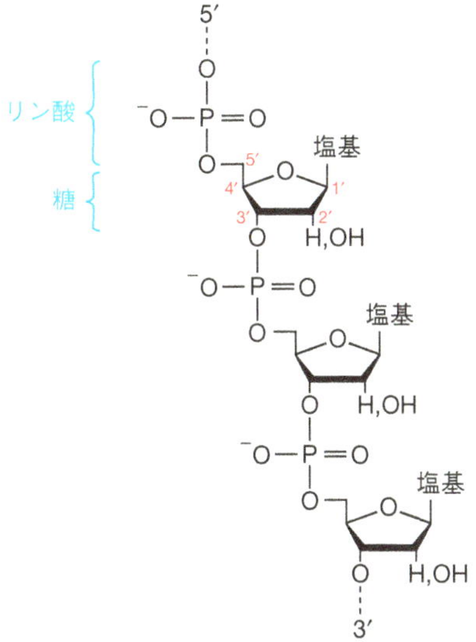

図5.2 核酸の基本構造

素におけるヒドロキシ基の有無にある．リボースには2′，3′および5′位に，デオキシリボースには3′および5′位にヒドロキシ基がある．アデニンがリボースおよびデオキシリボースにグリコシド結合したものを，アデノシンおよびデオキシアデノシンと呼ぶ（図5.3(b)）．同様に，グアニンからグアノシン，デオキシグアノシンが，シトシンからシチジン，デオキシシチジンが作られる．ウラシルはリボースと結合してウリジンとなり，チミンはデオキシリボースと結合してデオキシチミジン（またはチミジン）となる．

ヌクレオシドにリン酸が結合したものを**ヌクレオチド**（nucleotide）という．リン酸はヌクレオシド内の糖のヒドロキシ基とエステル結合を形成している．隣り合うヌクレオチドの3′と5′位のヒドロキシ基がホスホジエステル結合により連結されると，ポリヌクレオチド鎖が形成される（図5.3(c)）．ポリヌクレオチドの配列の順序が，核酸の一次構造（塩基配列）である．

### 5.3.2 核酸の立体構造

1953年にWatsonとCrickらによって提案されたDNAの構造は，DNAの二本の鎖が互いに逆平行に向いて巻きついたB型の二重らせん構造である（図5.4(a)）．一方，RNAは基本的には一本鎖の状態で存在するが，一本鎖のRNAが折りたた

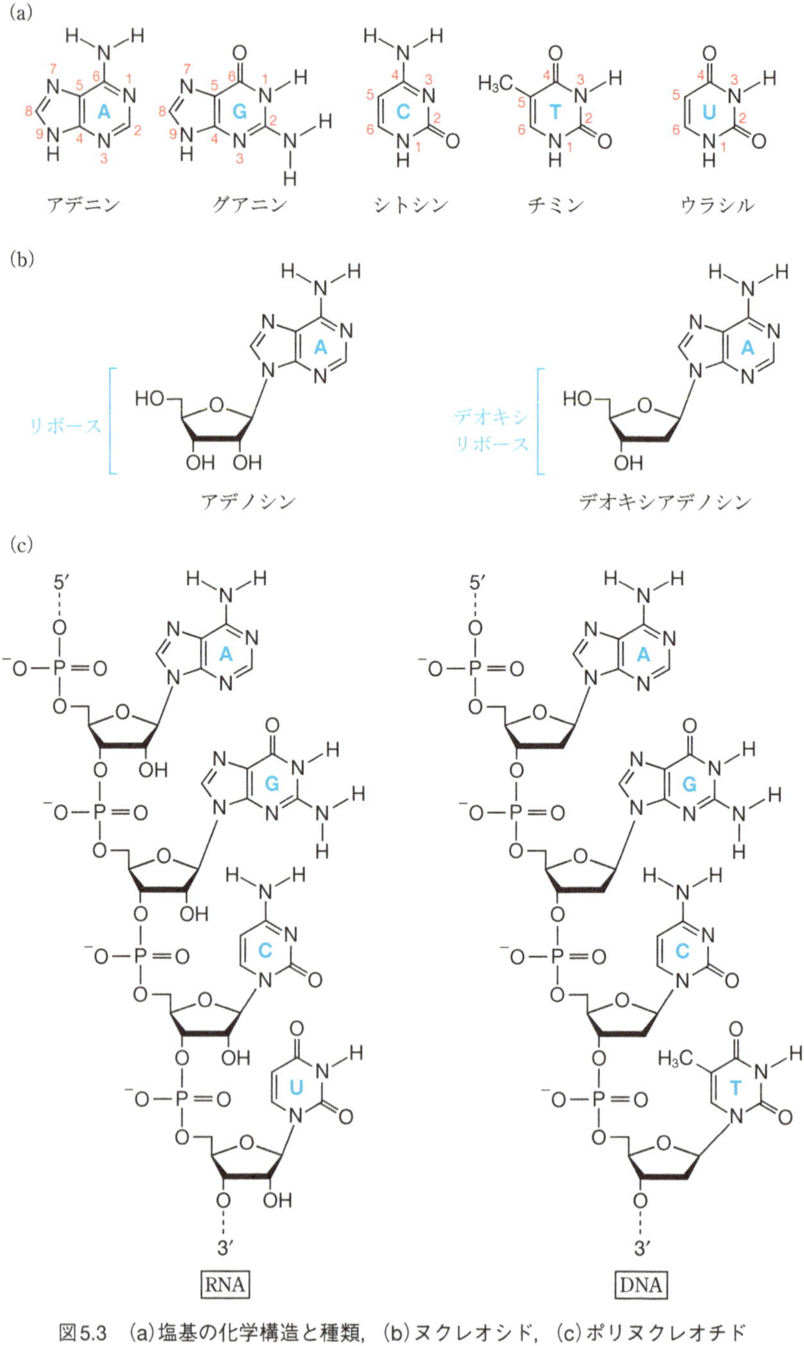

第5章　核　酸

図5.3　(a)塩基の化学構造と種類，(b)ヌクレオシド，(c)ポリヌクレオチド

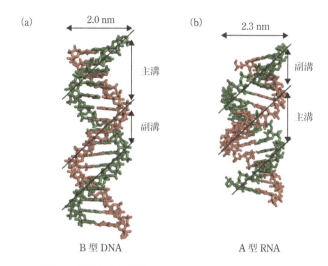

図5.4 二重らせん構造
(a) B型DNA [5′-(ATGC)$_4$-3′/5′-(GCAT)$_4$-3′],
(b) A型RNA [5′-(AUGC)$_4$-3′/5′-(GCAU)$_4$-3′].

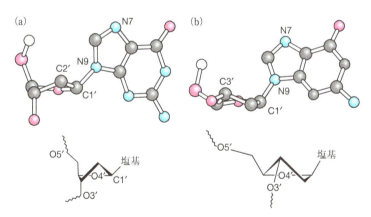

図5.5 グアニンヌクレオチドにおける糖のパッカリング
(a) 2′-エンド型，(b) 3′-エンド型．

まれて二重らせん構造を形成するとA型の二重らせん構造となる(図5.4(b))．DNAとRNAがそれぞれB型，A型の異なる二重らせん構造を形成する原因は，糖のヘテロ環の立体的ひずみである．五単糖のひずみは**パッカリング**(puckering)と呼ばれ，安定な構造には2′-エンド型と3′-エンド型の2種類がある(図5.5)．リボースは2′-エンド型，デオキシリボースは3′-エンド型が安定であり，それ

それ2′位および3′位の炭素原子が，1′位および4′位の炭素原子と酸素原子を含む平面から外れて5′位の炭素原子側に配置される．B型の二重らせん構造では主に2′-エンド型をとる．RNAではリボース環に結合したヒドロキシ基が1つ多いので，3′-エンド型しかとれず，構造が硬くなり，A型の二重らせん構造となる．

二重らせん構造には2つの溝（グルーブ）があり，広い溝を主溝（メジャーグルーブ），狭い溝を副溝（マイナーグルーブ）という．B型二重らせん構造の主溝は幅1.17 nm，深さ0.85 nmであり，副溝は幅0.57 nm，深さ0.75 nmである．B型二重らせん構造では，10塩基対でらせんが1回転し，隣接する塩基間の距離は0.34 nmである．塩基対平面はらせん方向に対して，ほぼ垂直である．これに対して，A型二重らせん構造の主溝は幅0.27 nm，深さ1.35 nmであり，副溝の幅は0.11 nm，深さは0.28 nmである．A型二重らせん構造での隣接する塩基間の距離は0.24 nmであり，11塩基対でらせんは1回転する．これらの溝の幅は，対面する鎖のリン酸基間の距離からリン酸基のファンデルワールス半径を除いた差として，主溝の深さはP原子とアデニンの6位のN原子，副溝の深さはP原子とグアニンの2位のN原子における円筒極半径の差として定義されている．タンパク質や小分子が核酸と部位特異的に結合する際には，このような構造の特性（特にグルーブの大きさの違い）が分子認識の目印になることが多い．

核酸の標準的な構造は，前述した右巻きのA型およびB型二重らせん構造であるが，特定の塩基配列の核酸は非標準構造も形成する．例えば，シトシンとグアニンが交互に連続して並んだ配列では，左巻きのZ型の二重らせん構造を形成することがある．さらに，ポリプリンとポリピリミジンの連続配列のA型またはB型二重らせん構造では，主溝側からフーグスティーン塩基対（Hoogsteen base pair）を介して3本目のDNAおよびRNAが結合した三重らせん構造が形成される．また，グアニンの連続配列では，4つのグアニンがフーグスティーン塩基対によって結びついた四重らせん構造（G-カルテット）が形成される．このような特定の塩基配列における非標準構造の形成や解離は，溶液環境の影響を受けやすいことが近年明らかとなり，生体内での非標準構造の役割が注目されている．

### 5.3.3 核酸の構造を決定する相互作用

核酸の構造の安定性に影響を及ぼす因子として，①水素結合，②π-πスタッキング相互作用，③構造エントロピーがあげられる．これらの相互作用は塩基配列に依存する．

## 5.3 核酸の構造と性質

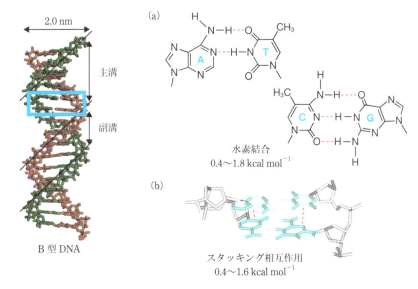

図5.6 二重らせん構造における塩基間の水素結合(a)とスタッキング相互作用(b)

A型およびB型二重らせん構造を例にあげると，DNAおよびRNAは相対する塩基間の水素結合で結びつけられ，塩基対を形成している．DNAおよびRNAにおける塩基部位のケトン基とアミノ基がそれぞれ水素原子の受容体および供与体となり，A–T（RNAではA–U）塩基対では2本，G–C塩基対では3本の水素結合が形成される．この塩基対を**ワトソン・クリック塩基対**（Watson-Crick base pair）という（図5.6(a)）．DNAおよびRNAの塩基認識能はこの水素結合に基づくものであり，水素結合1本あたりの安定化エネルギー（$\Delta G°$）は$-1.8 \sim -0.4$ kcal mol$^{-1}$（$-7.5 \sim -1.7$ kJ mol$^{-1}$）と見積もられている．

B型二重らせん構造では，塩基対平面はらせん軸方向に対してほぼ垂直に向いている．塩基対平面は重なり合っており，重なり合う塩基対平面間には，疎水性相互作用とπ–πスタッキング相互作用が働く（図5.6(b)）．塩基対平面間の疎水性相互作用は核酸の構造形成に寄与しているが，疎水性相互作用そのものには方向性がないため，二重らせん構造の中で塩基対が整然と積み重なった構造をとるためにはπ–πスタッキング相互作用が重要であると考えられる．π–πスタッキング相互作用はπ電子をもつ環状構造の間に働くロンドン分散力（誘起双極子–誘起双極子相互作用）であるため，エネルギーは距離の6乗に反比例する．この相互作用はπ電子に起因しており，環状構造どうしが平行に積み重なる方向で相互

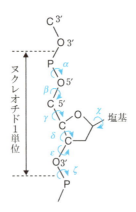

図5.7 ヌクレオチドの立体構造を決める結合角

作用する．このため，相互作用エネルギーは二重らせんの構造や隣り合う塩基の種類に依存する（ピリミジン塩基どうしよりもプリン塩基どうしの方が大きくなる）．塩基のπ-πスタッキング相互作用による二重らせんの安定化エネルギー（$\Delta G°$）は$-1.6 \sim -0.4$ kcal mol$^{-1}$（$-6.7 \sim -1.7$ kJ mol$^{-1}$）と見積もられている．

　水素結合およびスタッキング相互作用が二重らせん構造の安定化に寄与する相互作用であるのに対して，二重らせん構造の形成に不利に働くのが構造エントロピー変化である．ヌクレオチドの立体構造は，主に$\alpha, \beta, \gamma, \delta, \varepsilon, \zeta, \chi$の7つの結合角によって決まる（図5.7）．二重らせん構造が形成されるとヌクレオチドの結合角の自由度が減少し，構造エントロピーの損失が生じる．つまり，このエントロピー変化だけを考えると二重らせん構造の形成は熱力学的に不利である．

### 5.3.4 核酸と溶液の相互作用

　核酸の構造安定性は，核酸の塩基配列だけではなく，溶液環境による影響も受ける．水溶液中において，核酸は安定な構造を形成するために，多くの水分子やカチオンと結合している．水分子は大きな双極子モーメントをもつため，核酸中のケトン基（$\mathrm{C=O}$）の酸素原子などの水素原子受容体は，アミノ基（$-\mathrm{NH}_2$）やヒドロキシ基（$-\mathrm{OH}$）の水素原子などの水素原子供与体と水素結合を形成することができる．例えば，グアニンヌクレオチドは水素結合が可能な部位を多くもち（図5.8(a)），リン酸基も高い極性をもつため，水分子と結合（水和）しやすい（図5.8(b)）．B型DNA二重らせん構造において1つのヌクレオチドに直接結合している水分子は12～15個にも及ぶ．核酸と水分子の結合は，X線回折や分子動力学計

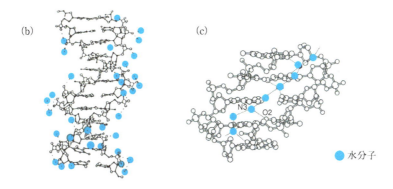

図5.8 DNAの水和
(a)グアニンヌクレオチドにおいて水分子が結合可能な部位,(b)二重らせん骨格の水和,(c)二重らせんの副溝における水和.

算によって解析されている.二重鎖の副溝ではリン酸基やヌクレオチドに直接結合した水分子に対してさらに他の水分子が結合し,水分子のネットワークが形成される(図5.8(c)).こうした水分子の結合は,核酸とタンパク質や小分子などとの親和性の調節に関与している.

カチオンは,主に核酸のリン酸基に結合するが,塩基部位にも結合する(図5.9).溶液中における核酸とカチオンの結合様式は,核酸,カチオンにそれぞれ直接結合している水分子(第一水和圏)を共有せずに核酸とカチオンが結合する**diffuse型結合**(図5.10(a)),第一水和圏を共有して核酸とカチオンが結合する**outer sphere型結合**(図5.10(b)),核酸とカチオンが直接結合する**inner sphere型結合**(図5.10(c))の3種類に分類される.

二重らせん構造の核酸ではリン酸基が接近するため,大きなクーロン反発が生じ,この反発を補うためにカチオンがdiffuse型で結合する.カチオンと核酸の

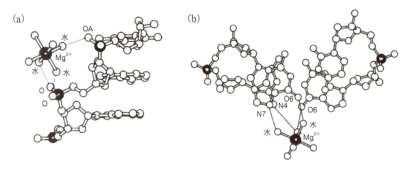

図5.9 核酸の(a)リン酸基および(b)塩基に結合する水和したマグネシウムイオン

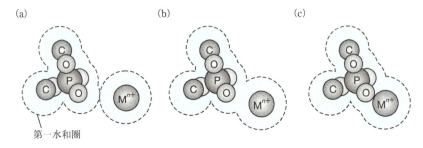

図5.10 核酸とカチオンの結合様式
(a) diffuse 型, (b) outer sphere 型, (c) inner sphere 型.

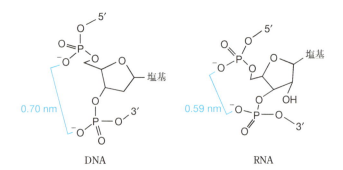

図5.11 二重らせん構造のDNAとRNAにおけるリン酸基間の距離

リン酸基がクーロン力によって結合するときの結合様式は主にこのdiffuse型結合である．隣接するリン酸基間の距離はB型二重鎖DNAで約0.70 nm，A型二重鎖RNAで約0.59 nmである（図5.11）．

### 5.3.5 核酸の分光学的性質とその活用

核酸塩基は近紫外線領域(200〜380 nm)の光を強く吸収する．その極大波長は260 nmである．260 nmにおける吸収帯は塩基のπ→π*遷移によるものであり，1ヌクレオチドあたり$10^4$ $M^{-1}cm^{-1}$の大きなモル吸光係数をもつ．波長260 nmにおける吸光度を測定することによって，溶液中の核酸濃度を定量することができる．後述するが，塩基の数および組成が一定でも，核酸の立体構造によってモル吸光係数が変化するため，核酸の定量は，熱などで構造を崩した状態での吸光度測定により行う．

塩基配列がAAUGCAUのRNAを例にとって，その濃度を決定する手順を説明する．RNAの全濃度は，波長260 nmにおける吸光度を高温(80〜90℃)で測定し，ランベルト・ベールの式

$$A_{260} = \varepsilon_{260} \cdot l \cdot C_{tot} \tag{5.1}$$

に基づいて算出する．ここで，$A_{260}$は波長260 nmでの吸光度，$\varepsilon_{260}$は波長260 nmでのモル吸光係数(extinction coefficient，単位は$M^{-1}$ $cm^{-1}$)，$l$は光路長(cm)，$C_{tot}$は全濃度(mol $L^{-1}$ = M)を表す．精度よく測定するためには，吸光度の値は，0.1〜2.0の間であることが望ましい．モル吸光係数$\varepsilon_{260}$は最近接塩基対モデルに基づいて報告されているモノヌクレオチドおよびジヌクレオチドの$\varepsilon_{260}$を用いて算出する．このモデルではRNAの$\varepsilon_{260}$を以下のようにして求める．

(1) 塩基配列の5′側(左側)から，2つずつの組をつくる．
(2) それぞれの組のジヌクレオチドの$\varepsilon_{260}$の値を表5.1より選び，その和を2倍する．
(3) 塩基配列の両端を除いたモノヌクレオチドの$\varepsilon_{260}$の値を表5.1より選び，その和を求める．

表5.1 モノヌクレオチドおよびジヌクレオチドのモル吸光係数(260 nm, 単位は$M^{-1}$ $cm^{-1}$)

| 配列 | モル吸光係数 | 配列 | モル吸光係数 | 配列 | モル吸光係数 | 配列 | モル吸光係数 |
| --- | --- | --- | --- | --- | --- | --- | --- |
| A | 15340 | AG | 12790 | CU | 8370 | TC | 8150 |
| C | 7600 | AT | 11420 | GA | 12920 | TG | 9700 |
| G | 12160 | AU | 12140 | GC | 9190 | TT | 8610 |
| T | 8700 | CA | 10670 | GG | 11430 | UA | 12520 |
| U | 10210 | CC | 7520 | GT | 10220 | UC | 8900 |
| AA | 13650 | CG | 9390 | GU | 10960 | UG | 10400 |
| AC | 10670 | CT | 7660 | TA | 11780 | UU | 10110 |

(4) (2)の値から(3)の値を引く.

[計算例]

$\varepsilon_{260}$(AAUGCAU)
= $2[\varepsilon_{260}(AA)+\varepsilon_{260}(AU)+\varepsilon_{260}(UG)+\varepsilon_{260}(GC)+\varepsilon_{260}(CA)+\varepsilon_{260}(AU)]$
$-[\varepsilon_{260}(A)+\varepsilon_{260}(U)+\varepsilon_{260}(G)+\varepsilon_{260}(C)+\varepsilon_{260}(A)]$
= 73740

すなわち，オリゴヌクレオチドAAUGCAUの$\varepsilon_{260}$は73740 $M^{-1}cm^{-1}$である.

例えば，光路長1 mmのセルを用いて測定した吸光度が0.85であるとき，オリゴヌクレオチドAAUGCAUの濃度$C_{tot}$は以下のように算出される.

$$C_{tot} = \frac{A_{260}}{\varepsilon_{260} \cdot l} = 1.15 \times 10^{-4} \text{ mol L}^{-1} \tag{5.2}$$

塩基間のスタッキングは吸光度を減少させるため，塩基あたりの吸光度は，ヌクレオチドの単量体，ランダムコイル(一本鎖)核酸，二重らせんなどの構造を形成した核酸の順に小さくなる．例えば，核酸が二重らせん構造などの規則的な構造を形成しているとき，260 nm付近の吸光度はランダムコイル状態と比べて，30〜40%小さい．この現象を**淡色効果**(hypochromic effect)という．一方で，規則的な構造を崩すと260 nmの吸光度は大きくなる．この現象を**濃色効果**(hyperchromic effect)という．こうした特性により，吸光度から核酸の定量や立体構造変化の観測を行うことができる.

図5.12は，5 μMの二重鎖DNAを含む水溶液の温度を変えながら，260 nmにおける吸光度を測定したものである．二重鎖の解離は狭い温度範囲で起こっていることが推察される．図5.12の曲線を**融解曲線**(melting curve)と呼び，曲線の中点に相当する温度を**融解温度**(melting temperature, $T_m$)とする．ここでは，核酸の融解曲線の測定から，その核酸の融解温度および二次構造の安定化エネルギー(熱力学的パラメータ)を求める方法を説明する．基本的には，ゆっくりとした温度上昇(例えば1 ℃ min$^{-1}$)にともなって二重鎖が一本鎖になる過程を，適切な分光手法を用いて追跡する．検出手段としては，紫外領域の光吸収が主であるが，蛍光，円二色性スペクトル，核磁気共鳴分光などの方法も利用することができる.

核酸の二重鎖構造の形成反応は以下のように表すことができる.

$$S_1 + S_2 \rightleftharpoons S_1S_2 \tag{5.3}$$

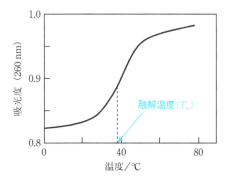

図5.12　二重鎖DNAの融解曲線

$S_1$および$S_2$は各々一本鎖の核酸を表し，$S_1S_2$は二重鎖の核酸を表している．式(5.3)の二重鎖形成反応の平衡定数$K$は式(5.4)で表せる．

$$\Delta G_T^\circ = -RT \ln K \tag{5.4}$$

式(5.4)と次の式(5.5)を用いることで，融解温度($T_\mathrm{m}$)と核酸濃度($C_\mathrm{tot}$)の関係式(5.6)が導かれる．

$$\Delta G_T^\circ = \Delta H^\circ - T\Delta S^\circ \tag{5.5}$$

$$T_\mathrm{m}^{-1} = \frac{2.303R \log(C_\mathrm{tot}/n) + \Delta S^\circ}{\Delta H^\circ} \tag{5.6}$$

ここで，$\Delta H^\circ$と$\Delta S^\circ$はそれぞれ核酸の二重鎖形成のエンタルピー変化およびエントロピー変化で，$\Delta G_T^\circ$は温度$T$(K)における核酸の自由エネルギー変化（核酸の二次構造の安定化エネルギー）である．また，$R$は気体定数，$n$は自己相補的配列の場合は1，非自己相補的配列の場合は4となる定数である．これらの式をもとに熱力学的パラメータを算出する手順を以下に記す．

(1) 核酸の各濃度での融解曲線から，各々の融解温度$T_\mathrm{m}$を求める．一本鎖状態のベースラインと二重鎖状態のベースラインの中点を結んだ線と融解曲線が交わった点（融解の中点）を融解温度とする．

(2) $T_\mathrm{m}^{-1}$に対して$\log(C_\mathrm{tot}/n)$をプロットし，最小二乗法を用いて，その直線の傾きおよび切片を求める．

(3) 式(5.6)より，この傾きおよび切片の値は，それぞれ$2.303R/\Delta H^\circ$，$\Delta S^\circ/\Delta H^\circ$に相当する．これらの値から，$\Delta H^\circ$，$\Delta S^\circ$の値が求められる．

(4) さらに，温度 $T$ における二重鎖形成の安定化エネルギー $\Delta G_T^\circ$ を，式(5.5)より求める．

## 5.4 核酸の合成法

核酸の合成法としては，①細胞内で行われる生合成と②細胞外で行われる化学合成がある．①に関しては第6章で詳細に解説するため簡単に述べるにとどめ，ここでは，特に②の化学合成に焦点を当てて解説する．

### A. 生合成

生合成は転写，複製，逆転写の3つに分けられる．転写では，DNAの塩基配列と相補的なRNAをつくることで，遺伝子の情報がRNAに移される（詳細は第6章を参照）．複製は細胞分裂の際に行われ，元のDNAと同じDNAがもう1本生成する（図5.13）．逆転写では，RNAを鋳型としてDNAが生成する．転写，複製，逆転写にはいずれも鋳型，基質，酵素（ポリメラーゼ）が必要である．鋳型は元となるDNAやRNAのことであり，基質は単体のヌクレオチド（デオキシリボヌクレオチド三リン酸（dNTP）やリボヌクレオチド三リン酸（NTP）），ポリメラーゼは鋳型をもとにヌクレオチドを連結させる酵素である．

### B. 固相合成

核酸は細胞外でも化学合成することができる．DNA自動合成機では，ホスホロアミダイト法による固相合成が行われている．この合成法では，Controlled Pore Glass（CPG）担体（樹脂）に3′末端のOH基が共有結合でつながれたヌクレオシドが合成の出発物質となる（図5.14）．このヌクレオシドに対して反応させるのは，アミノ基などの官能基が適当な保護基で修飾されたアデノシン，グアノシン，シチジン，チミジン（ウリジン）のシアノエチルホスホロアミダイト誘導体である．なお，この誘導体は5′側のOH基（5′-OH基）がジメトキシトリチル基で保護されている．このホスホロアミダイト基は，$1H$-テトラゾールで容易に活性化され，固相上のオリゴヌクレオチド鎖の5′-OH基と反応する．わずか数分でヌクレオチドが連結され，3価の亜リン酸エステルを与える．図5.14にはこの方法によるDNAの詳細な合成過程を示す．具体的には，①ホスホロアミダイト基をテトラゾールにより活性化してそこへ求核反応させ，カップリング反応を行い，②未反応の5′-OH基を無水酢酸および1-メチルイミダゾールによってアセチル化し（キャッピング），③固相上のヌクレオチド鎖の5′側の保護基を脱保護して

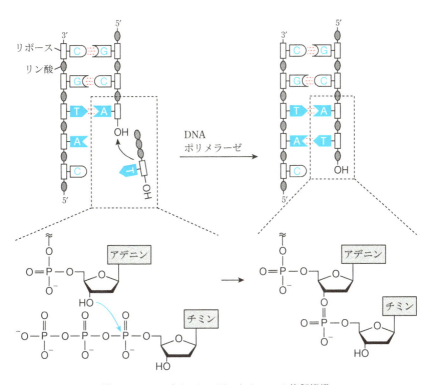

図5.13　DNAポリメラーゼによるDNAの複製機構

OH基とする．カップリング反応生成物は酸と塩基に対して不安定な3価の亜リン酸トリエステル体であるため，目的の塩基配列を合成した後はヨウ素酸化を行い，安定な5価のリン酸トリエステルを得る．①〜③の操作を繰り返すことで，目的の配列をもつDNAが合成される．最後に，25％アンモニア水を用いてCPG担体からDNAを切り出し精製すると，目的の配列をもつDNAが得られる．現在は，自動合成機を使った核酸の化学合成が簡便化されており，数十塩基の核酸であれば，安価に短期間(2〜3日)で合成することが可能である．

C．PCR(ポリメラーゼ連鎖反応)法

PCR法は，核酸の高度な塩基配列認識能とDNAポリメラーゼによって，細胞などから抽出してきた標的遺伝子の塩基配列をもつ微量のDNA配列を短時間で増幅する方法である．この方法には，増幅させたいDNA配列の5′および3′末端それぞれと結合するような20塩基程度のDNA鎖(プライマーDNA)と耐熱性のDNAポリメラーゼが必要である．まず，抽出してきたDNA(二重鎖)を熱変性さ

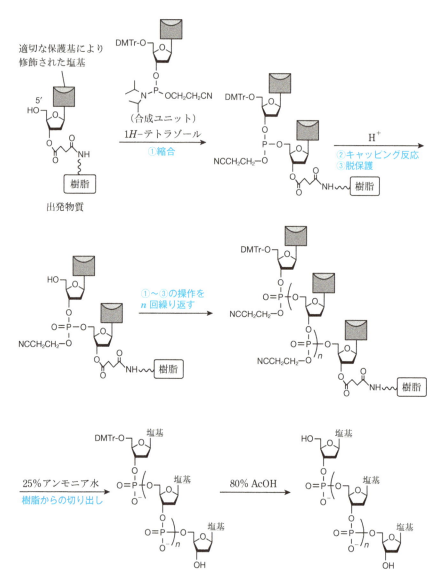

図5.14 ホスホロアミダイト法の原理

せて(図5.15①),プライマーDNAと二重鎖を形成させる(図5.15②).次にDNAポリメラーゼによって,プライマーから新しいDNAを合成し,標的DNAを倍増させる(図5.15③).このとき,DNAポリメラーゼによる複製反応では,プライマーDNAを起点として5′から3′方向にDNAが伸長され,鋳型DNAの3′末端で伸長

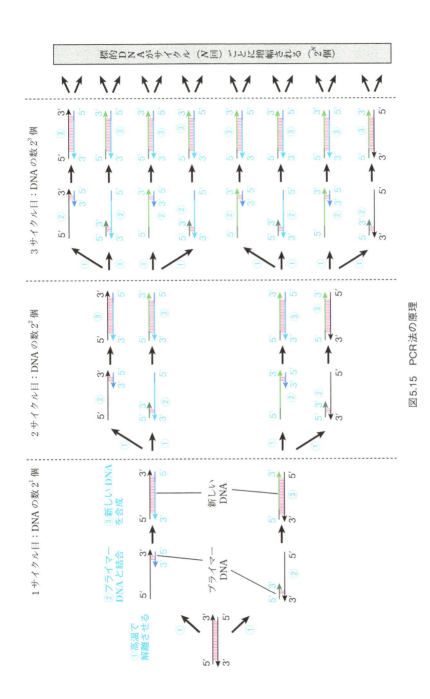

図5.15 PCR法の原理

が終了する（1サイクル目）．その後，複製されたDNAを再び熱変性させ，プライマーDNAと二重鎖を形成させ，DNAポリメラーゼによってDNAを複製する（2サイクル目）．$N$サイクルの複製反応を行うと2種類のプライマーDNAに挟まれた標的DNAの分子数は$2^N$倍に増幅している．このようにサイクルを繰り返すことでごく微量のDNAでも，約100万倍以上に増幅することが可能である．

## 5.5 ゲノム配列の解析と活用

### 5.5.1 ゲノム配列の解析

**ゲノム**（genome）とは，その生物すべての染色体DNAに含まれる遺伝情報全体のことであり，ヒトのゲノムは22対（1～22番）の常染色体およびXとYの性染色体，さらにミトコンドリア染色体から構成されている．DNAの塩基の並び（塩基配列）には，生命体をどのように形づくり，どのような生命活動を営むのかという情報が書き込まれている．このDNAの塩基配列はmRNAに転写され，さらにmRNAはタンパク質合成の鋳型となって，アミノ酸の配列を規定する．

ヒトの全塩基配列を決定するためのプロジェクトであるヒトゲノムプロジェクトが1990年から行われた．2003年4月14日の*Nature*誌にこのヒトゲノムプロジェクトの成果が報告され，技術的に読み取れない部分を除く，全ゲノムの99.99％の塩基配列（一次構造）が明らかになった．解読された領域の総塩基数は28億8,000万塩基対であり，未読の部分を加えるとヒトゲノムは31億塩基対程度であるといわれている．ヒトのゲノム配列は，大腸菌，ショウジョウバエ，チンパンジーなどの生物種のゲノム配列とともにデータベース化され，これらを比較することで生命現象をより深く理解する試みが始まっている．例えば，ヒトとチンパンジーのゲノム配列を比較すると，塩基配列の違いはわずか1.23％だけであることが示されている．このような膨大な遺伝情報の網羅的な解析において活躍したのが，DNAシークエンシング法である．以下では，F. Sangerによって開発された手法をもとにした一般的なDNA塩基配列の決定法（サンガー法）について述べる．

DNAの複製を行うDNAポリメラーゼの基質であるデオキシリボヌクレオシド三リン酸（dNTP）の糖は2′-デオキシリボースであるが，この糖を2′,3′-ジデオキシリボースで置き換えたジデオキシリボヌクレオシド三リン酸（ddNTP）もDNAポリメラーゼの基質となる．しかし，ddNTPはリボースの3′位にヒドロキ

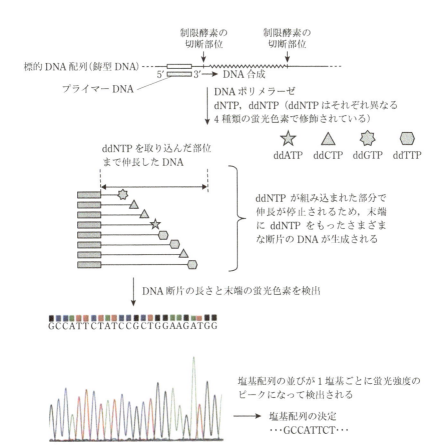

図5.16 サンガー法に基づく塩基配列の決定法

シ基をもたないので，ポリメラーゼによって次のヌクレオチドが付加されない．つまり，DNAポリメラーゼによって伸長されるポリヌクレオチド（鋳型DNAの相補鎖）は，ddNTPが組み込まれた部位で伸長が停止する（図5.16）．DNAの塩基配列決定法では，この原理に基づき，配列を決定したいDNA配列（標的DNA配列）に4種類のそれぞれ異なる蛍光色素を修飾したddNTPと通常のdNTP，プライマーDNAを混合してDNAポリメラーゼを作用させる．すると，標的DNAを鋳型としてDNAの複製が行われる過程で，dNTPとddNTPのどちらが組み込まれるかはランダムであるため，末端にddNTPをもったさまざまな長さのポリヌクレオチドが生成する．これらのさまざまな長さのDNAについてキャピラリー電気泳動を行うと，短い鎖長のDNAはキャピラリー内の移動度が速く，長い鎖

長のDNAは移動度が遅いため，DNAを長さによって分離することができる．末端の塩基からの蛍光を蛍光検出器によって検出すると，移動度の順からDNAの塩基配列を決定することができる．

### 5.5.2 特定遺伝子の配列の検出

　ヒトゲノムの解読により，染色体の同じ位置の1つの塩基が個人によって異なる一塩基多型や，さまざまな長さの欠損・挿入など，ヒトゲノムの多様性が明らかになった．一塩基多型(single nucleotide polymorphysm)はSNP(スニップ)と呼ばれ(または複数形でSNPsとも呼ばれる)，個人の体質や疾患へのかかりやすさなどを知る重要な指標となるため，その解析が行われている．例えば，ヒトの12番目の染色体にはお酒に対する強さを規定するアセトアルデヒドデヒドロゲナーゼの遺伝子があり，個人によって塩基配列がAまたはGで異なる部位がある．お酒に含まれるアルコール(エタノール)は，肝臓でアルコールデヒドロゲナーゼによりアセトアルデヒドに分解される．アセトアルデヒドは毒性が強いため，体内に蓄積されると頭痛・嘔吐などの中毒症状が現れる．アセトアルデヒドはアセトアルデヒドデヒドロゲナーゼの働きにより代謝される．アセトアルデヒドデヒドロゲナーゼには，アセトアルデヒドを酢酸に分解する酵素活性が高いタイプと低いタイプがあることが知られている．これはアセトアルデヒドデヒドロゲナーゼの遺伝子のGからAへの置換によりアセトアルデヒドデヒドロゲナーゼの504番目のアミノ酸がグルタミン酸からリジンに変わり，酵素活性が低下するために生じる．日本人は世界的に見て，お酒に弱い人が多い．それと対応して，活性の低いアセトアルデヒドデヒドロゲナーゼを作る遺伝子をもつ人が多い(日本人の約40％)．病気への抵抗力などについても遺伝子の1塩基の違いによって個人差が生じる．そのため，特定の遺伝子の有無を迅速かつ正確に調べることは非常に重要である．以下では，特定遺伝子の配列を検出する方法の例をあげる．

　まず，ヒトの頬の内側の細胞や毛根細胞などから，DNAを抽出する．これらの細胞内に含まれるDNAはごく微量であるため，前述のPCR(ポリメラーゼ連鎖反応)法を用いて，DNAを増幅させる．増幅された標的遺伝子を特定のDNA配列を切断する酵素である制限酵素で切断し，ゲル電気泳動などを行うと，切断されたDNA断片のパターンから目的の遺伝子配列の有無を判定できる．例えば，アセトアルデヒドデヒドロゲナーゼ遺伝子で酵素活性の強弱を決定しているSNPは，AcuIという制限酵素の認識配列の中にある．この制限酵素は，

CTGAAGという6塩基を認識し十数塩基離れた部位を切断する．活性が高いアセトアルデヒドデヒドロゲナーゼの遺伝子配列は，制限酵素によって切断されるが，活性が低いタイプの遺伝子は切断されない．そのため，PCRにより増幅させた遺伝子配列にAcuIを作用させて電気泳動を行うと，切断されたDNA断片のパターンからアセトアルデヒドデヒドロゲナーゼの遺伝子における一塩基の違いを判断できる．

### 5.5.3 ゲノムの配列解析から構造解析へ

　ヒトゲノム配列が明らかになった現在の重要な課題は，ゲノムから情報が伝達される機構を詳細に解明することである．DNAの基本構造は，WatsonとCrickによって提唱された美しい二重らせんであるが，DNAは三重らせん構造，四重らせん構造などの「非標準構造」も形成できる．二重らせんは生命の遺伝情報をつかさどる構造としてすぐれた構造であるが，遺伝情報を「調節」する機能はもたない．近年，次章で述べるセントラルドグマの転写・翻訳の過程が，核酸の非標準構造の形成によって制御される例が細胞内外において見出され，核酸の配列のみならず構造を加味した遺伝子の発現機構が注目されている．

　非標準構造は，特定の塩基配列の領域で形成される．ポリプリンとポリピリミジンの連続配列では三重らせん構造が，グアニンの連続配列では四重らせん構造（G-カルテット）が形成されることがある．ヒトゲノムプロジェクトによって公表されたゲノム配列によると，遺伝子領域はヒト染色体の約25％を占めており，このうちタンパク質をコードしている領域は約1％，残りの24％はタンパク質をコードしていない領域である．このようなタンパク質の非コード領域にはグアニンの連続配列や単調な反復配列が多く存在し，非標準構造を形成しやすい．例えば，四重らせん構造を形成可能な領域はヒトのゲノム配列上に30万ヵ所も存在する．コード領域はもちろんのこと，非コード領域においても，非標準構造が形成されるとタンパク質の発現が抑制される．さらに，DNAおよびRNAを取り巻く溶液の環境（カチオン，水，プロトン濃度など）の変化によって，非標準構造が形成されるかどうかや，その安定性が変わってくる．細胞内は，細胞小器官やタンパク質，核酸などによって混み合った環境（分子クラウディング環境）下であり，一般的な生化学実験が行われる水溶液（100 mM KCl（またはNaCl），pH 7.0）とは大きく異なる．興味深いことに，このような細胞内の混み合った環境を試験管内で再現すると，二重らせん構造は不安定化されるが，三重らせん，四重らせん構

造は安定化されることが示唆されている．溶液の環境は細胞周期によって著しく変化するため，細胞内の環境変化に応答して核酸構造が変化し，生命現象をコントロールしている機構があることが考えられる．

　WatsonとCrickの偉業から半世紀以上かけて積み重ねられてきた研究によって，現在はゲノム配列から得た情報を薬剤の開発や遺伝子組み換え技術などのバイオテクノロジーや，遺伝子鑑定などに活用する技術が確立されつつある．今後は核酸の二重らせん構造だけではなく，「非標準構造」の形成に基づく核酸の機能をより詳細に理解することで，核酸を医療・産業分野で応用できる技術が開発されるであろう．

**参考文献**
1) 石川 統，新 分子生物学(バイオテクノロジーテキストシリーズ)，講談社(2012)
2) V. A. Bloomfield, D. M. Crothers, I. Tinoco, *Nucleic Acids : Structures, Properties, and Functions*, University Science Books (2000)
3) 加茂直樹，嶋林三郎 編，薬学生のための生物物理化学入門，廣川書店(2008)
4) 高分子学会バイオ・高分子研究会 編，高分子化学と核酸の機能デザイン，学会出版センター(1996)
5) D. A. Micklos, D. A. Crotty, G. A. Freyer著，清水信義，工藤 純，蓑島伸生 監訳，DNAサイエンス，医学書院(2006)
6) 杉本直己，遺伝子化学，化学同人(2002)
7) 杉本直己，生命化学，丸善(2009)

# 第6章　セントラルドグマ

　生命には「セントラルドグマ(central dogma)」と呼ばれる基本原理が備わっている．「セントラルドグマ」は，端的にいえば，遺伝情報に基づきタンパク質が発現するまでの過程を表している．発現したタンパク質は，①自己複製，②細胞分裂，③代謝といった生命を特徴づける現象におけるほとんどの機能を担う．つまり，生命としての活動は，「セントラルドグマ」によって成り立っているといっても過言ではない．

　本章では，すべての生命の根幹を成す「セントラルドグマ」について，生体分子間および分子内での相互作用を基本とした連続的な化学反応という視点から解説する．

## 6.1　セントラルドグマ誕生に至る歴史

　「セントラルドグマ」は，F. H. C. Crickによって1957年に提唱された概念である．1950年代は，遺伝情報の伝達と生命機能の発現に関して分子レベルでの発見が多数なされた時代である．1952年には，微生物に感染するファージがDNAのみを細胞内に送り込むことが実験的に示され，遺伝情報を担う物質がDNAであることが証明された．1953年には，CrickとJ. D. WatsonによりDNAの「二重らせんモデル」が発表された(第5章参照)．

　タンパク質に関しても，その生合成反応に関わる重要な発見があった．1955年から1957年にかけて，細胞内に存在するmicrosomal particleと呼ばれるRNAとタンパク質を含む構造体がタンパク質の合成を行っていることが示された．また，タンパク質の構成成分であるアミノ酸とATPとの間に共有結合を形成させ，アミノ酸を化学的に活性化するタンパク質が発見された．さらに1957年には，アミノ酸と共有結合を形成したRNAが発見され，このRNAがmicrosomal particleと相互作用することも示された．①microsomal particle，②アミノ酸を活性化するタンパク質，③アミノ酸が共有結合したRNAは，後にそれぞれ，①リボソーム，②アミノアシルtRNA合成酵素，③tRNAとして知られるようになる．一方で，

1956年には，ウイルスのRNAを細胞内に導入する実験から，RNAが合成されるタンパク質の組成（アミノ酸配列）を決める上で重要な役割を果たしていることが示唆されており，タンパク質合成におけるRNAの重要性が示され始めた．

Crickは，1957年の"The Society of Experimental Biology"というシンポジウムで招待講演を行った．そのなかで，①核酸（DNA，RNA）の塩基配列がタンパク質のアミノ酸配列を決める（sequence hypothesis），②塩基配列とアミノ酸配列を関連づけるアダプター分子が存在する（adaptor hypothesis）という，遺伝情報に基づきタンパク質が発現するまでの大きな流れを提唱した．さらに，配列情報の変換に関する方向性（塩基配列→塩基配列，塩基配列→アミノ酸配列の配列変換は起こりうるが，アミノ酸配列→アミノ酸配列，アミノ酸配列→塩基配列の配列変換は起こりえないこと）についても言及した．Crickは，この塩基配列とアミノ酸配列の間にある配列変換の基本原理を「セントラルドグマ」と表現したのである．

## 6.2 セントラルドグマにおける反応過程の共通性

Crickによって「セントラルドグマ」が提唱されてから現在までに，タンパク質の発現には，大きく分けて①**複製反応**（replication），②**転写反応**（transcription），③**翻訳反応**（translation）の3つの反応が存在することが明らかになっている（図6.1）．複製反応では，DNAの塩基配列をもとに新たなDNAが合成される．つまり，遺伝情報が複製される．転写反応では，DNAの塩基配列が，RNAの塩基配列（A, C, G, U）として写し取られる．RNAの中でも，mRNAの塩基配列にはタンパク質のアミノ酸配列がコードされている．翻訳反応では，mRNAの塩基配列をもとにタンパク質が合成される．この反応は，核酸の塩基配列とタンパク質のアミノ酸配列という，まったく異なる分子種間での配列情報を変換（翻訳）する反応といえる．細胞内のタンパク質は，通常20種類のアミノ酸から構成されて

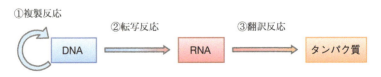

図6.1　セントラルドグマの反応過程

おり，アミノ酸配列が異なるさまざまなタンパク質がそれぞれに特有の機能を発揮している(第7章)．

「セントラルドグマ」にある3つの反応(複製反応，転写反応，翻訳反応)には，以下の3点において共通性がある．

(1) どの反応においても鋳型となる核酸分子を必要とする．複製反応，転写反応では開裂した二重らせん(二重鎖DNA)の片方の鎖(一本鎖DNA)が鋳型となり，翻訳反応では一本鎖のmRNAが鋳型となる．

(2) どの反応も一方向に連続的に進んでいく．複製反応，転写反応では，鋳型DNA鎖を3′側から5′側に読み取りながら，5′側から3′側に向かって新たなDNAおよびRNAの合成が進む．翻訳反応では，鋳型mRNA鎖を5′側から3′側に読み取りながら，N末端側からC末端側に向けて新たなタンパク質合成が進む(タンパク質やペプチドの場合，アミノ基を有する側をN末端側，カルボキシ基を有する側をC末端側と呼ぶ)．

(3) どの反応においても核酸塩基をもつ複数種類のモノマー分子が基質となり，鋳型核酸との塩基対形成により基質認識が行われる．複製反応の場合はデオキシリボヌクレオシド三リン酸(dNTP)，転写反応の場合はリボヌクレオシド三リン酸(NTP)，翻訳反応の場合はアミノアシル化されたtRNAがそれぞれ基質となる(図6.2)．

(1)～(3)のような特性は，一般的なポリエチレンやポリスチレンなどの合成高

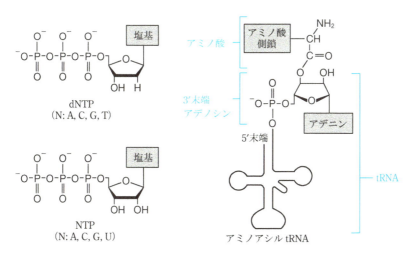

図6.2 複製・転写・翻訳反応に関わる基質分子

分子の生成反応ではみられないもので，均質な生体高分子(DNA，RNA，タンパク質)を合成するために必要不可欠な特性ともいえる．つまり，生体高分子の生合成反応では，鋳型となる核酸分子の塩基配列に従い，鋳型核酸と基質分子との安定な塩基対形成をもとに1ヌクレオチドずつ，もしくは1アミノ酸ずつ合成が進む．これにより，正確に塩基配列やアミノ酸配列がそろった分子を合成することが可能になる．

## 6.3 ゲノムDNAの複製反応

生命体を構成するのに必要な遺伝情報全体を指して**ゲノム**(genome)という用語が使われる．遺伝情報の正体はDNAであるため，それぞれの生物の細胞内に存在するDNA(原核生物の場合は環状DNA，真核生物の場合は染色体DNA)のことをゲノムDNAと呼ぶこともある．生命は，細胞が分裂する際にすべてのゲノムDNAを複製し，分裂後の細胞へ分配することで自己複製を達成する．ヒトの個体では数にして1日に数千億もの細胞が死に至り，同じ数だけの細胞が新たに生まれている．1つの細胞に存在するDNAは約60億塩基対という長さであるため，合計すると$10^{20}$を超える塩基対数のDNAが1日に複製されていることになる．塩基対間の距離が0.34 nmであるB型二重らせんのDNA構造を想定すると，3.4億km以上の長さである．

DNAの複製反応は**DNAポリメラーゼ**(DNA polymerase)と呼ばれる酵素によって触媒される．DNAポリメラーゼは，二重鎖DNAが部分的に開裂した一本鎖のDNA領域を鋳型とする．そして，鋳型鎖に塩基対を形成しているポリヌクレオチド鎖(新生DNA鎖)の3'末端側に新たなヌクレオチド基を1分子付加する反応を触媒する．DNAポリメラーゼが触媒する反応を有機化学的に見てみると，新生DNA鎖の3'末端の炭素(3'炭素)に結合したヒドロキシ基(3'-OH基)が，基質であるdNTPの$\alpha$-リン原子を求核攻撃する．そして，3'炭素とdNTPの5'炭素との間にリン酸ジエステル結合が形成され，dNTPにあった3'-OH基が次の反応の起点となる(図5.13参照)．この反応は，dNTPの高エネルギーリン酸結合(リン原子間のリン酸無水物結合)の切断反応と共役した，ヌクレオチド基の転移反応である(第3章参照)．そのため，補酵素となる化学物質を必要とせず，転移反応の結果として副産物である二リン酸が放出される．

細胞内の複製反応は，**複製フォーク**(replication fork)と呼ばれる反応場で進行

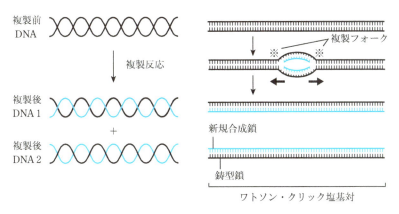

図6.3　DNAの相補補完性を活かした複製反応

する．ワトソン・クリック塩基対による相補補完性に基づき，解離した二重鎖DNAの両方の鎖が同時に複製される（複製フォークには，DNAポリメラーゼが2分子存在し，片方ずつの鎖の複製を担当する）．最終的には，もともとの二重鎖DNAとまったく同じ塩基配列（遺伝情報）を有する二重鎖DNAがもう1組できあがる（図6.3）．DNAポリメラーゼは，4種類あるdNTP（dATP, dCTP, dGTP, dTTP）のうち，鋳型鎖の塩基とワトソン・クリック塩基対を形成するdNTPのみを取り込んで反応を進める．実際には，4種類のdNTPすべてがDNAポリメラーゼの内部に入ってくるが，正しいdNTPが入ってきたときのみ，鋳型鎖と安定な塩基対を形成し，他のdNTPと比較して飛躍的に反応速度が速くなるために選択的な合成反応が進む．複製反応がdNTPというモノヌクレオチドを基質としていることは，正確な複製反応を行う上で有利に働くといえる．なぜなら，正しい基質と間違った基質との相対的な塩基対形成エネルギーの差が大きくなるためである．しかしながらDNAポリメラーゼは，10万回に1回ほどの頻度で間違った基質を取り込み，リン酸ジエステル結合を形成してしまうことも知られている．このような場合，DNAポリメラーゼは自身のエキソヌクレアーゼ活性（核酸を5′もしくは3′末端から順に分解していく酵素活性）で，間違って結合したヌクレオチドを取り除く．そして，再度正しい基質との結合反応を触媒することで間違いを校正する（図6.4）．DNAポリメラーゼの校正機構を考慮すると，5′側から3′側に向かって複製反応が進むことは都合がよいといえる．基質であるdNTP側が高エネルギーリン酸結合をもっているため，間違えて取り込んだヌクレオチドを

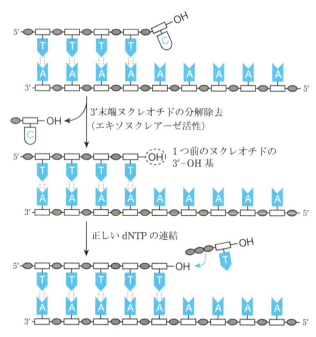

図6.4 エキソヌクレアーゼ活性による校正機構

切断し，1つ前のヌクレオチドの3′-OH基を露出させるだけで再び反応をやり直すことができるためである．もし3′側から5′側に向かって複製反応を進めるとしたら，伸長されている鎖の5′側にある高エネルギーリン酸結合を使って基質であるdNTPの3′-OHとリン酸ジエステル結合をつくる反応機構になる．その場合，間違って取り込まれた塩基を除去すると，5′側には高エネルギーリン酸結合をもたないリン酸基が1つ残ることになる．そのため，別の反応を使って，高エネルギーリン酸結合を再度付加する反応ステップが必要になってしまう．

## 6.4 RNAへの転写反応

　DNAに保存された遺伝情報からタンパク質が発現するには，まずは転写反応でmRNAが合成される必要がある．転写反応では，mRNA以外にもtRNAやリボソームRNA（rRNA）などの非翻訳RNAと呼ばれるさまざまなRNAが合成される．そして，転写合成されたRNA（一次転写産物）は，プロセシング（processing，編集）

反応を経て細胞内で機能する成熟RNAとなる．第5章にも記したように，tRNAやrRNAといった翻訳反応を進める上で重要な役割を果たすRNAは，細胞内の全RNA重量の大半を占める．一方で，mRNAの割合は典型的な哺乳類細胞で全RNA重量の3～5％でしかない．なおかつ，タンパク質の種類に応じてmRNAの種類（塩基配列）も異なるため，個別のmRNA分子を考えるとその割合は非常に少ない．しかしながら，mRNAの転写反応は細胞内環境や細胞種に応じて緻密に制御され，必要なタンパク質を必要なときに発現させる機構が整っている（遺伝子発現の調節機構については6.8節で解説する）．

### 6.4.1 転写反応の流れ

転写反応は**RNAポリメラーゼ**（RNA polymerase）と呼ばれる酵素によって触媒され，DNAの塩基配列をもとにRNAが合成される．RNAポリメラーゼは，DNAポリメラーゼと同じく，二重鎖DNAが解離した一本鎖DNAを鋳型とする．そして，RNA鎖の末端リボースにある3′炭素と，基質であるNTP（ATP, CTP, GTP, UTP）の5′炭素との間にリン酸ジエステル結合を形成させる．化学反応として見ても，基質となるヌクレオチドがdNTPからNTPに代わっただけでDNAポリメラーゼによる反応と同じである（合成途中のRNA鎖の3′-OH基が，基質であるNTPの$\alpha$-リン原子を求核攻撃し，ヌクレオチド基の転移反応が起こる，図6.5）．一般的に，鋳型となるDNA鎖の方をアンチセンス鎖と呼び，その相補鎖DNAをセンス鎖と呼ぶ．そのため，転写産物であるRNA鎖はセンス鎖と同じ塩基配列となる（鋳型DNA鎖のAとウリジン三リン酸（UTP）が塩基対を形成するため，センス鎖のTはRNA鎖のウラシル（U）に置き換わる）．

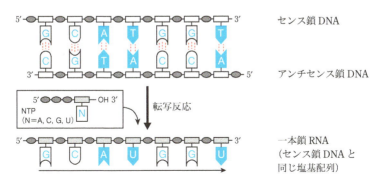

図6.5 遺伝情報（DNA）に基づくRNAへの転写反応

## 第6章 セントラルドグマ

複製反応と転写反応は，化学反応として見るとほぼ同じであるが，下に記すような相違点がある．

(1) 複製反応ではゲノムDNA全体が複製されるのに対して，転写反応では特定のDNA領域が転写される．

　　RNAにはさまざまな種類が存在し，その塩基配列の情報はゲノムDNA上に点在している．転写反応では，mRNAやその他の非翻訳RNAをコードしている領域が1つの転写単位としてそれぞれ個別に転写される．ただし，転写後のRNAがプロセシングと呼ばれる編集過程を経て，複数のmRNAや非翻訳RNAとなる場合もある(RNAのプロセシングに関しては次の6.4.2項で解説する)．ヒトなどの高等真核生物では，これまでゲノムDNA上でRNAとして転写される領域はわずかであると考えられてきた．しかし最近，マウスの細胞に存在するRNAの網羅的な解析から，ゲノムDNA上の70%もの領域が何かしらの形で転写されていることなども報告されている(転写領域は70%であるが，mRNAや非翻訳RNAは，転写量としては全RNA重量の数%未満)．そのほとんどはタンパク質には翻訳されない非翻訳RNAと考えられるが，機能などは不明な点が多い．しかしながら，細胞内にごく微量で存在している非翻訳RNAが，高等真核生物としての生命機能を発揮する上で重要な働きを担っている可能性が考えられる．

(2) DNAポリメラーゼが複製反応の伸長反応のみを担当するのに対して，RNAポリメラーゼは転写反応の開始反応と伸長反応の両方を担当する．

　　DNAポリメラーゼは，モノヌクレオチドどうしの連結反応(2分子のdNTP間でのリン酸ジエステル結合の形成反応)を触媒することができない．そのため，DNAポリメラーゼがDNA鎖の伸長反応を行うためには，あらかじめ鋳型DNA鎖と二重鎖を形成したDNAもしくはRNA(プライマー)が必要となる．細胞内では，DNAプライマーゼと呼ばれる別の酵素が働き，鋳型DNA鎖に相補的な10〜12ヌクレオチドのRNA鎖を合成する(第5章で記したDNAの塩基配列解析やPCRでは，RNA鎖のプライマーの代わりに化学合成したDNA鎖のプライマーが利用される)．そして，このRNA鎖の3′-OH基を最初の反応点として，DNAポリメラーゼがDNAの伸長反応を担当する．一方でRNAポリメラーゼは，2分子のモノヌクレオチド間でリン酸ジエステル結合を形成させる開始反応を触媒できる．ただし，開始段階の反応速度は，すでに長いRNA鎖が合成されているところへ新たなリン

酸ジエステル結合を形成させる反応よりも遅い．なぜなら，モノヌクレオチドどうしが，鋳型DNA鎖上の隣り合った位置で塩基対を形成する効率が悪い（安定性が低い）ためと考えられる．

（3）新たに合成されたDNA鎖は鋳型DNA鎖と二重鎖を形成したままであるのに対して，**転写されたRNAは一本鎖としてRNAポリメラーゼから出ていく**．

　RNAポリメラーゼには新生RNAの出口トンネルが存在する．転写の伸長反応段階では，合成されたRNA鎖が出口トンネルと相互作用することで鋳型DNA鎖と形成しているDNA/RNA二重鎖が解かれる．一方で，鋳型DNA鎖（アンチセンス鎖）は，センス鎖と塩基対を形成して元の二重鎖DNAに戻る．一本鎖状態で転写されたRNAは，AとU，GとCが分子内で塩基対を形成する．そのため，塩基配列によってはRNAポリメラーゼから出てくると同時に折りたたまれ，ヘアピン構造と呼ばれる部分的なステム構造（二重鎖構造）をもった二次構造などが形成される．このような，転写反応とともに進行する新生RNAの構造形成過程を **co-transcriptional folding** という．原核生物の転写反応では，co-transcriptional foldingによって形成される安定なヘアピン構造と，RNAポリメラーゼの中で形成されている不安定なDNA/RNA塩基対（連続したA-U塩基対など）が転写の終結シグナル（ターミネーター構造）として機能することが知られている（図6.6）．また，新生RNAのco-transcriptional foldingを利用した遺伝子発現の制御機構なども存在する（6.8節で解説）．

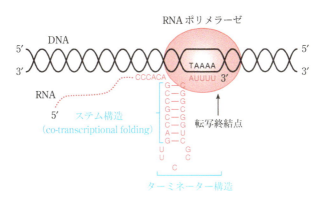

図6.6　co-transcriptional foldingによるターミネーター構造の形成

### 6.4.2 転写後RNAのプロセシング

転写反応により合成されたRNAは,一次転写産物と呼ばれる状態である.転写されたRNAは,細胞内で切断,スプライシング(splicing,切り接ぎ),末端や塩基の化学修飾など,さまざまなプロセシングを受けて成熟したRNA分子になる.

#### A. rRNAのプロセシング

翻訳反応を触媒するリボソームは,複数種類のrRNAとタンパク質から構成される巨大なRNA－タンパク質複合体(原核生物のリボソームで分子量約250万(70Sリボソーム),真核生物のリボソームで分子量約420万(80Sリボソーム),Sは沈降係数を表す)である.リボソームは大きいサブユニット(原核生物では50Sサブユニット,真核生物では60Sサブユニット)と小さいサブユニット(原核生物では30Sサブユニット,真核生物では40Sサブユニット)に分かれ,どちらにもrRNAが存在する(図6.7).rRNAは1分子(1本)の長い一次転写産物として合成される(真核生物の場合,4種類あるrRNAのうち5S rRNAだけは個別に転写される).そして,一次転写産物が限定的に切断を受けることで3種類のrRNA(原核生物では16S, 23S, 5S rRNA,真核生物では18S, 5.8S, 28S rRNA)が産出される.切断後のrRNAは,さまざまなリボソームタンパク質と結合して高次構造を形成し,成熟したリボソームとなる.

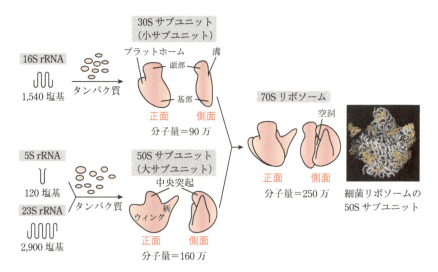

図6.7 rRNAとタンパク質によって構成される原核生物の70Sリボソーム
　　　細菌リボソームはProtein Data Bank code 1FFKをもとに,PyMOLを用いて作成.

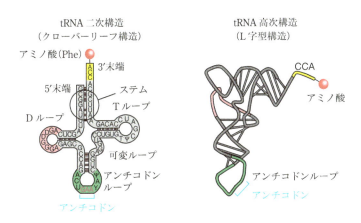

図6.8 tRNAの二次構造と高次構造
Ψ（シュードウリジン），D（ジヒドロウリジン），T（チミジン），Y（ワイブトシン）のほか，一部の塩基はメチル化の修飾を受けている．

B. tRNAのプロセシング

　tRNAは長さ約80塩基のRNAで，tRNAの3′末端とアミノ酸がエステル結合で結合する．アミノ酸と結合したtRNAは，アミノアシルtRNAと呼ばれる（図6.2）．細胞内にtRNAは複数種類存在し，どれも異なる塩基配列をもつが，どのtRNAもクローバーリーフ構造と呼ばれる二次構造を形成し，立体的に折りたたまれてL字型の高次構造を形成する（図6.8）．tRNAも，rRNAと同じく，一次転写産物として合成された後に5′末端と3′末端が特定の位置で切断されて成熟する（一部のtRNAは，内部にある配列がスプライシング反応で切り出されることもある）．さらに，3′末端に特定の塩基配列が付加されたり，塩基部位が化学修飾を受けたりもする．

C. mRNAのプロセシング

　真核生物のmRNAは，以下に示す3つの特徴的なプロセシング反応を受ける（図6.9）．

(1) キャッピング

　mRNAの5′末端に，5′-5′三リン酸結合を介して7-メチルグアノシンが結合する．mRNAの5′側から1番目と2番目のヌクレオチドの2′-OH基がメチル化される場合もある．これらの構造はキャップ（cap）構造と呼ばれ，翻訳反応を開始する際の足掛かり（翻訳開始因子が認識する化学構造）となる．

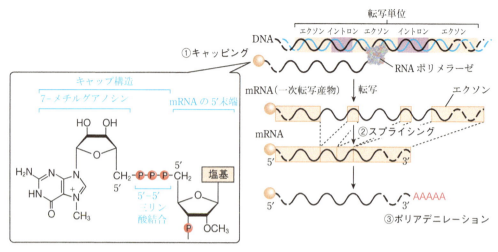

図6.9 mRNAのプロセシング過程（真核生物）

（2）スプライシング

真核生物のmRNAには，エクソン（exon）と呼ばれる成熟mRNAに含まれる領域と，イントロン（intron）と呼ばれる成熟mRNAには含まれない領域が交互に複数存在する．mRNAの一次転写産物は，スプライシング反応を経てイントロン領域が切り出され，エクソン領域のみが残った成熟mRNAになる．

（3）ポリアデニレーション

mRNAの3′末端に，連続したAの塩基配列（ポリAテール）が付加される．この反応はポリAポリメラーゼによって触媒される．ポリAテールは，翻訳反応の効率化に関わるとともに，mRNAの寿命（分解されるまでの時間）を長くする役割も担う．

以上のプロセシング反応はすべて真核細胞の核内で行われ，成熟したmRNAが完成すると，mRNAは核外（細胞質）に輸送されて翻訳反応の鋳型となる．

## 6.5　タンパク質への翻訳反応

翻訳反応は，遺伝情報である塩基配列（転写反応で合成されたmRNAの塩基配列）から機能分子であるタンパク質を合成する「情報→機能」変換反応である．mRNAの塩基配列とタンパク質のアミノ酸配列を結びつける規則は，現存するほ

ぼすべての生物で同じである．このことから，塩基配列とアミノ酸配列の関連づけは，全生物の共通の祖先が地球上に誕生する以前から成り立っており，それ以降変化していないと考えられる．

　遺伝暗号の解読は，Crickが「セントラルドグマ」を提唱した後の1960年代に精力的に行われた．Crickは，「セントラルドグマ」を提唱した際に，核酸の塩基配列がタンパク質のアミノ酸配列を決めるという配列仮説(sequence hypothesis)も提唱している．mRNAの塩基は4種類であるのに対してアミノ酸は20種類存在するため，1対1で対応づけられる関係ではないことは明白である．塩基配列とアミノ酸配列の対応づけとして，G. Gamowは，3塩基の連続した配列(トリプレット)がアミノ酸を指定する暗号(コドン)ではないかと予測した．この予測が正しかったことは，M. W. NirenbergやH. G. Khoranaなどにより立証されることになる．Nirenbergは，細胞から抽出した翻訳反応を担う画分にウラシルのみからなるRNAを加えると，フェニルアラニンの重合産物(ポリフェニルアラニン)が合成されることを1961年に発見した．これにより，Uの連続配列がフェニルアラニンをコードしていることを突き止めた．さらに1964年には，配列が定まっている短いRNA配列をリボソームに取り込ませ，そこにどのアミノ酸を結合したtRNAが相互作用するのかを調べることでアミノ酸とコドンの対応を解析する手法を考案した．Khoranaは，塩基配列のパターンが定まった長いRNA分子を合成する手法を1964年に確立した．そして，合成された長いRNAからどのようなアミノ酸配列が翻訳されてくるのかを解析することで，各コドンと各アミノ酸との対応を明らかにしていった．その結果，現在では，コドン表という遺伝暗号表(表6.1)を用いて，核酸の配列からタンパク質として翻訳されたときのアミノ酸配列を知ることができる．

　タンパク質の翻訳反応は，リボソームによって触媒される．リボソームは，鋳型であるmRNAとの塩基対形成により，基質であるアミノアシルtRNAを認識する．そして，アミノアシルtRNAに結合したアミノ酸と，合成途中のポリペプチド鎖のC末端側のアミノ酸との間でペプチド結合を形成する反応(ペプチジル転移反応)を触媒する．合成途中のポリペプチド鎖は，C末端側がエステル結合でtRNAに結合したペプチジルtRNAと呼ばれる状態でリボソーム内に存在している．有機化学的に見てみると，まずアミノアシルtRNAに結合したアミノ酸のアミノ基が，ペプチジルtRNAのエステル結合を形成しているカルボニル炭素(ポリペプチド鎖のC末端側の炭素に相当する)を求核攻撃する．そして，ポリペプ

## George Gamow(1904〜1968)

宇宙のビックバンに関する理論でも著名な理論物理学者．1954年に設立され，CrickやWatsonを含む20名の科学者から構成されるRNA Tie Clubの中心メンバー．RNA Tie Clubでは，RNAの構造や，RNAをもとにタンパク質が合成される過程に関する議論が交わされた．3塩基(トリプレット)で1つのアミノ酸が規定されるという仮説は，「ガモフの予測」とも呼ばれる．

表6.1 遺伝暗号表(コドン表)

| 1文字目<br>5'末端 | 2文字目 | | | | 3文字目<br>3'末端 |
|---|---|---|---|---|---|
| | U | C | A | G | |
| U | UUU Phe<br>UUC Phe<br>UUA Leu<br>UUG Leu | UCU Ser<br>UCC Ser<br>UCA Ser<br>UCG Ser | UAU Tyr<br>UAC Tyr<br>UAA 終止<br>UAG 終止 | UGU Cys<br>UGC Cys<br>UGA 終止<br>UGG Trp | U<br>C<br>A<br>G |
| C | CUU Leu<br>CUC Leu<br>CUA Leu<br>CUG Leu | CCU Pro<br>CCC Pro<br>CCA Pro<br>CCG Pro | CAU His<br>CAC His<br>CAA Gln<br>CAG Gln | CGU Arg<br>CGC Arg<br>CGA Arg<br>CGG Arg | U<br>C<br>A<br>G |
| A | AUU Ile<br>AUC Ile<br>AUA Ile<br>AUG Met | ACU Thr<br>ACC Thr<br>ACA Thr<br>ACG Thr | AAU Asn<br>AAC Asn<br>AAA Lys<br>AAG Lys | AGU Ser<br>AGC Ser<br>AGA Arg<br>AGG Arg | U<br>C<br>A<br>G |
| G | GUU Val<br>GUC Val<br>GUA Val<br>GUG Val | GCU Ala<br>GCC Ala<br>GCA Ala<br>GCG Ala | GAU Asp<br>GAC Asp<br>GAA Glu<br>GAG Glu | GGU Gly<br>GGC Gly<br>GGA Gly<br>GGG Gly | U<br>C<br>A<br>G |

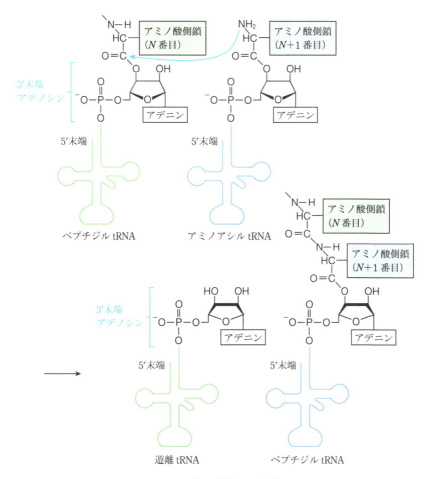

図6.10 ペプチド鎖伸長の化学反応

チド鎖がアミノアシルtRNAに転移して，1アミノ酸分長くなったペプチジルtRNAが新たに合成される（図6.10）．つまり，tRNAとのエステル結合で活性化されたペプチドが，アミノアシルtRNAに転移するという反応であり，複製反応や転写反応と同じく外部からのエネルギーを必要としない．ただし，合成途中のペプチド鎖側が転移するという点では，複製反応や転写反応とは転移反応の向きが異なる（複製反応や転写反応では基質であるモノヌクレオチド側が転移する）．

基質であるアミノアシルtRNAは，アミノアシルtRNA合成酵素（ARS）と呼ばれる酵素によって合成される．アミノ酸は化学的に安定であるため，ARSはATP

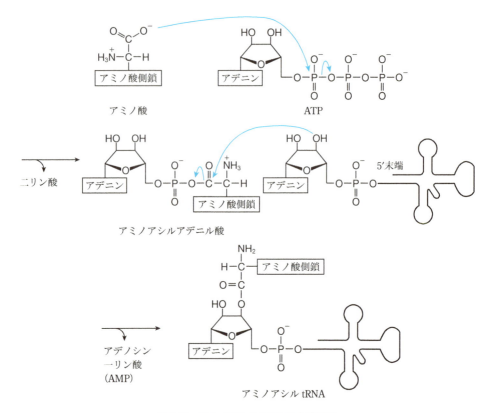

図6.11 アミノアシルtRNAの合成反応

の加水分解反応と共役した反応でアミノアシルtRNAを合成する．まず，ATPからAMPと二リン酸への加水分解反応のエネルギーと共役したアミノ酸へのヌクレオチド基の転移が起こり，アミノアシルアデニル酸が合成される．そして，アミノアシルアデニル酸として活性化されたアミノ酸が，tRNAの3′-OH基に転移する（図6.11）．ARSは，各アミノ酸に対応した数だけ存在し，高次構造がほとんど同じにもかかわらず，正しい組み合わせのtRNAを見分けてアミノ酸を結合させる．正しいtRNAを見分ける足掛かりとなるのが，tRNAのアンチコドンループと呼ばれる領域に存在するトリプレット（アンチコドン）である（図6.8）．結晶構造解析からARSがtRNAのアンチコドンと3′末端（アミノ酸を結合させる部位）を同時に認識していることが明らかにされている．tRNAのアンチコドンは，翻訳反応での鋳型mRNAとの対合（塩基対形成）でも重要な役割を果たす．

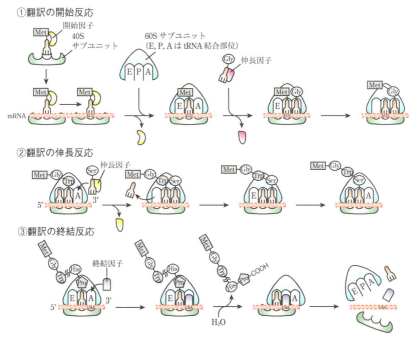

図6.12 翻訳反応過程における開始・伸長・終結反応

図6.12に翻訳反応の流れを示した.

①翻訳の開始反応

リボソームの小サブユニットが複数の翻訳開始因子とともにmRNAと結合する. 小サブユニットは,開始tRNA（CAUという配列のアンチコドンをもっている）と複合体を形成している. 開始tRNAは, 翻訳の開始を規定するAUGコドン（開始コドン）と対合する. AUGコドンはメチオニンをコードするため, 開始tRNAにはメチオニン（原核生物の場合はホルミルメチオニン）が結合している. 翻訳開始因子の補助で鋳型mRNAに結合した小サブユニットは, 開始コドンの位置で大サブユニットと会合し, 開始複合体となる. 翻訳開始時には, 開始tRNAはリボソームのペプチジルtRNA結合部位（Pサイト）に存在する.

②翻訳の伸長反応

Pサイトの隣にあるアミノアシルtRNA結合部位（Aサイト）には, 次のアミノ酸をコードするコドンが配置されている. そこへ, 翻訳伸長因子（原核生物ではEF-Tu, 真核生物ではEF1α）との複合体を形成したアミノアシルtRNAが運ばれ

## ◉ Marshall Warren Nirenberg(1927〜2010) & Har Gobind Khorana(1922〜2011)

Nirenberg(写真左)は，ポリUの配列をもつRNAを利用して，タンパク質がRNAをもとに合成されること，Uの連続配列がフェニルアラニンを規定することを実験的に示した．Khorana(写真右)は，化学合成したDNA配列から塩基配列のわかっているRNA分子を作製し，トリプレット(コドン)とアミノ酸との関係を明らかにした．遺伝暗号の解読は，NirenbergとKhoranaのグループを中心に完成された．tRNAの構造と配列解析研究を進めたR. W. Holleyとともに三名で1968年にノーベル生理学・医学賞を受賞した．

てくる．mRNAのコドンとアミノアシルtRNAのアンチコドンとの対合が正しく起こる場合にのみ，ペプチジル転移反応が起こってペプチド鎖が伸長される．その後，リボソームは翻訳伸長因子(原核生物ではEF-G，真核生物ではEF2)の補助でトランスロケーション反応を起こし，mRNA上をコドン1つ分(3塩基分)3′側に移動する．リボソームがトランスロケーション反応を起こすと，1アミノ酸分伸長されたペプチジルtRNAがPサイトに配置され，Aサイトは新たなアミノアシルtRNAを受け入れることができるようになる．ペプチド鎖が外れて遊離状態になったtRNAは，Exit部位(Eサイト)を経由してリボソームの外に排出され，アミノアシルtRNAを合成するために再利用される．

③翻訳の終結反応

伸長反応を繰り返すことでペプチド鎖が伸長する．最終的には，終止コドン(UAA，UAG，UGA)をもつ鋳型mRNAがAサイトに配置される．終止コドンに対合するtRNAはなく，翻訳終結因子がAサイトに結合し，ペプチド鎖とtRNAとの加水分解反応を触媒する．その結果，ペプチド鎖が切り離され，タンパク質の合成が完了する．合成されたタンパク質は，リボソームのトンネルを抜けて外

部へ放出される．

## 6.6　翻訳後タンパク質の動態

ポリペプチド鎖として合成されたタンパク質は，高次構造を形成することで初めて機能を発揮する．翻訳の伸長反応途中では，新生ペプチド鎖のN末端側はリボソームの外に露出し，C末端側はペプチジルtRNAとしてリボソーム内につなぎ止められている．そのため，N末端側のペプチド鎖から順に，分子内での相互作用により高次構造を形成し始める．この過程は，新生RNA鎖のco-transcriptional foldingと似ており，タンパク質の**co-translational folding**と呼ばれる（図6.13）．タンパク質の構造形成については，C. B. Anfinsenにより提唱された「自

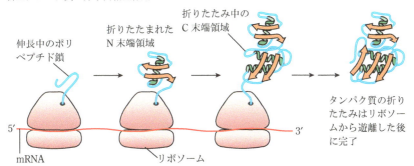

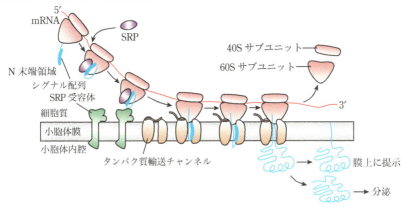

図6.13　翻訳反応と同時並行で進行する細胞内反応

由エネルギーが最安定になる構造へ自発的に折りたたまれる」という説が一般的に受け入れられている．しかしながら，細胞外において，変性させたタンパク質の高次構造を再形成（リフォールディング）させた場合，自発的に折りたたまれるものもあるが，シャペロンタンパク質などの助けを借りて折りたたまれるものや折りたたまれないものも存在する．つまり，タンパク質の構造形成がそれほど単純ではないことを示している．co-translational foldingは，翻訳されたタンパク質が効率よく構造を形成するために必要な過程ではないかと考えられる．

　新生ペプチド鎖は，翻訳の伸長反応途中に別の分子と相互作用を起こすことも知られている（図6.13）．例えば，真核生物の細胞膜タンパク質や分泌タンパク質などでは，N末端側に小胞体移行シグナルと呼ばれるアミノ酸配列がコードされている．小胞体移行シグナルが翻訳されてリボソームの外側に露出すると，signal recognition particle（SRP）と呼ばれるタンパク質複合体が小胞体移行シグナルに相互作用する．SRP複合体は，細胞内の小胞体膜上に存在するSRP受容体とも相互作用する．その結果，伸長反応途中のリボソームは小胞体膜上に局在し，粗面小胞体と呼ばれる状態になる．そして，そのまま小胞体膜上で伸長反応が進められ，合成されたタンパク質は，膜を貫通した状態で残ったり小胞体内腔へ放出されたりする．最終的には，ゴルジ体，分泌小胞を経由して細胞膜上に提示されたり細胞外へ放出されたりする．小胞体移行シグナル以外にも，核移行シグナルやミトコンドリア移行シグナル，あるいはペルオキシソーム移行シグナルなどが存在しており，タンパク質はそれぞれの存在すべき場所に運ばれてその機能を発揮する．

## 6.7　細胞内の分子環境

　細胞内は，高分子，低分子，無機塩類などを含め，さまざまな溶質分子で非常に混み合った環境（分子クラウディング環境）が形成されている（図6.14，第1章参照）．高分子としては，主に核酸，タンパク質，多糖があげられる．低分子としては，ヌクレオチド，アミノ酸，糖，脂肪酸などの有機小分子があげられ，生体高分子の合成や化学エネルギーの産出に利用される．細胞全重量に占める溶質分子の割合は約30％であり，残り70％は水分子になる．一般に，有機小分子の総重量は生体高分子の総重量の約10分の1程度と少なく，細胞の乾燥重量のほとんどは生体高分子で占められる（表6.2）．しかし，分子量を考慮すれば（分子数

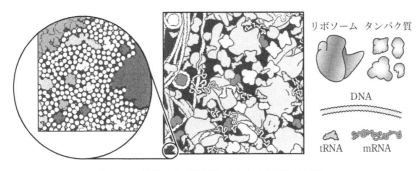

図6.14 生体分子が高濃度で存在する細胞内環境

表6.2 細胞内における生体分子の重量百分率

| 生体分子 | 重量百分率(%) |
| --- | --- |
| 水 | 70 |
| 無機イオン | 1 |
| 糖および前駆物質 | 1 |
| アミノ酸および前駆物質 | 0.4 |
| ヌクレオチドおよび前駆物質 | 0.4 |
| 脂肪酸および前駆物質 | 1 |
| その他の小分子 | 0.2 |
| 高分子(タンパク質,核酸,多糖) | 26 |

という点では),有機小分子の方が高い濃度で存在している.

　細胞内に存在する生体分子は,すべてが熱エネルギー(熱揺らぎ)を有している.そして,さまざまな生体分子が高濃度に存在する細胞内環境では,熱エネルギーをもった分子どうしが互いに衝突し合う(溶媒分子である水分子も熱エネルギーを有しており,互いに衝突し合っている).このような環境において,個々の生体高分子は特定の分子と相互作用したり,特異的な反応を触媒したりする.生体高分子が特異性を発揮する大きな理由は,特異的な相互作用を起こすことで,分子どうしの非特異的な衝突が引き起こす熱揺らぎに比較して大きなエネルギー変化を獲得できるためと考えられる.相互作用によって獲得されたエネルギーは,生体分子の構造変化などを誘起することでその機能調節に利用される.タンパク質を例にあげるならば,金属イオンとの相互作用や,たった1つのリン酸基の化学修飾だけでタンパク質構造が大きく変化し,その活性が調節される.

## 6.8　遺伝子発現の調節

「セントラルドグマ」という遺伝情報の発現過程が理解された結果，「遺伝子」という用語の意味も変化しつつある．遺伝子(gene)という言葉は，G. J. Mendelが提唱した，親から子へ伝わる形質を決定づける因子に対して名づけられた．その因子とはDNAであり，形質を決定づけるのはDNAから発現されてくるタンパク質である．現在では，タンパク質をコードしているDNA領域（構造遺伝子）とその発現調節に関わるDNA領域，あるいは既知の機能を有するDNA領域を指して「遺伝子」と呼ぶことが多い．

細胞内では，常にすべての遺伝子領域が発現しているわけではなく，発現する時間，場所，量などが緻密に調節されている．ヒトを構成するヒトゲノムDNAであれば，20,000〜25,000という数の構造遺伝子が存在し，特定の細胞種（骨細胞，筋細胞，神経細胞など）へ分化する際には，細胞ごとに異なる遺伝子群が発現する（20,000〜25,000という構造遺伝子の数はタンパク質の種類と比較すると少ないが，構造遺伝子の数よりもタンパク質の数が多くなる理由については後述する）．また，細胞機能が比較的単純に見える大腸菌でさえも約4,000種類の構造遺伝子を有し，細胞内，細胞外の環境変化に応答して遺伝子発現を調節している．

遺伝子発現の調節は，基本的には「セントラルドグマ」に存在するあらゆる反応過程で行われる（図6.15）．特に，転写反応は遺伝子発現の第一段階となる反応であり，原核生物・真核生物を問わず，細胞内には転写調節に機能するタンパク質が数多く存在する（ヒトには2,000種類近い転写調節因子があるといわれている）．転写調節を行うタンパク質は，多くの場合，特定の分子（リガンド）との結合や化学修飾により，DNAへの結合活性を変化させて機能を発揮する（図6.15①）．真核生物の場合では，転写調節因子の局在（細胞質に存在するか核内に存在するか）が調節されることもある．また，染色体を形成するクロマチンの構造が変化し，間接的に転写反応の活性を調節する機構なども存在する（図6.15②）．

タンパク質とDNAの相互作用で転写反応が調節される一方，転写されたRNAも遺伝子発現の調節に関与する．原核生物の場合では，転写されつつあるmRNAの構造が，転写終結が起こる位置や翻訳反応の効率を調節する（図6.15③）．真核生物では，翻訳反応の鋳型とならない非翻訳RNAが，タンパク質とともにRNAプロセシングや翻訳反応を調節する（図6.15④）．

以下に，遺伝子発現調節の例を解説する（図6.15①から④）．

## 6.8 遺伝子発現の調節

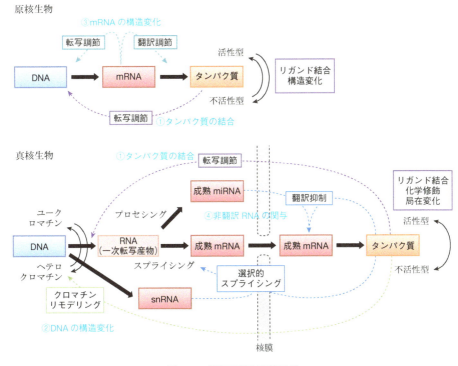

図6.15 遺伝子発現調節の例

### ①タンパク質の結合による転写調節

　遺伝子発現の調節機構の解明には，古くから大腸菌をモデル生物として研究が行われてきた．大腸菌の場合，オペレーターと呼ばれるDNA領域にタンパク質が結合することで転写反応が調節される（図6.16）．オペレーターは，RNAポリメラーゼが認識するプロモーターと呼ばれるDNA領域の周辺に存在することが多い．例えば，ラクトースオペロン（原核生物では，1つの転写調節単位を指してオペロンという用語が使われる）の場合，ラクトースが存在しない環境では*lac*リプレッサーがオペレーターに結合し，転写反応が抑制されている．一方で，ラクトースが存在する環境では，ラクトースの代謝産物であるアロラクトースが*lac*リプレッサーに結合する．そして，*lac*リプレッサーの構造が変化してオペレーターから遊離し，遺伝子の転写反応が促進される．ラクトースオペロンには，ラクトースを利用して化学エネルギーを産出するための遺伝子群がコードされている．つまり，ラクトースを利用するのに必要な遺伝子群を，ラクトースが存在す

図6.16 リプレッサーによる転写反応調節

るときにのみ発現させる効率的な遺伝子発現の調節機構である．

②DNA（クロマチン）の構造変化による転写調節

　第5章にも記したように，真核生物のゲノムDNAは二重らせん構造として単独に存在しているわけではなく，ヒストンと呼ばれる塩基性のタンパク質に巻きついたヌクレオソーム構造として存在する．ヌクレオソーム構造は，さらに凝集することでクロマチン構造となる．クロマチン構造が強く凝集されたヘテロクロマチンと呼ばれる状態になると，遺伝子の発現は不活性な状態になる．真核細胞の核内では，クロマチン構造の変化による遺伝子発現の調節（クロマチンリモデリング）が行われている．例えば，転写活性化に関わる転写調節因子は，DNAに結合するとともに，ヒストンアセチル化酵素とも相互作用する．ヒストンアセチル化酵素は，転写調節因子の周辺に存在するヒストンのリジン側鎖をアセチル化する．アセチル化されたリジン側鎖は正電荷を失うため，DNAとの静電相互作用が弱まり，クロマチンの凝集状態が弛緩して転写反応が促進される．遺伝子発現が活性な状態の弛緩したクロマチン構造領域は，ユークロマチンと呼ばれる．ヒストンのアセチル化が転写反応を促進する一方で，細胞内にはヒストン脱アセチル化酵素も存在する．リプレッサーとなるタンパク質がプロモーター領域に結合すると，ヒストン脱アセチル化酵素が相互作用して転写反応の抑制に働く（図6.17）．

③mRNAの構造変化による遺伝子発現調節

　転写反応により合成されるRNAは，co-transcriptional foldingにより転写反応が進行している段階から二次構造などを形成する．原核生物には，RNAの構造が転写反応途中に変化することで遺伝子発現が調節される機構が存在する（図6.18）．例えばトリプトファンオペロンの場合，トリプトファン生合成に関わる遺伝子群より先に，トリプトファンの連続配列を含む短いペプチド（リーダー

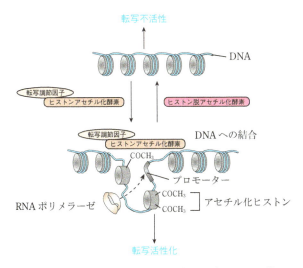

図6.17 クロマチンリモデリングによる転写反応調節

ペプチド)がコードされたmRNA領域が転写されてくる(図6.18(a)). 原核生物の場合, 転写反応の進行途中に翻訳反応が開始され, RNAポリメラーゼの後をリボソームが追いかけるように翻訳伸長反応が進行する(真核生物ではmRNAが核内でプロセシングを受けてから核外に移動して翻訳されるため, 転写反応と翻訳反応が同時に起こることはない). 細胞内のトリプトファンの濃度が高いときは, トリプトファンを結合したアミノアシルtRNAの濃度も相対的に高くなり, リボソームは効率よくリーダーペプチドを翻訳する. この場合, リーダーペプチドをコードするmRNAの3′側領域がターミネーター様の二次構造を形成し, 転写反応が減衰あるいは一時停止(アテニュエーション)する. 一方で, トリプトファン濃度が低い場合, 相対的なアミノアシルtRNA濃度も低くなり, 翻訳反応効率(速度)がリーダーペプチド中のトリプトファンコドンのところで低下する. すると, リーダーペプチド領域の直下流にあるmRNA領域が, 3′側の領域と二次構造を形成する. この場合, ターミネーター様のRNA構造が形成されず, 転写反応が継続してトリプトファン生合成に関わる遺伝子群の発現が増強される. つまり, 翻訳反応の速度と, 転写後RNAのco-transcriptional foldingとが協働した, 遺伝子発現のフィードバック調節機構である.

トリプトファンオペロンの例とは別に, **リボスイッチ**(riboswitch)と呼ばれるmRNA領域による遺伝子発現調節も知られている(図6.18(b)). リボスイッチに

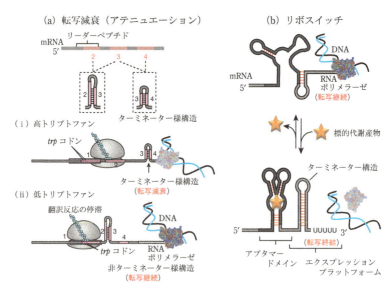

図6.18 RNAのco-transcriptional foldingを利用した転写反応調節

は，特定の代謝産物に結合するアプタマードメインと呼ばれる領域と，その3′側で遺伝子発現の調節に関与するエクスプレッションプラットフォームと呼ばれる領域がある．アプタマードメインはリガンドである代謝産物と結合する．すると，アプタマードメインが形成する高次構造が安定化され，エクスプレッションプラットフォームの構造が変化して遺伝子発現の調節を行う．特に，転写反応の調節を行うリボスイッチでは，転写反応途中に代謝産物の結合とRNAの構造変化が起こり，転写反応が最後（本来の転写終結点）まで進むか中途半端に終結してしまうかが調節される．一方で，翻訳反応を調節するリボスイッチでは，転写反応途中もしくは転写反応後にアプタマードメインと代謝産物が結合し，mRNA上のリボソーム結合部位を含む領域が構造変化する．その結果，リボソームが翻訳反応を開始できるかどうかが調節される．リボスイッチの3′側には，そのリボスイッチが認識する代謝産物の生合成や細胞内への取り込みに関わるタンパク質群がコードされていることが多い．つまり，トリプトファンオペロンの例と同じく，代謝反応のフィードバック調節機能を備えている．リボスイッチは原核生物に広く分布し，調節対象とする代謝産物も細胞活動に必須な化合物群である（アデニン，$S$-アデノシルメチオニン，チアミン二リン酸，フラビンモノヌクレオチドなど）．つまり，RNAの構造変化は，原始的な生命体が誕生した頃から遺伝

## ●Thomas Robert Cech（1947〜）

1982年に，テトラヒメナのrRNA中に存在するイントロンのスプライシング反応が，タンパク質が関与することなくRNAのみで起こることを発見した．CechによるRNA酵素の発見は，それまでの酵素＝タンパク質という常識を覆す発見であった．酵素（enzyme）としての活性を示すRNA（ribonucleic acid）をリボザイム（ribozyme）と命名したのはCechである．RNase PというtRNAのプロセシングに関わる分子の触媒活性を，RNase Pに含まれるRNAが担っていることを発見したS. Altmanとともに1989年にノーベル化学賞を受賞した．

子発現の調節に利用されていたと考えられる．

④非翻訳RNAによる遺伝子発現調節

　1982年にT. R. Cechなどが，化学反応を触媒するRNA分子（リボザイム）を発見して以降，RNAは情報と機能の両方を兼ね備える分子として注目されている．近年では，細胞内に存在する非翻訳RNAについて，遺伝子発現調節に関与する分子反応機構も明らかになりつつある．例えば，核内低分子RNA（small nuclear RNA, snRNA）は，100種類以上のタンパク質とともにスプライソソームと呼ばれる複合体を形成する．スプライソソームは，mRNAのスプライシング反応を触媒する．snRNA（5種類のsnRNAが核内に存在することが知られている）は，タンパク質結合の足場となるとともに，mRNAのエクソンとイントロンの境目（スプライス部位）の認識にも関与している．真核生物の場合，mRNAによってはエクソンとイントロンの区別があいまいで，さまざまなスプライシングのパターン（選択的スプライシング）を示すものが存在する．例えば，筋収縮に作用するα-トロポミオシンのmRNAでは，組織特異的な選択的スプライシングにより同じ一次転写産物mRNAから複数の成熟mRNAが生成することで，組織ごとに異なる機能をもったタンパク質が合成される（図6.19）．20,000〜25,000というヒトの構造遺伝子の数に比較して，タンパク質の種類が100,000以上存在するのは，この選択的スプライシングに大きな原因がある．

　snRNAは比較的長い（5種類あわせて5,000塩基程度）非翻訳RNAであるが，短い非翻訳RNAが，タンパク質との複合体として遺伝子発現を抑制する機構も明

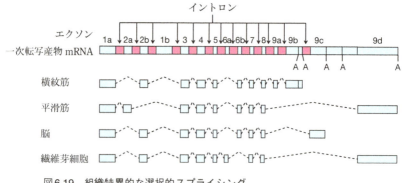

図6.19　組織特異的な選択的スプライシング
AはmRNAの3′末端へのポリAテールの付加シグナルを表す．

らかになっている．この翻訳反応抑制機構は**RNA干渉**（RNA interference, RNAi）と呼ばれ，1998年にA. Z. FireとC. C. Melloなどによって発見された．RNA干渉は，細胞外からsiRNA（small interfering RNA）と呼ばれる二重鎖RNAを導入したときにみられる配列特異的な遺伝子発現の抑制機構である．一方で，細胞内でもマイクロRNA（micro RNA, miRNA）と呼ばれる非翻訳RNAにより，RNA干渉と似た機構で遺伝子発現の抑制が起こる．miRNAは，長い一次転写産物（pri-miRNA）として細胞内で転写される．その後，DroshaやDicerと呼ばれるタンパク質が関与し，21～24ヌクレオチドの成熟miRNAにプロセシングされる．そして，最終的にはRISC（RNA induced silencing complex）と呼ばれるmiRNAとタンパク質との複合体を形成する．miRNAは，相補配列をもつmRNAとの塩基対形成により，RISCを特定のmRNAに導くガイド役を担っている．標的のmRNAと結合したRISCは，そのmRNAの翻訳反応を抑制する（図6.20）．ゲノムDNA上でmiRNAと予測される配列も含め，1,000種類以上のmiRNAがデータベースに登録されている．また，1つのmiRNAが複数種類のmRNAを標的にすることから，細胞内ではmiRNAによる翻訳反応抑制のネットワークが形成されていると考えられる．

以上のように，遺伝子発現の調節過程では，タンパク質だけではなくRNAも一種の機能性分子として働き，タンパク質との複合体形成（スプライソソームやRISCの例）や構造変化（リボスイッチやトリプトファンオペロンの例）を介してその調節機構の一端を担っている．真核生物では，DNA（クロマチン）の構造も遺伝子発現の調節に関与し，タンパク質とともに転写反応の調節を行っている．つ

## ◎ Andrew Zachary Fire（1959〜）& Craig Cameron Mello（1960〜）

線虫の研究者であったFire（写真左）とMello（写真右）は，遺伝子発現を抑制するためのアンチセンスRNAを用いた研究の中で，比較のために利用したセンスRNAを導入した場合にも遺伝子の発現抑制が起こることに気づいていた．二人は共同研究を開始し，この不可解な遺伝子の発現抑制が起こる分子メカニズムを解析して1998年に*Nature*誌に研究成果を発表した．MelloによってRNA干渉（RNAi）と名づけられた二重鎖RNAによる遺伝子発現抑制機構は，さまざまな真核生物に保存されていることが示され，遺伝子発現制御に関わるRNA分子に注目が集まるようになった．二人は2006年にノーベル生理学・医学賞を受賞した．

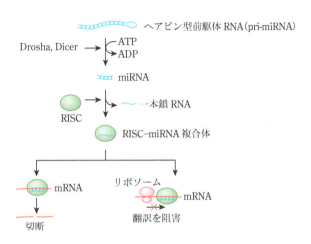

図6.20　miRNAによる翻訳反応抑制

まり，核酸とタンパク質は単に「情報→機能」という結びつきで「セントラルドグマ」に関わっているだけではなく，その「調節」という意味でも密接に結びついている．

## 6.9 セントラルドグマの化学的な理解

　Crickにより提唱されてから半世紀以上が経過し，生命の根幹をなす「セントラルドグマ」が分子レベルで明らかになってきている．細胞の中に存在する生体分子は，タンパク質，核酸，脂質，低分子の代謝産物を含め，すべて化学物質である．「細胞は化学反応の総体である」といわれるように，細胞内で起こる生体分子間相互作用や分子反応は，第2章に記した有機化学と第3章に記した物理化学の原理に則して説明することができる．将来的に，細胞内における生体分子のふるまいを化学的に紐解いていくことで，生命という現象が成り立つ本質的な原理が明らかになると考えられる．

**参考文献**
1) 菊池 洋 編，ノーベル賞の生命科学入門―RNAが拓く新世界，講談社(2009)
2) 宍戸昌彦，大槻高史，生物有機化学―ケミカルバイオロジーへの展開，裳華房(2008)
3) B. Alberts, A. Johnson, J. Lewis, M. Raff, K. Roberts, P. Walter 著，中村桂子，松原謙一 監訳，細胞の分子生物学 第5版，ニュートンプレス(2010)
4) L. A. Moran, H. R. Horton, K. G. Scrimgeour, M. D. Perry 著，鈴木紘一，笠井献一，宗川吉汪 監訳，ホートン生化学 第5版，東京化学同人(2013)
5) 竹島 浩 編著，illustrated基礎生命科学 第2版，京都廣川書店(2012)
6) 杉本直己，遺伝子化学，化学同人(2002)
7) 杉本直己，生命化学，丸善(2009)

# 第7章　タンパク質

　タンパク質は$\alpha$-アミノ酸が一定の規則で重合した高分子である．合成高分子や核酸・多糖などの他の生体高分子と同様鎖状の形態を有するが，高効率な触媒作用や分子認識などの高度な機能の発現がタンパク質の特徴である．こうした機能はタンパク質が形成する複雑な立体構造に基づく．

　本章ではタンパク質の(1)機能，(2)構造，(3)性質について説明する．

## 7.1　タンパク質研究の歴史

　タンパク質の化学構造を最初に明らかにしたのはオランダのG. J. Mulderで，1838年のことである．Mulderはオボアルブミン(卵白に含まれるタンパク質の主成分)や血清アルブミンなどの水に溶けやすいタンパク質の元素分析を行い，これらのタンパク質が炭素，水素，窒素，酸素からなることを明らかにした．当時すでにタンパク質は栄養物質として認知されていたため，この炭素，水素，窒素，酸素からなる物質はギリシア語で「最も重要」を表すproteiosからプロテイン(protein)と名づけられた．

　その後1882年にフランスのE. Grimaudが，タンパク質内にアミド結合が存在することを示した．さらに1902年になって，ドイツの化学者であるF. HofmeisterとH. E. Fischer(1902年第2回ノーベル化学賞)は同時に，タンパク質がアミノ酸からなることを突き止めた．Hofmeisterは，3つ以上つながったアミノ酸に対する2価の銅の呈色反応であるビウレット反応から，Fischerはアミノ酸エステルと$\alpha$-クロロカルボン酸クロリドの反応によって作られるモデル化合物からこの結論に達した．Fischerの反応はアミノ酸重合体を合成した最初の報告であり，$\alpha$-アミノ酸の短い重合体を意味する「ペプチド」という言葉はギリシア語の「消化された」を表すpeptósから，Fischerによって命名された．

　その後，発酵が酵素機能によるものであること，および酵素の実体はタンパク質であることが明らかにされた．酵素がタンパク質であることを示したのはアメリカのJ. B. Sumnerである(第8章参照)．Sumnerは尿素を二酸化炭素とアンモ

## James Batcheller Sumner (1887〜1955)

1926年に尿素を分解する酵素ウレアーゼをナタマメから精製．この際，きれいな結晶として分離できていたため，タンパク質が酵素の正体であると主張した．しかし当時，葉緑体クロロフィルの化学構造決定でノーベル化学賞を受賞していた大有機化学者R. M. Willstätterは，タンパク質に吸着した低分子による触媒作用が酵素の実態であるという仮説をもっていたようで，Sumnerと激しく論争したとされている．その後，J. H. Northropがペプシン，トリプシンなどの結晶化に成功し，酵素の正体はタンパク質であるという説に軍配が上がった．その功績が認められ，ウレアーゼの結晶化から20年後の1946年にNorthropらとともにノーベル化学賞を受賞した．17歳のとき，狩猟の際の事故で左肘から下を切断したため，利き腕を左から右に換えたという逸話もある．

ニアに分解する酵素であるウレアーゼを結晶化し，初めて純粋な酵素を単離することに成功した．Sumnerが単離した酵素の化学構造を調べると実体がアミノ酸の重合体であるタンパク質であることから酵素＝タンパク質が疑いないものとなった．

　タンパク質が20種類の$\alpha$-アミノ酸が同じ配列，同じ長さで重合されたものであることを示したのは，イギリスのF. Sangerである．Sangerは血糖値の調節に関与するペプチドであるインスリンの全アミノ酸配列を独自に開発した呈色反応を用いた手作業によって決定した．一方，1954年に化学結合に関する業績でノーベル化学賞を受賞する米国のL. C. Pauling（179頁コラム）は，1948年にタンパク質の$\alpha$ヘリックス構造と$\beta$シート構造を発見し，タンパク質がこれらの構造をとるのは，ペプチドどうしをつなぐC–N結合に二重結合性があり平面となるためであることを明らかにした．タンパク質が7.3.3項の図7.2に示すような単一の立体構造をとることは，1958年にイギリスのM. F. PerutzとJ. C. Kendrew（ともに1962年ノーベル化学賞）によるX線結晶構造解析によって明らかにされた．これにより現在定着しているタンパク質の化学構造のイメージがほぼ完成した．

● **Max Ferdinand Perutz（1914〜2002）**

1936年にケンブリッジ大学キャベンディッシュ研究所のJ. D. Bernalの下で結晶学の研究を始め，Kendrewと30年近くの歳月をかけてタンパク質結晶構造解析法を確立した．ケンブリッジにMedical Research Council Laboratory of Molecular Biologyを設立し，DNA二重らせんの構造解明にも貢献した．1962年にKendrewとともにノーベル化学賞を受賞．

## 7.2 タンパク質の機能

タンパク質は栄養源および触媒作用という役割以外にも，生体内でさまざまな役割を担っている．タンパク質の機能は大まかに以下の7つに分類できる．

(1) **栄養源**：タンパク質はそのまま体内で使われるのでなく，アミノ酸や小さなペプチドに消化されてから活用される．

(2) **生体構造の保持**：髪，皮膚，骨などの生体を維持する強固な構造体もタンパク質によって構成されている．また生体の構成単位である細胞の形態の保持にもタンパク質が関与している．

(3) **触媒機能**：生体内で起こる加水分解反応や酸化還元反応などの膨大な数の化学反応はタンパク質の触媒機能によって加速される（第8章）．

(4) **生体の運動**：細胞や生体の運動はアクチン，ミオシン，チューブリンなどの繊維状タンパク質の分子運動に基づいている．

(5) **生体機能の調節**：生体には体温，血糖値，血圧など生体維持に必要な量を一定の範囲内に調節する機能がある．この機能は複数のタンパク質と細胞との連携により維持されている．

(6) **生体内における物質輸送**：体内の特定の部位で作られた生理活性物質を必要な部位に運ぶ役割もある．例えば，ヘモグロビンは血液中で酸素と二酸化炭素を運搬し，血清アルブミンは脂質，リポタンパク質はコレステロールを運んでいる．

(7) **生体の防御**：生体を維持するためには，頑丈な構造体で外界から保護するだけでは不十分で，粘膜などから感染した他生物の増殖を防ぐ必要がある．

この免疫機能を担うのもタンパク質である．免疫機能を担うタンパク質は抗体や主要組織適合遺伝子複合体抗原である．また，ストレスによりタンパク質が凝集して失活してしまったときには熱ショックタンパク質が発現し，タンパク質の立体構造形成の補助と凝集の抑制を担う．

## 7.3　タンパク質の構造とその解析方法

### 7.3.1　$\alpha$-アミノ酸の構造

　タンパク質は$\alpha$-アミノ酸が脱水縮合によって連結した重合物である．$\alpha$-アミノ酸とはアミノ基とカルボキシ基が同じ炭素（$\alpha$炭素）に結合しているアミノ酸であり，R-CH(NH$_2$)COOHの一般式で表される．Rの部分の化学構造の違いによって$\alpha$-アミノ酸は図7.1に示す20種類がある．なお，側鎖Rの炭素は$\alpha$炭素に近いものから順に$\beta$炭素，$\gamma$炭素，$\delta$炭素，…と命名される．

　グリシン以外のアミノ酸の$\alpha$炭素は不斉炭素である．すなわち，同じ化学構造を有していても2種類の光学異性体が存在することになる．これらはD型，L型と区別され，生体内には基本的にL型のアミノ酸のみが存在している．

　$\alpha$炭素に結合したカルボキシ基は$\alpha$-カルボキシ基，$\alpha$炭素に結合したアミノ基は$\alpha$-アミノ基と呼ばれる．$\alpha$-カルボキシ基は酢酸のような通常のカルボン酸と比較して，プロトンを解離しやすい．つまり酸として強い．また，$\alpha$-アミノ基は通常のアミノ基と比較してプロトンを受け取りやすい（塩基として強い）．この性質はタンパク質のN末端を化学試薬によって修飾するときに活用される．

　20種類のアミノ酸は図7.1に示すように化学構造の類似性で分類して理解するとよい．語源を知ることも記憶の助けになる．これについてはコラムで述べる．一文字表記も記憶しておくと便利である．以下にアミノ酸を化学構造に基づいて6つに分類し，各々の特徴を説明する．

（1）単純な構造のアミノ酸

　側鎖をもたない最も単純な構造であるグリシンは不斉炭素をもたない．側鎖がメチル基のアラニンはタンパク質における出現頻度が一番高いアミノ酸である．

（2）塩基性アミノ酸

　リジン，アルギニン，ヒスチジンが分類される．リジンはこの3つの中では出現頻度が一番高いアミノ酸である．リジン，アルギニンの側鎖の酸解離定数p$K_a$は9以上であるのに対してヒスチジンのp$K_a$は中性領域にある．そのため生理的

## 7.3 タンパク質の構造とその解析方法

**単純な構造のアミノ酸**

グリシン (Gly, G)　　アラニン (Ala, A)

**塩基性アミノ酸**

リジン (Lys, K)　　アルギニン (Arg, R)　　ヒスチジン (His, H)

**酸性アミノ酸とその類似アミノ酸**

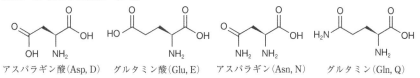

アスパラギン酸 (Asp, D)　　グルタミン酸 (Glu, E)　　アスパラギン (Asn, N)　　グルタミン (Gln, Q)

**ヒドロキシ基もしくは硫黄を含むアミノ酸**

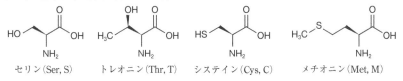

セリン (Ser, S)　　トレオニン (Thr, T)　　システイン (Cys, C)　　メチオニン (Met, M)

**芳香族アミノ酸**

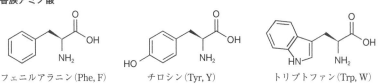

フェニルアラニン (Phe, F)　　チロシン (Tyr, Y)　　トリプトファン (Trp, W)

**脂肪族アミノ酸**

バリン (Val, V)　　ロイシン (Leu, L)　　イソロイシン (Ile, I)　　プロリン (Pro, P)

図7.1　基本20種類のアミノ酸の化学構造式
　　　　カッコ内は3文字表記および1文字表記.

条件でプロトンを着脱してタンパク質の機能を制御する作用がある．またヒスチジンは酵素活性中心や金属の配位子など重要な役割を担う．ヒスチジンのイミダゾールの5員環は二重結合の位置と水素原子が移動した互変異性体が平衡状態にあるため，教科書によって化学構造の表記が異なる場合がある．アルギニンは単独でタンパク質凝集を抑制する機能があることが報告されている．

(3) 酸性アミノ酸およびその類縁体

アスパラギン酸とグルタミン酸は酸性アミノ酸に分類される．カルボン酸部分がアミドになったのがアスパラギン，グルタミンである．アミドには塩基性はないため，アスパラギン，グルタミンは塩基性ではない．ごく弱い酸性を示すアミノ酸としてシステイン，チロシンがあげられるが，これらの側鎖の$pK_a$は8以上で，生理的条件ではイオン解離しないので酸性アミノ酸には含めない．

(4) ヒドロキシ基および硫黄を含むアミノ酸

セリン，トレオニンはアルコール性のヒドロキシ基を含む．チロシンもヒドロキシ基を含むがフェノール性であるため，別分類とした．システイン，メチオニンは側鎖に硫黄を含む．卵白の臭いは主にこれらアミノ酸側鎖に由来する硫黄臭である．システインは酸化されるとS-S結合をつくり，二量体であるシスチンとなる．シスチンはタンパク質の主鎖を架橋することで立体構造を安定化する．

(5) 芳香族アミノ酸

フェニルアラニン，チロシン，トリプトファンが分類される．チロシンとトリプトファンは波長280 nmの紫外光を吸収するため，タンパク質の定量に利用されている．さらにトリプトファンは光吸収にともない340 nmの蛍光を発するため，タンパク質の立体構造の研究に利用されている．

(6) 脂肪族アミノ酸

バリン，ロイシン，イソロイシン，プロリンが分類される．ロイシンとイソロイシンは化学構造が類似し，分子量も同じであるが，イオン交換クロマトグラフィーなどで判別可能である．プロリンは$\alpha$-アミノ基がイミノ基になって環化している．環状構造のプロリンは他の残基と水素結合をつくれないため，$\alpha$ヘリックスや$\beta$シートの形成を阻害する傾向がある．

20種類の$\alpha$-アミノ酸の中で，アルギニン，メチオニン，フェニルアラニン，リジン，ヒスチジン，トリプトファン，イソロイシン，ロイシン，バリン，トレオニンの10種類は体内で作り出すことができない．これらは栄養として摂取しなければならないため，必須アミノ酸という．薬学や栄養学ではこれらを記憶す

## 7.3 タンパク質の構造とその解析方法

### ● コラム　　アミノ酸の語源

アミノ酸の名称の語源を知ることも記憶の助けになる．

**グリシン**：甘味を有するためギリシア語の「甘い」を意味する"glykys"から命名された．グルコースの由来も同じである．

**アラニン**：アセトアルデヒドから合成されたため"aldehyde"の最初の発音から命名された．

**リジン**：カゼインの加水分解物から分離されたため，ギリシア語の「ほどく」を意味する"lusis"を語源としている．

**アルギニン**：光沢のある結晶を形成するため，ギリシア語の「銀」を意味する"argyros"を語源とする．銀の元素記号「Ag」の語源も同じである．

**ヒスチジン**：成長や組織の修復に必要な必須アミノ酸であることから，「組織」を表すギリシア語"histos"が語源となっている．

**アスパラギン酸とアスパラギン**：アスパラギン酸とアスパラギンが初めて分離されたアスパラガスを語源としている．

**グルタミン酸とグルタミン**：グルタミン酸とグルタミンが初めて分離された小麦タンパク質グルテンを語源としている．

**セリン**：セリンが初めて分離された絹のギリシア語"Serikos"を語源としている．

**トレオニン**：不斉炭素を2つもつため同様の構造をもつトレオースを語源としている．

**システイン**：膀胱結石から分離されたため，ギリシア語で膀胱を表す"kystis"（あるいは英語"cystic"）を語源としている．

**メチオニン**：側鎖のメチルチオ基($CH_3S$)が語源である．

**フェニルアラニン**：名前のとおりであり，説明は不要であろう．

**チロシン**：チーズから分離されたためギリシア語で「チーズ」を意味する"tyros"を語源とする．

**トリプトファン**：タンパク質をタンパク質分解酵素で処理すると現れるため，ギリシア語で「分解した」を意味する"thrypsomai"と「現れる」を意味する"phaino"を組み合わせた．

**バリン**：バリンが初めて分離されたカノコソウ（吉草，英語で"valerian"）から．

**ロイシン**：白い結晶を形成することから，ギリシア語で「白」を意味する"leukos"を語源とする．

**イソロイシン**：ロイシンと同じ分子量であるため，ギリシア語で「同じ」を意味する"iso"がつけられた．

**プロリン**：2-ピロリジンカルボン酸(2-pyrrolidinecarboxylic acid)を語源とする．

る必要があり,「雨降り,一色鳩(あめふり,ひといろばと)」と覚えるとよい.

## 7.3.2 タンパク質の立体構造に関わる相互作用

タンパク質が水中で形成する立体構造は,(1)ファンデルワールス力,(2)水素結合,(3)疎水性相互作用,(4)静電相互作用の4つの相互作用のバランスによって安定化されている(第1, 2章参照).

タンパク質の疎水性アミノ酸は,疎水性相互作用により水と接触しないようにタンパク質分子の内側に入り込める位置にある傾向がある.

また,静電相互作用により,正電荷をもつアミノ酸と負電荷をもつアミノ酸は引き合い,同じ電荷をもつアミノ酸は反発し合う.タンパク質の機能がpHに依存するのは,pHがアミノ酸の電離度に影響を与えるからである.タンパク質の天然立体構造もpHの変化に応じて変性する場合がある.

タンパク質のイオン性解離基は表面に分布しており,第4章の「4.4.2 高分子電解質」で述べたように,水溶液中ではその対イオンが凝縮されて分布する.タンパク質どうしが接近していると,表面の対イオンの濃度が増えてその領域の浸透圧が高くなるため,タンパク質どうしには反発力が生じる.これが水溶液においてタンパク質が凝集せず安定に溶解する要因の1つとなっている.

## 7.3.3 タンパク質の立体構造の階層性

タンパク質は漢字で「蛋白質」と書く.「蛋」という漢字には「鳥の卵」という意味があり,ドイツ語で卵白を意味する"Eiweiß(アイヴァイスと読む)"を漢字訳したのが語源であるとされている.面白いことにAlbumenという水溶性の高いタンパク質を意味する英単語には,「卵白」の意味もある.さまざまな言語において「タンパク質」という言葉が「卵白」と関連づけられているので,おそらく卵白は「タンパク質」を含む物質として認識された最初の物質なのであろう.卵1個は約50 gで,そのうち卵白の重さは約30 gである.30 gのうちの10%をタンパク質が占め,その約半分はオボアルブミンが占めている.オボアルブミンは385個のアミノ酸が重合した分子量45,000のタンパク質である.オボアルブミンの立体構造を図7.2に示す.左側の図はCPK表示(ファンデルワールス表示)と呼ばれ,原子をファンデルワールス半径で表している.右側の図はリボン表示と呼ばれ,赤いらせんが$\alpha$ヘリックスを,青い矢印が$\beta$シートを表している.タンパク質の立体構造は,以下に述べるような階層に分けられる.

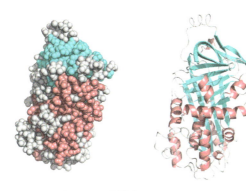

図7.2 オボアルブミンの立体構造
Protein Data Bank code 1OVAをもとに，PyMOLを用いて作成．

### A. 一次構造

アミノ酸が脱水縮合によって連結されるとタンパク質となる．タンパク質分子鎖のアミノ酸の配列順序を**一次構造**（primary structure）という．通常アミノ基を有する末端（N末端）のアミノ酸から順に一文字表記で表すことが多い．一次構造にはシステインによる架橋パターンも含まれる．一般にタンパク質とは50個程度以上のアミノ酸がペプチド結合によって連結しているものをいい，50個以下の場合はペプチドと呼ばれる．

一次構造のパターンは天文学的な数にのぼる．例えば20種類のアミノ酸10個を並べるだけで，$20^{10}≒10$兆種類にもなる．タンパク質は通常100個以上のアミノ酸から形成されているが，100個のアミノ酸の場合は$20^{100}≒10^{130}$種類になる．これは宇宙全体の原子の推定数$10^{80}$よりはるかに大きい．つまり，100個のアミノ酸から構成されるタンパク質をすべて実際につくろうとすると，宇宙の原子が尽きてしまうのである．現在地球上に存在するタンパク質は，つくりうるパターンの配列のごく一部にすぎない．つまり，アミノ酸配列の変換によってこれまでに知られてない機能をもつタンパク質が創成できる可能性がある．

### B. 二次構造

図7.2のオボアルブミンの立体構造にはらせん構造やシート構造がある．このようなタンパク質の中で形成される局所的なパターン構造を**二次構造**（secondary structure）という．二次構造の形成にはアミノ酸どうしの脱水縮合反応により生じるアミド結合（ペプチド結合）の性質が重要である．ペプチド結合のC–N結合

は純粋な単結合ではなく，40%程度の二重結合性をもつために結合まわりの自由回転が起こらない．図7.3に示すように隣接する2つのα炭素とカルボニル基，窒素とそれに結合している水素原子は同一平面上にある．これをアミド平面という．アミド平面に存在する2つのα炭素の側鎖間の立体障害（排除体積効果）により，側鎖どうしは*trans*となる．また，隣接するアミド平面どうしがなす二面角をラマチャンドラン角（C–Nの角$\phi$，C–Cの角$\psi$）という．

らせん構造の多くは図7.4（a）のようにペプチド結合のC=O基のO原子が，C末端側に4つ離れたアミノ酸のNH基のH原子と水素結合を形成する**αヘリックス構造**（α-helix structure）である．これにより1回転につき3.6個のアミノ酸の

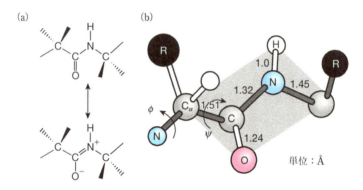

図7.3 ペプチド結合の構造
(a) C–N結合は共鳴により二重結合性を帯びる．(b) *trans*型のペプチド結合が形成するアミド平面．

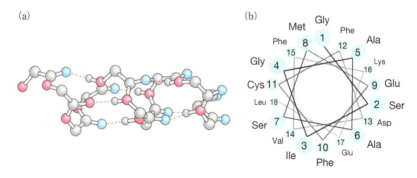

図7.4 αヘリックスの構造(a)およびヘリックスホイール(b)
主鎖の$n$番目のペプチドのC=Oが$n+4$番目のペプチドのN–Hとらせん軸方向に水素結合（赤い破線）をつくる．

ピッチで右巻きらせん構造が形成される．図7.4(b)に示すようにアミノ酸18個でひと巻きし，19個目のアミノ酸で元の位置に戻ることになる．この図をヘリックスホイールという．ピッチ数が異なるものとして$3_{10}$ヘリックスやπヘリックスがある．$3_{10}$ヘリックスは3個でひと巻きし，4個目で最初の位置に戻る．またπヘリックスは約4個でひと巻きである．つまり$3_{10}$ヘリックスは巻きがきつく，側鎖どうしが混み合っていて立体障害が大きい．タンパク質立体構造の中のらせん構造はほとんどαヘリックスである．

アミド平面がほぼ伸びきって並んだ構造を**βストランド**(β-strand structure)という．複数のβストランドがアミド結合間で水素結合を形成して板状になったものが**βシート構造**(β-sheet structure)である．ペプチド鎖が同じ方向に並ぶ平行型と，逆方向に並ぶ逆平行型がある(図7.5)．逆平行型の水素結合ではN–Hと水素結合がほぼ直線であるのに対して，平行型では折れ曲がっている．そのため，逆平行型の方が水素結合が強くタンパク質立体構造の中での出現確率も高い．折り返し部分にあたる逆ターン構造では図7.6に示すように特定のパターンの水素結合が形成されている．逆ターン構造においてはグリシン，プロリンなどがよく

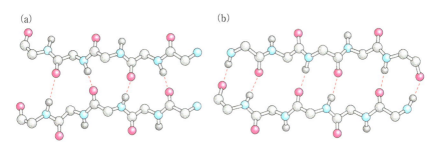

図7.5 βシート構造
(a)隣接する鎖の方向が同じ平行βシート．破線の水素結合はひずんでいる．
(b)隣接する鎖の方向が逆の逆平行βシート．NHと水素結合はほぼ直線となるため，水素結合の形成に有利である．

図7.6 規則的な二次構造の方向を変える逆ターン構造

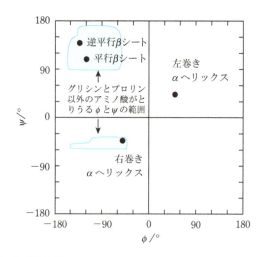

図7.7 ラマチャンドラン図
タンパク質主鎖のアミノ酸がとりうる$\phi$, $\psi$角を示す．ただしプロリンの側鎖は環状なので$\phi$は$-60°$前後に限られる．側鎖に炭素のない（$C_\beta$炭素をもたない）グリシンは幅広い$\phi$, $\psi$角をとる．

使われる．これは側鎖の立体障害が少ないからである．

　これらの二次構造を構成しているアミド結合のラマチャンドラン角は一定であり，$\phi$を横軸，$\psi$を縦軸にとるラマチャンドラン図においてすべて一定の位置となる（図7.7）．さまざまなタンパク質の立体構造を比較すると，複数の二次構造が特定のパターンで組み合わされているものが見つかる．これらを**超二次構造**（supersecondary structure）といい，タンパク質の特定の機能に関連づけられることがある．例えば二本のヘリックスが折れ曲がり構造によって連結されている超二次構造は，核酸と結合する機能を有している場合が多い．

### C. 三次構造

　1本のポリペプチド鎖が折りたたまれて形成された球状の構造が**三次構造**（tertiary structure）であり，複数の二次構造が組み合わされてできる．主に疎水性相互作用によって安定化されている．三次構造の内部には水分子が入っていたり，空間ができていたりして，必ずしも最密にパッキングされているわけではない．ジスルフィド結合や$-NH_3^+$と$-COO^-$の間の塩橋による主鎖の架橋で安定化されている場合もある．ただし細胞内は還元的な環境なので，基本的に細胞内で働くタンパク質にはジスルフィド結合はない．

### D. 四次構造

三次構造をとる複数のタンパク質どうしの会合が**四次構造**（quaternary structure）である．同一のタンパク質が会合する場合と，異なるタンパク質が会合する場合がある．ヘモグロビンは四次構造をとることによって酸素運搬を効率化している．これはアロステリック効果と呼ばれており，そのしくみは第8章で解説する．

### 7.3.4 タンパク質の定量と構造解析

#### A. タンパク質の定量法

水溶液中のタンパク質の濃度を決定するためにはさまざまな方法が用いられるが，通常は以下の5つの方法が使い分けられる．

（1）紫外吸収法

アミノ酸残基のうちトリプトファン，チロシンには280 nmに強い吸収があるため，吸光度測定によりタンパク質を定量できる．対象とするタンパク質の280 nmにおける吸光係数が不明な場合は，タンパク質がもつトリプトファン，チロシン，さらに280 nmに弱い吸収をもつシステインの個数から以下の式を用いて概算値を算出する．

$$\varepsilon_{280}(\mathrm{M^{-1}\,cm^{-1}}) = \text{トリプトファンの数} \times 5500 \\ + \text{チロシンの数} \times 1490 + \text{システインの数} \times 125$$

（2）ブラッドフォード法

色素クマシーブリリアントブルー G-250（CBB）をタンパク質と結合させて色素の595 nmにおける吸光度からタンパク質を定量する方法である．操作が簡便で発色が安定しているが，疎水性のタンパク質では発色が強い傾向にあり，一方界面活性剤によって発色は阻害される．

（3）ビウレット法

高校で学ぶタンパク質のビウレット反応と同じ方法である．タンパク質はアルカリ性溶液中で銅（II）イオンに配位して赤紫色から青紫色に呈色するため，これに基づく546 nmの吸光度を測定する．異なるタンパク質でも同程度に発色するという利点がある．

（4）ローリー法

ビウレット試薬に加えて，チロシン，トリプトファン，システインの側鎖と反

## Frederic Sanger（1918〜2013）

ケンブリッジ大学で学生と二人だけの実験により10年かけてタンパク質のアミノ酸配列の決定に成功し，タンパク質が一定のアミノ酸配列をもつことを実証し，1958年にノーベル化学賞を受賞した．また1980年には核酸の塩基配列決定で再度ノーベル化学賞を受賞した．さらにRNAの塩基配列決定法も確立している．職人気質で海外での講演を好まず，管理職になることを避けたともいわれる．

応するフォーリン・チオカルトフェノール試薬を反応させ，750 nmの吸光度を測定する．ビウレット試薬よりも100倍感度が高いが，タンパク質間で感度が異なり，操作に時間を要するという欠点がある．

（5）ビシンコニン酸法（BCA法）

ビウレット法とローリー法の欠点を補うために考案された方法であり，紫外吸収法やブラッドフォード法とならびよく使われる．ペプチド結合に反応させた銅イオンにビシンコニン酸（BCA）を反応させ，562 nmの吸光度を測定する．界面活性剤の影響を受けにくく，測定濃度範囲が広いという利点がある．ただし測定に時間がかかり，また試薬が3ヵ月程度しかもたないという欠点もある．

### B. 一次構造の解析法

1953年にSangerは図7.8に示すようにタンパク質のN末端のアミノ酸残基を決定する方法に基づく一次構造の解析法，サンガー法を開発した．サンガー法ではまず，N末端のアミノ酸とジニトロフルオロベンゼン（DNFB）を反応させる．$pK_a$が低いN末端のアミノ基は中性pH付近でも一部脱プロトン化するため反応するが，$pK_a$の高いリジンの側鎖のアミノ基は反応しない．タンパク質をさまざまなプロテアーゼで処理して得られる断片に対して，発色性をもつDNFBを反応させて得られた部分構造の情報をうまくつなぎ合わせ，ジグソーパズルを解くようにして全体の構造を確定できる．

エドマン法では，N末端アミノ基とフェニルイソチオシアナートとの反応を用いる．標識されたタンパク質を酸で処理すると，N末端のアミノ酸残基だけが取り外される（図7.9）．得られたフェニルチオヒダントインと標準アミノ酸から合

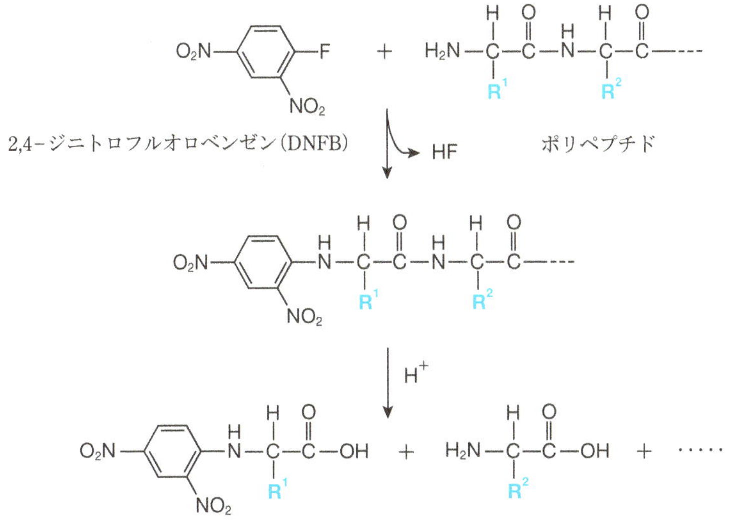

図7.8 サンガー法によるN末端のアミノ酸の同定
ポリペプチドのN末端のアミノ基にジニトロフルオロベンゼン(DNFB)を付加し，酸によってペプチド結合を加水分解する．そして，ジニトロフェニル化されたN末端のアミノ酸を同定する．

成されたフェニルチオヒダントインを比較してN末端アミノ酸を同定する．N末端アミノ基が取り外された残りのペプチド鎖に対してもう一度分解反応を行うこともできる．サンガー法よりも有利な方法であり，自動化もされている．しかし，N末端アミノ酸残基を取り除くときに行う酸処理の際に加水分解されて生じたアミノ酸が反応混合物中に蓄積され，標識反応を妨害するため，無限に反復することはできない．

一次配列の解析には，タンデム質量分析計(MS/MS，「エムエスエムエス」「タンデムマス」もしくは「エムエスの2乗」と呼ぶ)を用いることもできる．タンパク質分子をランダムに切断し，長さの異なるタンパク質断片についてそれぞれの質量を測定する．ランダムに切断したタンパク質断片を質量順に並べたとき，その質量の差は構成アミノ酸1つ分に相当し，その質量からアミノ酸の種類が判明する．

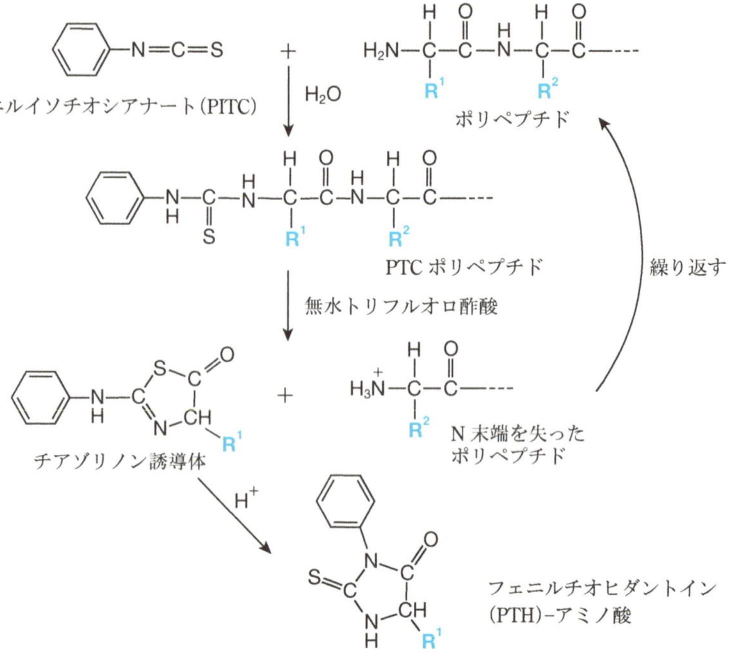

図7.9 エドマン法によるポリペプチドのアミノ酸配列の決定

## C. 二次構造の解析法

タンパク質の二次構造は図7.10に示す円二色性（circular dichroism, CD）スペクトルによって定量的に解析することができる．$\alpha$ヘリックスの場合，208 nm付近と222 nm付近に強い負のピークが現れる．一方，$\beta$シートの場合，218 nm付近に負のピークが現れる．そのため，CDスペクトルの形状とその強度（モル楕円率$[\theta]$（deg cm$^2$ mol$^{-1}$））からタンパク質の二次構造を定量的に見積もることができる．$\alpha$ヘリックス構造をとる場合，208 nmの$[\theta]$は$-33000$ deg cm$^2$ mol$^{-1}$となる．一方，これ以外の構造をとる場合，$[\theta]$は共通して$-4000$ deg cm$^2$ mol$^{-1}$となる．このため，ヘリックス含率は次式から求められる．

$$\text{ヘリックス含率} = \frac{[\theta]_{208} - (-4000)}{-33000 - (-4000)} = \frac{[\theta]_{208} + 4000}{-29000} \tag{7.1}$$

222 nmの$[\theta]$を使う場合には，

$$\text{ヘリックス含率} = \frac{[\theta]_{222} + 2340}{-33000}$$

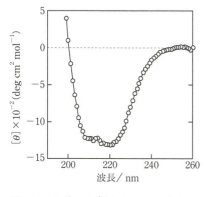

図7.10 オボアルブミンのCDスペクトル

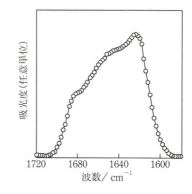

図7.11 熱凝集したオボアルブミンのIRスペクトル（アミドIの吸収帯）凝集によってβシートが増加するため，1625 cm$^{-1}$付近のアミドIに由来するピークが強く観察される．

となる．この方法を用いて図7.10のCDスペクトルから算出したオボアルブミンのαヘリックス含率は約35％で，図7.2の立体構造から算出した値とほぼ一致する．またフーリエ変換赤外分光（FT-IR）測定で得られるスペクトルに現れるアミドIのピーク（C＝O伸縮，図7.11）からも同様の解析を行うことができる．αヘリックスの場合，1645 cm$^{-1}$付近にピークが現れるのに対して，βシートの場合は1625 cm$^{-1}$と1680 cm$^{-1}$付近にピークが現れる．したがって，アミドIのピークを波形分離することで二次構造の含率をある程度見積もることができる．

### D. 三次構造・四次構造の解析法

タンパク質の三次構造・四次構造の解析にはタンパク質の単結晶を利用するX線結晶構造解析と，溶液中のタンパク質をそのまま利用する核磁気共鳴（NMR）分光法が用いられる．X線結晶構造解析ではタンパク質分子の大きさにかかわらず，良好な単結晶さえ得られればその立体構造が精密に決定できる．図7.2はX線結晶構造解析によって解析されたものである．単結晶を作製できない場合には測定は不可能である．NMR法はタンパク質が機能を果たす生体内環境に近い状態の動的な立体構造情報が得られるというすぐれた特徴をもつ．しかしNMR法では，タンパク質の分子量が大きくなるにつれてシグナルの線幅が広がり，数多くの原子から得られるシグナルが複雑に重なり合うため，分子量25,000程度のタンパク質の立体構造決定が実質的な限界となっている．

## 7.4 タンパク質の性質――安定性，立体構造形成，凝集

### 7.4.1 タンパク質の変性とフォールディング

　タンパク質の水溶液の温度を上げると，特定の温度領域で立体構造が壊れる．これを**変性**（denaturation）という．酵素の場合，変性すると機能を喪失する（「失活」する）が，温度を下げることで立体構造を回復すると活性が元に戻る場合もあり，これを可逆変性という．一方，温度を上げることで変性状態のタンパク質が凝集し，温度を下げても立体構造を回復しない場合もあり，これを不可逆変性という．タンパク質の変性は酸，アルカリ，有機溶媒，尿素などの存在によっても起こる．どのような条件で変性するのか，またその変性が可逆か不可逆かは，タンパク質の種類によって異なる．

　タンパク質が変性状態から可逆的に天然状態に戻り，機能を復元することを初めて証明したのは米国のC. B. Anfinsenである．AnfinsenはリボヌクレアーゼAという124残基のアミノ酸からなる一本鎖RNAを切断する酵素を高濃度の尿素で変性させ，さらに還元剤で4本のジスルフィド結合をすべて切断した．しかし，尿素と還元剤を除去すると，変性状態から立体構造が回復するとともに，空気から溶け込んだ酸素によってジスルフィド結合も復元し，元の活性が回復した（図7.12）．リボヌクレアーゼAはシステイン残基を8個もつ．ジスルフィド結合の

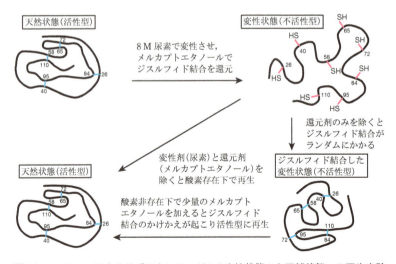

図7.12　AnfinsenによるリボヌクレアーゼAの変性状態から天然状態への再生実験

## 7.4 タンパク質の性質——安定性，立体構造形成，凝集

### ● Christian Boehmer Anfinsen（1916〜1995）

RNA分解酵素であるリボヌクレアーゼAが，変性（不活性）状態から天然（活性）状態へ自発的に戻ることを実験的に示した．この結果から，タンパク質の構造と機能を決定づけるのに必要な情報がタンパク質のアミノ酸配列に存在するという仮説（アンフィンセンドグマ）を提唱した．1972年にノーベル化学賞を受賞．

パターンの数は8つの中から2つの組を4つ作る場合の数と同じだから，$7 \times 5 \times 3 = 105$ となる．しかし，天然構造の形成時および尿素を除去して天然構造を回復する場合には105のパターンの中から唯一の正しいジスルフィド結合が形成される．なお，尿素を除去せずに還元剤だけ除去して空気酸化すると間違ったジスルフィド結合が形成される．Anfinsenのこの実験は，リボヌクレアーゼAの天然構造が自発的に形成されることを意味する．すなわち，天然構造は熱力学的に最安定な状態なのである．

なお，翻訳されたタンパク質が天然構造を形成すること，あるいは変性したタンパク質が天然構造を回復することを**フォールディング**（folding）という．後者のことを特に**リフォールディング**（refolding）と呼ぶこともある．一方，タンパク質の立体構造が壊れることを**アンフォールディング**（unfolding）という．

### 7.4.2 タンパク質の安定性の指標

上で述べたような考え方に基づいて，タンパク質の変性およびフォールディングの機構を物理化学的な方法で解析することが可能である．いま，天然の立体構造をN状態（native state），変性状態をD状態（denatured state）とし，この2つの状態は平衡にあると仮定する．

$$D \rightleftharpoons N \tag{7.2}$$

この場合の平衡定数$K$を，

$$K = \frac{[\text{N}]}{[\text{D}]} \tag{7.3}$$

と定義すると，タンパク質が変性状態から天然状態となる反応（D→N）にともなうギブス自由エネルギー変化$\Delta G$は

$$\Delta G = RT \ln K = \Delta H - T\Delta S \tag{7.4}$$

と書くことができる．

　ここで，タンパク質の分子鎖がとりうるコンホメーションの数を考えてみよう．N状態は単一のコンホメーションをとるがD状態は多数のコンホメーションをとりうる．したがって，第3章で解説したようにD状態の方がエントロピーが大きく安定である．したがって，D→Nへの反応における分子鎖の$\Delta S$は大きな負の値となることが予測され，分子鎖のエントロピーから考えると自発的に天然の立体構造をとるとは考えられない．一方，N状態では疎水性アミノ酸が分子内部に埋もれており，水との接触は少ないが，D状態では疎水性アミノ酸が表面に露出し，水と接触するために水の構造化が促進される．疎水性アミノ酸が水と接触すると水が構造化して溶媒のエントロピーが減少する．つまり，D→Nにおける溶媒のエントロピー変化$\Delta S$は正である．これによって，タンパク質のD状態はエントロピー的にそれほど安定ではないのである．なお，タンパク質鎖においてシステインが架橋されると立体構造が安定化する．これはD状態でとりうるコンホメーションが減少するためである．

　一方，D→Nにおける$\Delta H$は通常負の値である．これは天然状態においてはタンパク質側鎖間の相互作用により発熱するためである．つまり，天然構造はエンタルピー的にも安定化されているのである．これらのことをもとに$\Delta G$の値について考えてみよう．多くのタンパク質においてD→Nの$\Delta G$は－20〜60 kJ mol$^{-1}$（80〜250 kcal mol$^{-1}$）程度である．これは水素結合が1本形成されたときの$\Delta G$の数倍程度にすぎない．N状態にあるタンパク質の立体構造には多数の水素結合があるため，これは意外に感じられるかもしれない．しかしD状態でも，タンパク質分子内の水素結合の代わりに，ほぼ同数の水素結合が水との間に形成される．したがって，N状態とD状態の水素結合の数を比較するとほぼ同じで，水素結合は立体構造の安定化にはほとんど寄与しない．

　タンパク質がN状態とD状態の2つの状態をとる場合，N状態からD状態への転移にともなう$\Delta H$を示差走査型熱量測定（differential scanning calorimetry, DSC）によって実験的に測定することができる．図7.13はオボアルブミンの熱変性にともなう熱容量$C_p$の変化をDSCで観測した結果である．ある温度において熱容

## 7.4 タンパク質の性質——安定性, 立体構造形成, 凝集

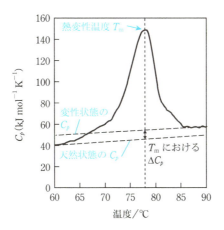

図7.13 オボアルブミンの示差走査型熱量測定の結果
熱変性にともなう熱容量$C_p$の変化および熱吸収$\Delta H$を求めることができる.

量が高くなっている, すなわち熱変性にともない熱を吸収しているのがわかる. このピーク位置の温度を変性温度$T_m$と呼ぶ. D→Nにおける$\Delta H$の値はこの吸熱ピークの面積に負号を付けたものである(ただしオボアルブミンの熱変性は厳密にはN状態とD状態の転移ではなく, 凝集過程も含んでいる). 変性温度$T_m$における二状態転移にともなう$\Delta S$と$\Delta H$は, $\Delta S = \Delta H / T_m$の関係にある. したがって, $\Delta H$と$\Delta S$の温度依存性が無視できる場合, $T_m$は313 Kであるから, $\Delta S = 100$ kJ mol$^{-1}$ (418 kcal mol$^{-1}$) ÷ 313 K = 0.32 kJ mol$^{-1}$ K$^{-1}$ (1.34 kcal mol$^{-1}$ K$^{-1}$) となる. しかし図7.13のDSCにおいて$\Delta C_p \neq 0$であることからわかるように, タンパク質の変性における$\Delta H$と$\Delta S$には温度依存性がある. そのため, DSCの結果から$\Delta S$を求める場合には,

$$\Delta S(T) = \int \frac{C_p}{T} dT = \Delta S(T_m) + \Delta C_p \ln\left(\frac{T}{T_m}\right) \tag{7.5}$$

を用いて計算する必要がある. しかしCDスペクトルなどの別の方法で$\Delta G$が算出されていれば, $\Delta S = (-\Delta G + \Delta H)/T_m$として求めることができる.

このようにタンパク質の熱変性が二状態転移を示す場合, DSCで明瞭な熱吸収が観測できる. このことを仮想的なタンパク質モデルで示してみる. いま, N→Dにおける$\Delta H$が100 kJ mol$^{-1}$ (418 kcal mol$^{-1}$), $\Delta S$が0.32 kJ mol$^{-1}$ K$^{-1}$ (1.34 kcal mol$^{-1}$ K$^{-1}$)であるとする. 前述のようにタンパク質の$\Delta H$と$\Delta S$は実際には温度とともに変化するが, 単純化して考えるため温度に依存せず一定値をとると

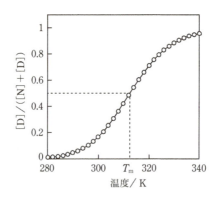

図7.14 温度の変化による変性タンパク質の増加(可逆的熱変性)

仮定している.

$\Delta H - T\Delta S = \Delta G = RT \ln K$ の関係を用いると,温度を常温から高温へと変化させたときの各温度の $\Delta G$,平衡定数 $K$ を簡単に算出できる.このようにして計算された平衡定数 $K$ の値を用いると,温度変化にともなうタンパク質全濃度に占める変性タンパク質の濃度の割合 $[D]/([N]+[D])$ を計算することができる.これをプロットしたのが図7.14である.温度変化にともない,明瞭な転移が観測されるのがわかる.図7.13に示したDSCで観測されたのはこの転移にともなう熱吸収である.変性温度は厳密には図7.14の転移曲線の中点 $T_m$ として定義され,N状態とD状態の安定性が等しい温度に相当する.ただし,DSCで観察される熱吸収のピークトップはほぼこの $T_m$ に相当するとみなしてよい.

### 7.4.3 タンパク質の立体構造の予測と形成機構

タンパク質の立体構造が自発的に形成されるというAnfinsenの結果から,立体構造はアミノ酸の一次配列によって一意的に決定されるのではないかと考えられた.つまりタンパク質の一次構造には立体構造に関する情報が書き込まれており,タンパク質はそれに応じて構造形成を行うのである.

これについて検討した代表的な実験として,米国のC. Levinthalによる思考実験がある.Levinthalはタンパク質が変性状態から天然の立体構造となるまでに必要な時間に関して,ジグソーパズルを完成させるのにピースをすべての場所に1つずつあてはめていって正しい場所を見つけるような非効率的で膨大な時間がかかる方法を想定した.ここで,タンパク質が新しいコンホメーションが正しい

図7.15 タンパク質の立体構造形成過程
はじめに二次構造が形成され,その後で三次構造を完成させる.

ものかどうか試すためにかかる時間は$10^{-13}$秒であるとしている.この時間は単結合が向きを1回変える際の時間から仮定されたものである.すると100残基からなるタンパク質では$10^{87}$秒かかることになり,宇宙の年齢とされる200億年＝$6×10^{17}$秒よりはるかに時間が必要になると予想された.これをレバンタールのパラドックスという.このためタンパク質の立体構造は特定の経路で形成されると提案された.ジグゾーパズルに例えると,ピースを置く場所と順番を示すロードマップのようなものが存在すると考えたのである.そしてそのタンパク質が立体構造を形成する経路を特定できれば,一次構造からタンパク質立体構造を予測できるはずである.

このような考え方から,変性した状態のタンパク質が天然の立体構造を形成する過程で,どのような順番で二次構造,三次構造が形成されていくのかを調査する研究が始められた.そして図7.15に示すような,二次構造のみが完成した中間体(モルテングロビュール状態)の存在が実験的に確かめられた.この結果からタンパク質の天然構造の形成においては,まず二次構造がつくられて,その後に三次構造が形成されるというしくみが提案された.このモデルは後にすべてのタンパク質にあてはまるものではないことが明らかになるが,1980〜2000年にかけてはタンパク質立体構造の構築原理に関する研究が盛んに行われた.

二次構造を予測するために,タンパク質の一次構造と立体構造の相関を電子計算機を用いて統計的に調査する研究も行われた.個々のアミノ酸について調査すると以下のようなことがわかった.

(1) αヘリックス：比較的小さな非極性側鎖を有するGlu,Met,Ala,Leuが多くみられる一方,GlyとProはαヘリックスの形成を阻害する.
(2) βシート：Val,Ile,Tyrが多くみられ,Glu,Asp,Proはβシートの形成を阻害する.

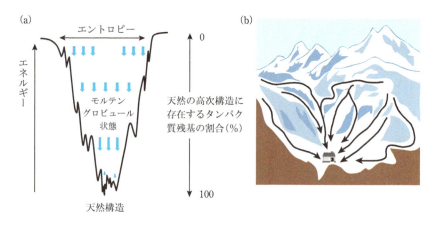

図7.16 エネルギーランドスケープ理論
(a)はタンパク質の立体構造形成におけるエネルギー図を示す．(b)に示す漏斗状のスキー場をイメージするとよい．スキーヤーがさまざまなルートで滑り落ちるように，タンパク質立体構造は単一のルートで形成されることはない．

(3) ターン構造：Asn, Gly, Pro, Asp, Ser がみられる．

1980～2000年当時は電子計算機の技術も急速に進歩を続けており，当初はこのような知見を集積していくと一次構造から二次構造の完全予測が可能になるとみられていたが，実際には予測の精度は70％程度にとどまった．さらにタンパク質立体構造形成においてモルテングロビュール状態を経由せずに天然構造に折りたたまれる例も数多く報告され始めた．このことは，タンパク質の立体構造全般について一次構造からの立体構造の形成をガイドする単純な経路は存在しない可能性があることを意味する．

タンパク質の立体構造の形成機構に関する研究は現在でも続いているが，現時点でタンパク質の立体構造形成について広く認められているのはエネルギーランドスケープ理論である．これは第4章で紹介した溶液中の高分子鎖の広がりや格子モデルを，タンパク質鎖に適用したものである．この理論ではタンパク質の立体構造のエネルギーは図7.16(a)に示すような凹凸がある漏斗状になっており，タンパク質は立体構造形成においてこの漏斗状の斜面を滑り落ちるとしている．変性状態ではタンパク質分子の鎖は広がっているが，水はタンパク質にとって貧溶媒であるので，立体構造形成を行う条件では分子鎖の凝縮が始まる．このため，エネルギーランドスケープの漏斗においては，天然の立体構造に向かって常に傾

きが与えられていることになる．このモデルでは，立体構造形成に特定の中間体を経る単一の経路がある場合もあるが，必ずしもその経路があるわけではないことも説明できる．これはスキー場でスキーヤーが高所からある1つの低所に向かって滑り落ちていく際，その経路は一定ではないことに相当する（図7.16(b)）．このようにタンパク質立体構造形成においてはシンプルな規則性は存在しないと考えられている．

### 7.4.4 タンパク質の立体構造形成の補助

　試験管内におけるタンパク質の立体構造形成の機構解明とは別に，生体内のタンパク質の立体構造形成のしくみに関する研究は現在も盛んに行われている．タンパク質は細胞内で生合成されるが，細胞内は高濃度の生体高分子で混雑した状態（クラウディング）にあり，タンパク質には排除体積効果が働く．このような環境下においてタンパク質は凝集する傾向が強くなる．そのため，細胞内には生合成直後のタンパク質の立体構造形成を補助するタンパク質がある．このタンパク質は貴婦人の社交ダンスデビュー介添役を意味するシャペロンにちなんで**分子シャペロン**（molecular chaperone）と呼ばれる．分子シャペロンにはストレスによって変性したタンパク質を認識してタンパク質立体構造形成を補助し，凝集を抑制する役割もある．ストレスに応じてつくられるタンパク質は**熱ショックタンパク質**（heat shock protein, HSP）と呼ばれる．大腸菌のHSPはよく研究されており，図7.17のように対象に応じてGroEL, DnaK, ClpBなどの異なるHSPがタンパク質の立体構造形成の補助とストレス下での凝集抑制を行っている．真核生物

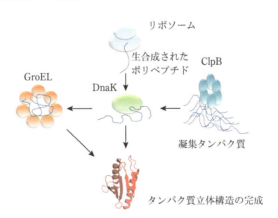

図7.17　大腸菌における分子シャペロンの働き

のHSPはこれらの機能のほかに，タンパク質のオルガネラへの輸送，小胞体でのタンパク質の品質管理，免疫反応における抗原の運搬といったたいへん重要な役割を果たしていることがわかっている．そのため最近ではHSPを医療に結びつけた研究も盛んである．

多くのシャペロンはATPの加水分解によって得たエネルギーによるタンパク質の分子運動を用いて凝集を抑制する．簡単に言えばいったん結合した変性タンパク質を，分子運動によって解離することで作用している．ただしこれには例外があり，small heat shock protein (sHSP) と呼ばれる熱ショックタンパク質はATPを加水分解する機能はもたないが，単に変性タンパク質と結合するだけで凝集を抑制できる．よく知られているsHSPは眼球の水晶体内のタンパク質凝集を抑制する$\alpha$-クリスタリンである．白内障の原因の1つとして，何らかの原因で$\alpha$-クリスタリンのタンパク質凝集抑制機能が喪失してしまうことがあげられている．

### 7.4.5 タンパク質の凝集

7.4.2項では，タンパク質はN状態とD状態の2つの状態にあり，N状態は熱力学的に最安定な状態であると仮定した．一方，タンパク質の天然構造は，第4章で述べたように高分子化学の考え方では，水はタンパク質にとって貧溶媒であるために水の中で分子鎖が凝縮した状態をとると考えられる．さらに高分子化学の考え方ではこのような分子鎖の凝縮状態は熱力学的に最安定な状態ではなく準安定状態であると考える．最安定な状態は分子鎖が凝集して沈殿してしまい，相分離した状態なのである（図7.18）．高分子鎖を貧溶媒に溶かすと溶液は高分子濃度の高い濃厚相と濃度の低い希薄相の液－液相分離を生じる傾向がある．タンパク質の場合も同様で，例えばゆで卵の白身の場合，熱を加えて変性させると白濁して不溶性になったり，相分離したりする場合がある．このとき分子レベルでは疎水性部分がタンパク質表面に露出し，疎水性部分でタンパク質どうしが結合して沈殿している．先述の仮定においては，凝集現象は無視して議論がなされていた．

2000年頃にタンパク質の立体構造構築原理の解明が暗礁に乗り上げてから，それまで無視されてきたタンパク質の凝集に関する研究が盛んになった．その中で注目されたのがアミロイド線維である．変性タンパク質の多くは不定形な凝集体をつくるが，条件によっては図7.19 (a) に示すようなナノスケールの繊維状凝集体を形成する．この凝集体は**アミロイド線維**（amyloid fibril）と呼ばれ，アルツ

7.4 タンパク質の性質——安定性,立体構造形成,凝集

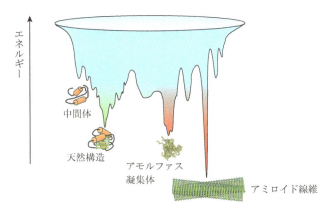

図7.18 凝集状態を含むタンパク質のエネルギー図
ランドスケープ理論において最安定状態である天然構造よりも安定な凝集状態(赤色部分)が複数存在する.

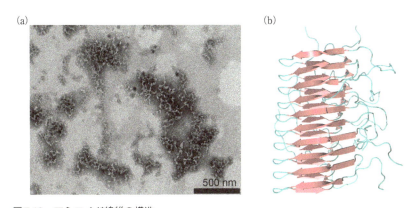

図7.19 アミロイド線維の構造
(a)オボアルブミンを低塩濃度下で熱変性したときに形成される繊維状凝集体.
(b)プリオンタンパク質の断片が形成するアミロイド線維のクロス$\beta$構造.
Protein Data Bank code 2RNM をもとに,PyMOL を用いて作成.

ハイマー病,パーキンソン病などの神経変性疾患をもつ患者の脳に蓄積されることが知られている.アルツハイマー病の発症にはアミロイド$\beta$タンパク質が関与しており,アミロイド$\beta$タンパク質の遺伝子に凝集を促進する変異があると,アルツハイマー病を起こしやすい.立体構造解析の結果,アミロイド線維は図7.19(b)に示すような逆平行$\beta$シートが線維の軸方向に対して垂直に積み重なったクロス$\beta$構造をとることが示されている.このような規則的な構造を有する凝集体

159

## コラム　タンパク質の立体構造に関する考え方

　1970年代から1990年代頃まではタンパク質の酵素触媒作用や分子認識などの機能には，単一の立体構造が不可欠であると考えられてきたため，X線結晶構造解析やNMRによる立体構造情報が最重要視されていた．一方，1990年代以降はタンパク質の細胞内での立体構造形成過程と凝集過程が注目され，分子シャペロンとアミロイド線維の研究が盛んになった．ところが最近の研究では，通常のタンパク質のような立体構造をもたない「天然変性タンパク質（natively unfolded protein）」が存在することが明らかにされている．天然変性タンパク質は，一定の立体構造をもたないにもかかわらず生化学的機能を有することから，現在ではタンパク質の機能発現に必ずしも単一の立体構造を必要とするわけではないとみなされつつある．このようにタンパク質の立体構造に関する考え方は，1990年代以降大幅に変化したのである．

はタンパク質分解酵素によって分解されにくいため，アミロイド線維は細胞内外に蓄積される．現在は，アミロイド線維自体は有毒ではなく，アミロイド線維形成の初期に形成される微小な凝集体が脳神経細胞に対して毒性を示すと考えられている．一方で，蜘蛛の糸のように有益な生理機能をもつアミロイド線維も発見され，機能性アミロイドと命名された．現在分子設計したタンパク質，ペプチドによって新たな機能をもつ人工の機能性アミロイドをつくる研究が盛んに行われている．

## 7.5　タンパク質の合成と精製

　かつてタンパク質は生体から抽出するものであったが，遺伝子工学の発展により生体の中の特定のタンパク質を大腸菌によって大量に発現して得ることができるようになった．さらに遺伝子を組み換えることで，天然のタンパク質のアミノ酸配列を改変したり，天然にはない新たな配列のタンパク質を作ることもできるようになった．ペプチドの化学的な合成についても，ペプチド固相合成により，アミノ酸配列の制御が実現できるようになった．

### 7.5.1　N-カルボキシアミノ酸無水物（NCA）の開環重合
　アミノ酸を重合して人工的なペプチドを作る方法である．アミノ酸とホスゲン

を反応させると，クロロギ酸アミドを経て，分子内環化反応により $N$-カルボキシアミノ酸無水物（NCA）が生成する（式(7.6)）．

$$\text{H}_2\text{N-CH(R)-C(=O)-OH} + \text{Cl-C(=O)-Cl} \longrightarrow \underset{\text{NCA}}{\text{HN-CH(R)-C(=O)-O-C(=O)}} \xrightarrow{-CO_2} \left[ \text{N(H)-CH(R)-C(=O)} \right]_n$$

(7.6)

ただし，この環化反応の際には，$\alpha$-アミノ基と$\alpha$-カルボキシ基以外のヘテロ原子を保護しておく必要がある．NCAは少量のアルコールやアミンを添加すると開環重合を起こす．この重合は単一のアミノ酸からなるポリペプチドの生成に利用される．

### 7.5.2 ペプチド固相合成

ペプチドを有機合成化学的に合成する場合，基本的にはカルボキシ基を活性化してアミノ基とカルボキシ基を1残基ずつ順番につなげていく方法がとられる．しかし，2個以上のアミノ酸が反応したり，側鎖が反応するのを防ぐために，ペプチド合成においては反応させたくない官能基は保護しておくことが必須となる．図7.20に示す固相合成はこれを担体上で連続的に行い，望みどおりの配列をもつペプチドを合成する方法である．この方法では，まずアミノ酸Aのアミノ基を用いて樹脂に固定化する．続いて，アミノ酸Aのカルボキシ基を活性化してアミノ基と反応できるようにする．アミノ酸Aは固定化されているのでAどうしは反応しない．これにカルボキシ基を保護したアミノ酸Bのアミノ基を反応させると，樹脂上にジペプチドABができる．次に樹脂についているジペプチドABのカルボキシ基を脱保護し，同様に次のアミノ酸Cと反応させる．これを連続的に行い，最後に樹脂とアミノ酸A部分を切り離してペプチドを得る．反応性があるアミノ酸の側鎖もペプチドの伸長中は保護しておき，切り出しの際に脱保護する必要がある．

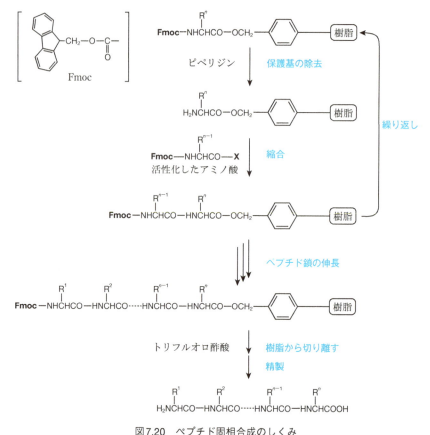

図7.20　ペプチド固相合成のしくみ

### 7.5.3　遺伝子工学を用いる方法

　遺伝子配列を操作し，人工的なタンパク質を細胞につくらせる技術を遺伝子組み換え技術と呼ぶ．小型の環状遺伝子であるプラスミドを大腸菌などに組み込み，所望のタンパク質を生産するように形質を転換する．この技術は1970年に発見された制限酵素と逆転写酵素によって実現され，DNAを容易に増殖できるPCR法の開発によって簡便化された．詳細は7.6節，8.8節で解説する．

### 7.5.4　タンパク質の分離・精製と分析

　タンパク質は表面電荷，等電点，サイズ，溶解度，特定の物質への親和性によって分離・精製したり，分析したりすることができる．以下にその主な6つの方法

を説明する．

### (1) 溶解度による分離

硫酸アンモニウム(硫安)のような電解質を大量にタンパク質溶液に加えると，塩析によってタンパク質が析出する(第4章)．塩析のしやすさは疎水性や分子量によって異なるため，この方法はタンパク質の粗精製に利用できる．また保存や濃縮を目的とした沈殿にも利用される．アセトンなどの有機溶媒による沈殿分離もなされるが，こうした方法は通常，タンパク質が変性してもよい，分析が目的である場合などに行われる．

### (2) イオン交換クロマトグラフィー

タンパク質は正電荷と負電荷を数多く有している．そのため，ジエチルアミノエチルデキストラン(DEAE)のようなカチオン性基をもつ陰イオン交換樹脂や，逆にカルボキシメチルセルロースなどのアニオン性基をもつ陽イオン交換樹脂を担体として用いてタンパク質を分離できる．一般に分離の際には塩(NaCl)などの濃度勾配やpHの変化などを与える．タンパク質は等電点(pI)で電気的に中性となるが，塩基性のタンパク質の等電点は高く，酸性タンパク質の等電点は低い．多くのタンパク質は酸性で，pIは5以下である．例えば，オボアルブミンのpIは4.6であり，4.6以上のpHではアニオン性，4.6以下のpHではカチオン性である．したがって，中性pHではDEAEなどの陰イオン交換樹脂に結合させることで精製できる．

### (3) ゲルろ過クロマトグラフィー

タンパク質の分子サイズの違いを利用して分離する方法である．ゲルビーズの中には一定サイズの孔が空いており，サイズの小さなタンパク質は孔の中を通過するため経路が長くなるが，サイズの大きなタンパク質はゲル粒子の外を通過するため早く移動する．この移動速度の差を利用した分離法である(図7.21)．タンパク質の分離には吸着が少ない多糖のゲルを支持体に用いることが多い．一般にゲル担体との相互作用を減らすため，10 mM以上の塩を加える必要がある．

### (4) アフィニティークロマトグラフィー

タンパク質に特異的に結合する物質を担体に結合させておき，これに結合するタンパク質のみを吸着させ，それ以外のタンパク質をすべて素通りさせることで分離する方法である．酵素の基質や補酵素，あるいはタンパク質のモノクローナル抗体，ヒスチジン残基が6個連なったHisタグに結合するニッケルを担持したカラムなどがよく用いられる．

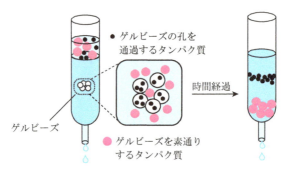

図7.21　ゲルろ過クロマトグラフィーのしくみ
　　　　サイズが小さい分子はゲルビーズの孔を通過するため，溶出に時間がかかる．

### (5) 疎水性クロマトグラフィー

タンパク質の疎水性の違いを利用して精製する方法である．担体としてはポリスチレンなどの合成高分子を用い，水とアセトニトリルの勾配で溶出させる．ペプチドの精製にはよく用いられるが，タンパク質は変性する可能性があるため，頻繁には用いられない．イオン結合を抑制する目的で通常0.1％のトリフルオロ酢酸が加えられる．

### (6) SDS-PAGE

PAGEとはポリアクリルアミドゲル電気泳動(polyacrylamide gel electrophoresis)の略で，第4章で述べたようにアクリルアミドと$N,N'$-メチレンビスアクリルアミドの混合溶液を重合させることで網目をつくり，その網目の大きさによってタンパク質を分子量ごとに分離する方法である（図7.22）．通常7.5～15％程度のアクリルアミドの濃度で網目のサイズを調節し，1 kDa程度のペプチドから100 kDa程度のタンパク質まで分画することができる．タンパク質の分子量を分析する場合には，ドデシル硫酸ナトリウム(SDS)共存下，還元状態で熱処理し，負電荷を与えた一本鎖の変性タンパク質を泳動させるSDS-PAGEを行う．サンプルは濃縮ゲル(stacking gel)で濃縮した後，分離ゲル(separate gel)で分画する．泳動したゲルは手軽さから色素クマシーブリリアントブルー(CBB)で染色することが多いが，銀染色を行うと感度よく染色することができる．また特定のタンパク質のみを染色したい場合，分離したタンパク質を膜に転写し，特定のタンパク質に対する抗体を用いて存在を検出するウエスタンブロッティング法が利用される．

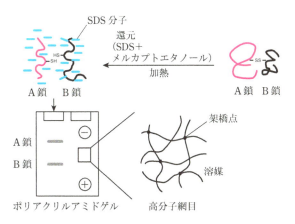

図 7.22 SDS-PAGE のしくみ
還元環境下 SDS で変性したタンパク質は負電荷を帯びるため，陽極に向かって泳動する．

## 7.6 タンパク質工学

　遺伝子工学は，タンパク質のアミノ酸配列を変換して新たな機能を付与したり，安定性を向上させる技術に利用されている．変異タンパク質の作製にはさまざまな細胞が用いられるが，取り扱いが容易で半日で培養が終了する大腸菌を用いるのが一般である．大腸菌を用いたタンパク質工学に関連する技術の多くはキット化されているので，生化学の基本的な知識があれば数ヵ月のトレーニングで変異タンパク質を作製することが可能である．

　アミノ酸配列の変換にはさまざまなバリエーションがある．第 8 章で解説する酵素のアミノ酸配列変換においては，タンパク質のアミノ酸を数ヵ所別のアミノ酸に置換して，酵素機能を向上させる場合が多い．一方，機能性タンパク質の場合には，機能を有する部位のアミノ酸配列を断片化したり，異種タンパク質どうしを融合するようなアミノ酸配列変換が行われている．これらのアミノ酸配列の設計において難しいのは，変異によってタンパク質の天然構造が壊れて機能を喪失しないようにする点である．「7.4.3　タンパク質の立体構造の予測と形成機構」で述べたように，タンパク質の立体構造はアミノ酸配列から完全な予測ができないため，変異タンパク質の設計は立体構造情報を考慮しつつ，経験に基づいて行われている．アミノ酸の置換であれば，立体構造の安定化への寄与が少ない分子表面のアミノ酸をできるだけ化学的性質が類似したアミノ酸へと置換する．タン

パク質の断片化では，三次構造の中で他の部分とは独立で立体構造を保っている「ドメイン」のつなぎ目で切断する場合が多い．機能性タンパク質のアミノ酸配列の断片化や融合によって新たな機能を付与した例を以下に示す．

### A. 免疫タンパク質

生体内に侵入したウイルスなどの異物を検知する免疫システムにおいて，抗体は異物(抗原)の認識に関与する最重要タンパク質である．抗体にはさまざまな物質を認識して強く結合する機能があり，病原体を感知する診断薬やがんに対する治療薬として広く利用されている．しかし抗体を人工的に生産するには動物細胞の融合技術を利用した複雑な工程が必要であり，さらに疎水性の高い巨大タンパク質である抗体には，水溶液中で凝集して失活しやすいという難点もある．これらの問題は，抗体が抗原と結合するときに用いる抗原認識領域を断片化して生産することで解決されている(図7.23)．抗原認識機能をもつ断片は大腸菌を用いて比較的容易に大量に生産でき，抗体そのものよりも水溶液中における安定性が向上する．

### B. 細胞接着タンパク質

人工的に構築した生体組織を損傷した臓器や組織に移植して機能を回復させる再生医療では，細胞を生体外で培養してその分化，増殖を制御する技術が必要である．生体内において細胞は，タンパク質と多糖によって構成される細胞外マトリックスと呼ばれる足場に支えられている．細胞外マトリックスは細胞を物理的に支えるだけでなく，細胞表面のタンパク質に対して生化学的なシグナルを送って細胞の分化や増殖を制御する機能も有している．細胞培養を行うプラスチック

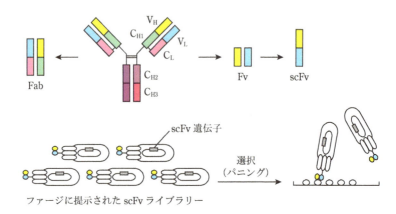

図7.23 抗原認識領域の断片化によるFab, Fvの生産

などの人工表面にこれらのタンパク質をコートすれば，人工の細胞外マトリックスとして生体外での細胞培養に利用できる．しかし細胞外マトリックスタンパク質の多くは凝集しやすいうえ巨大分子で取り扱いが難しく，また生体から抽出したタンパク質を再生医療に用いる場合には感染症のリスクの問題がある．これらの問題は細胞外マトリックスタンパク質の機能断片を遺伝子工学的に作製することで解決されている．細胞外マトリックスの構成タンパク質のうち細胞接着に関与するタンパク質はArg-Gly-Gluという配列を共通して有している．この配列を含む断片のみを大腸菌で生産すれば，安全かつ均一な人工の足場材料として利用することができる．また，細胞接着タンパク質の一種であるラミニンの活性部位を含む断片は，人工多能性幹細胞(induced pluripotent stem cell, iPS細胞)の足場材料として利用されている．

### C. 蛍光タンパク質

自然界には光照射によって蛍光を発する蛍光タンパク質が存在する．その代表例は下村脩が発見し2008年のノーベル化学賞の対象となった緑色蛍光タンパク質(green fluorescent protein, GFP)である．GFPが生体内で生産されると，その中のアミノ酸配列Ser-Tyr-Glyが自発的に環化および酸化して発色団を形成し，蛍光性をもつようになる．遺伝子工学によって特定タンパク質の遺伝子とGFP遺伝子を融合して細胞内において発現すると，GFPで標識したタンパク質が細胞内で合成される．これによって生きた細胞内において，特定のタンパク質の挙動と相互作用を可視化して追跡することができる．この技術はがんの発生メカニズムの研究など生命科学において幅広く利用されている．なお現在は，GFPの遺伝子そのものを一部変換することで，緑以外のあらゆる色に発光する変異体が作製できるようになっている．

以上は機能性タンパク質の既知のアミノ酸配列を一部変換した例であるが，これまで知られていないアミノ酸配列から機能性タンパク質を創出する方法もある．「7.3.3 タンパク質の立体構造の階層性」で述べたように，100個のアミノ酸からなるタンパク質の一次構造のパターンは$20^{100} ≒ 10^{130}$種類という天文学的な数になる．このような膨大な数のアミノ酸配列から機能をもつタンパク質の配列を選択するための技術が進化分子工学である．ダーウィンの進化論では，生体にはランダムなアミノ酸の変異が起こり，その変異体の中から環境に適した個体が選択されて増殖するとしている．進化分子工学はこのシステムを実験室において再現するものであり，さまざまな具体的な方法が実践されている．特に頻繁に

用いられているのがファージディスプレイ法であり，前に述べた抗体断片の作製に利用した例がよく知られている(図7.23)．具体的には，大腸菌に感染するウイルスであるファージの遺伝子にFvを架橋して一本鎖としたscFvの遺伝子を融合してファージを増殖させることで，ファージの末端にscFvを提示することができる．ここで，scFvの抗原認識に関わるアミノ酸配列に対応する遺伝子にランダムな変異を加えるとアミノ酸配列が異なる膨大な数のscFvをファージの末端に融合した形で生産できる．その中から標的分子を結合するファージを精製して，その遺伝子配列を決定する方法は現在診断薬として用いられているscFvの設計に利用された．なお，この方法では既存のタンパク質のアミノ酸配列のごく一部を変異させており，この方法ではアミノ酸配列がとりうる膨大なパターンのすべてを調べつくすことはできない．今後まったく新しい発想に基づく進化分子工学技術(8.8.1項参照)が出現すれば，天文学的なアミノ酸配列のパターンからまったく新しい機能性タンパク質の配列を選択できるようになるかもしれない．

**参考文献**

1) A. Fersht著，桑島邦博，有坂文雄，熊谷 泉，倉光成紀 訳，タンパク質の構造と機能，医学出版(2005)
2) D. Voet, J. G. Voet著，田宮信雄，村松正實，八木達彦，吉田 浩，遠藤斗志也 訳，ヴォート生化学 第4版　東京化学同人(2012)
3) 遠藤斗志也，森 和俊，田口英樹 編，タンパク質の一生：集中マスター，羊土社(2007)
4) 藤 博幸 編，タンパク質の立体構造入門—基礎から構造バイオインフォマティクスへ，講談社(2010)
5) R. H. Pain著，崎山文夫 監訳，タンパク質のフォールディング 第2版，丸善出版(2012)
6) 熊谷 泉，金谷茂則 編，生命工学—分子から環境まで，共立出版(2000)

# 第8章 酵　素

　生物の生命活動は，その細胞内でさまざまな生体反応がめまぐるしく起きていることによる．この反応を触媒するものが酵素である．酵素は触媒反応を示すタンパク質である．触媒により通常は時間のかかる化学反応（反応物から生成物ができる反応）が劇的に加速される．

　本章では，酵素の働くしくみについて，タンパク質の分子認識という観点から，①触媒反応機構，②反応速度論，③反応制御機構を軸として，化学的基礎を解説する．

## 8.1 酵素研究の歴史

　人類は，発酵という反応を利用してデンプンを糖化する加工技術を古くから有していた．しかし，酵素が何者なのか，その姿が明らかとなるのは1900年代と最近のことである．酵素反応の実体を科学者が確認し始めたのは，1700年代後半，動物の肉片を胃液で消化する実験を行ったところからである．19世紀前半まで，生命は自然に発生すると考えられており，腐敗や発酵はそうした生命の自然発生による現象であると考えられてきた．しかし19世紀中頃フランスのL. Pasteurは，生命は自然発生せず，腐敗や発酵は空中に浮遊する微生物の混入によるものであることを示した．この証明にPasteurが用いたのが空気は通すが細菌は通さない細い首口をもつ白鳥型のフラスコの中の肉汁であり，これが腐敗しないことを示すことにより生命の自然発生説を否定した．しかしこのときPasteurはまだ，発酵が酵素という化学物質によるものであるとは考えていなかった．つまり発酵のプロセスでアルコールなどが作られる現象は生物固有の特殊な現象で，人工の環境では実現不可能であると考えたのである．一方，冷却管にその名を残すドイツのJ. F. von Liebigは，発酵は特殊な現象ではなく，化合物の化学反応と同様，化学法則に従うと考えた．このように19世紀はPasteurとLiebigの相反する提唱で論争された時代であった．その後19世紀後半に，W. Kühneが酵母の中にはその作用を担う化学物質があると考え，その物質を酵素（enzyme＝in（中）＋zyme（酵母））と名づけた．この考え方は後にドイツのE. Buchner（1907年ノーベル化学賞）

によって証明される．

　物質として酵素を最初に発見したのはA. PayenとJ. F. Persozらで，1833年に麦芽中からデンプンを糖へと分解する物質を発見し，ジアスターゼ（ギリシア語で分離(diastasis)という意味，当時はデンプンから糖が分離されると考えていたため）と名づけた．その後1836年には，T. Schwannが胃の粘膜抽出液からタンパク質を溶かす物質ペプシンを発見した．これらの研究により，酵素反応が生物の外でも起こる化学的な反応であることが認知され始めた．酵素反応が細胞なしでも起こる現象であることを初めて証明したのが，Buchnerである．1897年にBuchnerは酵母を乳鉢ですり潰して生きた酵母がまったくない状態にしても，その抽出液をグルコースに作用させるとアルコールが生成することを示した．つまり，酵母が死んでいてもその中の酵素反応を起こす物質が失活していなければ発酵が起こるのである．これはチマーゼ（zymase：酵母（zyme）からとれた酵素の意味）と名づけられた．

　その後，第7章でも述べたように1926年にJ. B. Sumnerによりナタマメから尿素分解酵素ウレアーゼの結晶が単離された．これにより酵素がタンパク質であることが受け入れられるようになった．その後，1935年にH. Eyringらによりタンパク質の構造と触媒機能の根幹をなすとも言える遷移状態理論が提唱され，1948年にはL. C. Paulingにより遷移状態の構造モデルが示された．1955年にはインスリンの一次構造，1965年にはリゾチームの立体構造などが決定され，酵素反応をタンパク質の立体構造に基づく分子間相互作用から詳細にとらえることができるようになった．1980年代になると，タンパク質工学の発展に貢献する技術が立て続けに発表された．1982年には部位特異的変異導入法の開発，1983年にはタンパク質工学による分子設計概念の提唱，さらに1985年にはPCR法の確立があり，それ以降タンパク質構造を自在に操った酵素反応の解析や新たな酵素の開発に関する研究が発展する．

## 8.2　酵素および酵素反応の特徴

　酵素は基質と特異的に結合するための**結合部位**(binding site)と触媒反応を起こすための**触媒部位**(catalytic site)を有する．結合部位と触媒部位をまとめて**活性部位**(active site)と呼ぶ．酵素は主にタンパク質からなるが，機能を発現するために補酵素や金属イオンなどのタンパク質以外の補因子(cofactor，詳細は8.7

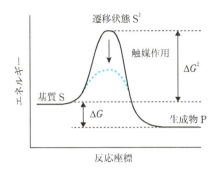

図8.1 触媒作用におけるエネルギー図

節)を結合したり，活性部位に取り込んだりすることもある．酵素の機能は，タンパク質の厳密な立体配置により支えられている．

同じ基質を認識する酵素が複数種存在していたとしても，各々の酵素は干渉し合うことなくそれぞれの固有の反応を遂行する．これを**反応特異性**(reaction specificity)といい，酵素がある特定の反応の遷移状態(3.2.2項参照)のみを特異的に安定化することに由来している(図8.1)．この特異性により，酵素反応は一般の触媒反応(無機化合物や有機金属化合物による反応)よりも副反応物の生成が非常に少ない．例えば生体内の解糖系において主要な触媒反応を担っており，また糖尿病における血糖値を下げるための標的酵素でもあるグルコキナーゼは，グルコースの5つのヒドロキシ基のうち6位のみをリン酸化する．

基質が酵素に取り込まれて反応を受ける際，基質は酵素の活性部位に，触媒残基と正確な空間配置をもって結合し，これにより反応も特異性をもって進行する．これが立体特異性である．例をあげると，アスパラギン酸$\beta$-デカルボキシラーゼはL-アスパラギン酸の$\beta$-カルボキシ基に対して特異的に脱炭酸反応を起こす．また，グルコースとガラクトースはともに化学式$C_6H_{12}O_6$で表されるが，4位のヒドロキシ基の立体配置が異なる立体異性体である．抗菌作用をもつ酵素グルコースオキシダーゼは，この2つの単糖を厳密に識別し，グルコースのみと反応して酸化体であるD-グルコノ-1,5-ラクトンを生成する．

## 8.3 酵素の分類

酵素は，その反応や基質によって系統的に分類される．国際生化学・分子生物

## 第8章 酵素

**表8.1 酵素の分類表**

| 大分類 | 酵素の種類 | 化学反応 | 酵素例 |
|---|---|---|---|
| 1 | オキシドレダクターゼ（酸化還元酵素） | 酸化還元反応 | デヒドロゲナーゼ<br>カタラーゼ |
| 2 | トランスフェラーゼ（転移酵素） | 原子団転移反応 | キナーゼ<br>アシル転移酵素 |
| 3 | ヒドロラーゼ（加水分解酵素） | 加水分解反応 | プロテアーゼ<br>ヌクレアーゼ |
| 4 | リアーゼ（脱離酵素） | 脱離反応 | カルボキシラーゼ |
| 5 | イソメラーゼ（異性化酵素） | 異性化反応 | DNAトポイソメラーゼ |
| 6 | リガーゼ（合成酵素） | 共有結合反応 | DNAリガーゼ<br>ピルビン酸カルボキシラーゼ |

学連合酵素委員会(IUBMB-EC)による分類法では，表8.1のように6群に大別されている．分類された各酵素には，酵素番号(EC番号)と呼ばれる4つの番号の組み合わせからなるコードが付いている．例えばデンプンを分解する酵素α-アミラーゼの場合，EC番号は3.2.1.1である．最初の数字3は，表8.1の大分類番号に相当し「加水分解酵素」であることを示す．続く数字2は「糖加水分解タイプ」であることを示すといったようにより細かい分類を表している．

## 8.4 酵素反応の反応機構

### 8.4.1 触媒機構の種類

酵素反応においては，遷移状態が酵素によって安定化されることにより反応が進行する．酵素反応における主な触媒機構について以下に述べる．

#### A. 一般酸-塩基触媒

一般酸-塩基触媒では，特定のアミノ酸が正電荷もしくは負電荷状態で存在することによって，基質に対する触媒反応を起こす．一般酸(プロトン受容体)や一般塩基(プロトン供与体)として働くアミノ酸の官能基には，イミダゾール基(ヒスチジン)，カルボキシ基(アスパラギン酸，グルタミン酸)，ヒドロキシ基(チロシン)，アミノ基(リジン)，チオール基(システイン)があり，酵素の種類によって作用が異なる．

これらのアミノ酸が触媒として働くのに重要な化学的パラメータが側鎖の$pK_a$

8.4 酵素反応の反応機構

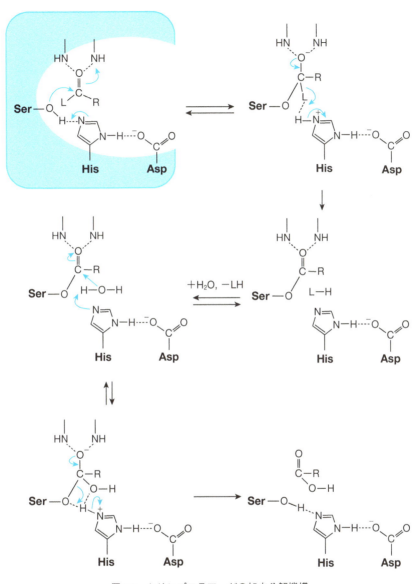

図8.2 セリンプロテアーゼの加水分解機構

である．タンパク質の加水分解酵素の一種であるセリンプロテアーゼでは，図8.2 に示すようにアスパラギン酸Aspのカルボキシ基により，隣接するヒスチジン Hisのイミダゾール基はp$K_a$が上昇し，一般塩基として働く．これにより近接す

るセリン Ser のヒドロキシ基からプロトン $H^+$ が引き抜かれ，セリン残基の酸素原子は $O^-$ となり求核剤として加水分解反応を起こす．セリンプロテアーゼの活性部位に利用されている Asp-His-Ser 残基は**触媒三残基**(catalytic triad)とも呼ばれている．

触媒機構(基質の結合部位，触媒部位，遷移状態)について詳細な解析がなされている酵素として，リゾチームがある．リゾチームは細菌の細胞壁を構成するペプチドグリカンの $β$-1,4-グリコシド結合を加水分解する酵素で，溶菌作用を示す．このリゾチームと基質の複合体の立体構造がX線結晶構造解析より明らかになっている(図8.3)．

リゾチームは球状の構造をしているが，その中央部には深い溝が存在し，その空間に基質を取り込んで加水分解反応を起こす．その反応機構を図8.4に示す．触媒能をもつアミノ酸残基は Glu35 と Asp52 のみで，そのうち Glu35 のカルボキシ基のプロトンは解離せず，一般酸触媒として働く．Asp52 のカルボキシ基は解離し，負電荷のまま安定に存在する．

一般酸-塩基触媒の場合，pH とイオン強度が一定である条件下において，緩衝液濃度に依存して反応速度が直線的に変化する．このときの傾きが一般酸-塩基触媒の反応速度定数 $k_{acid}, k_{base}$ に相当する．

$pK_a$ に対して二次速度定数 $k$ をプロットしたものをブレンステッドプロットと呼び，一般酸触媒，一般塩基触媒それぞれについて $pK_a$ と $k$ の間に以下のような関係式(ブレンステッドの式)が成り立つ．

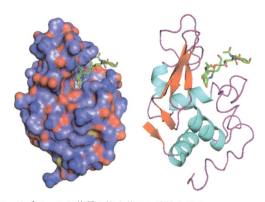

図8.3　リゾチームと基質の複合体のX線結晶構造
　　　Proteian Data Bank code 1LZC をもとに，PyMOLを用いて作成．

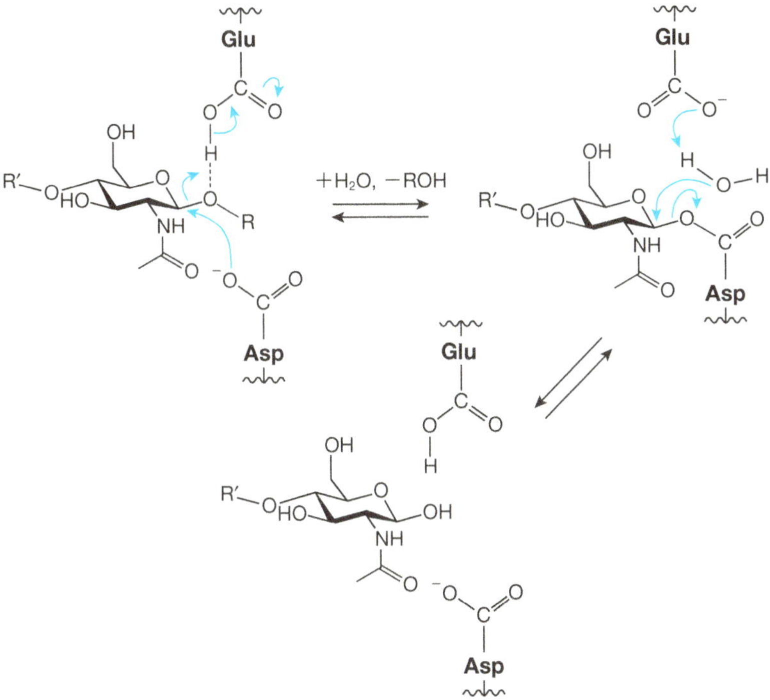

8.4 酵素反応の反応機構

図8.4 リゾチームの糖加水分解機構

$$\text{一般塩基触媒}: \log k_{\text{base}} = A + \beta\,(\mathrm{p}K_a) \tag{8.1}$$

$$\text{一般酸触媒}: \log k_{\text{acid}} = A - \alpha\,(\mathrm{p}K_a) \tag{8.2}$$

$A$ は反応に固有の定数である．$\alpha, \beta$ は酵素反応における$\mathrm{p}K_a$値に対する感受性を示す尺度で，ブレンステッド指数とも呼ばれる．これらは各触媒反応において固有の値をとり，プロトンの受け渡しが完全に起こる場合は1，まったく起こらない場合は0となる．エステルの加水分解では0.3から0.5の間の値をとる．一般酸ー塩基触媒では，触媒として利用されるアミノ酸のイオン化の状態によって有効性が決まる．ゆえに$\mathrm{p}K_a$が中性付近にあるヒスチジン($\mathrm{p}K_a=6.0$)などのアミノ酸残基は効果的に働き，酵素に多く含まれている．

B. 共有結合触媒

遷移状態において，酵素と基質が一時的な共有結合を形成した反応中間体が生じる酵素を**共有結合触媒**(covalent catalyst)と呼ぶ．求核触媒は代表的な共有結

表8.2 共有結合触媒作用を示すアミノ酸残基

| アミノ酸残基 | 求核基 | 酵素例 |
|---|---|---|
| セリン | ヒドロキシ基 OH | セリンプロテアーゼ |
| システイン | チオール基 SH | システインプロテアーゼ |
| アスパラギン酸 | カルボキシ基 COOH | ATPアーゼ |
| リジン | アミノ基 $NH_2$ | アルドラーゼ |
| ヒスチジン | イミダゾール基 | ヒストンホスホキナーゼ |

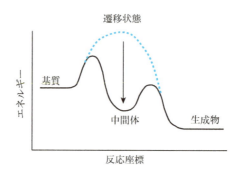

図8.5 共有結合触媒作用におけるエネルギー図

合触媒であり,その例を表8.2に示す.表には求核反応を示すアミノ酸残基とその求核基をあげている.

　求核触媒が効率的に働くには,(1)求核基の求核性がアシル基受容体よりも高い,(2)基質よりも中間体の反応性が高い,(3)最終生成物よりも中間体のほうがエネルギーが高いといった条件がある.エネルギー図は図8.5のように描くことができ,共有結合触媒では準安定な反応中間体を形成することにより反応のエネルギー障壁を二分し,生成物への移行を容易にしている.

### C. 金属イオン触媒

　酵素反応が金属イオンの結合によってもたらされるものを金属イオン触媒と呼ぶ.酵素に対する金属イオンの結合強度によって,大きく2つのタイプに分けられる(8.7節も参照).

（1）金属イオンが酵素の活性部位に対して強固に結合して働くタイプ.加水分解酵素カルボキシペプチターゼA(タンパク質をカルボキシ末端から分解する,膵臓で分泌されている酵素)の場合,亜鉛イオン $Zn^{2+}$ が結合すると,その求電子性によって近傍に位置する基質のカルボニル基の分極が促進され,その結果求核種による攻撃を受けやすい状態となる.さらに遷移状態も

$Zn^{2+}$により安定化される.
(2) 金属イオンが弱く結合して活性状態をつくるタイプ.例として,ATPと$Mg^{2+}$による触媒反応がある.解糖系において重要な糖をリン酸化する酵素であるヘキソキナーゼは,ATPが$Mg^{2+}$に配位すると,金属イオンの求電子性によってATPが活性化し,反応が促進される(2.3.1項も参照).

D. ラジカル触媒

　上述のA〜Cの酵素は,電子の偏り(極性)を利用して触媒反応を進行させるタイプである.一方,活性部位において生成したラジカルが基質を活性化する非極性な触媒も存在する.ラジカル触媒機構には,アミノ酸残基によるものと補因子によるものの2つのタイプがある.ラジカルとなるアミノ酸残基としては,グリシン,チロシン,システインがある.一方,補因子として取り込んだアデノシンもラジカルとなる.

### 8.4.2 特異性に関する構造モデル

　反応特異性と立体特異性が生じることを説明するための酵素と基質間での分子認識モデルがいくつか提唱されている.なかでも最も知られている古典的なモデルが,H. E. Fischerにより1890年に提唱された**鍵と鍵穴モデル**(lock and key model)である(図8.6).これは酵素の活性部位の構造が,基質分子の形状にピタリと合うようにつくられており,基質の構造が小さすぎても大きすぎても結合部位に安定に取り込まれないことを示すモデルである.このモデルは基質の特異的結合を説明する上で非常に明瞭であり,長年にわたり酵素−基質間での分子認識を説明する上で中心的に取り扱われてきた.またこのモデルをきっかけに酵素反応は化学的,物理的に研究されるようになった.

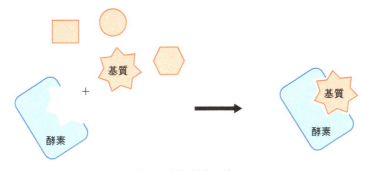

図8.6　鍵と鍵穴モデル

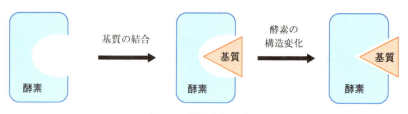

図8.7　誘導適合モデル

　しかし1958年，D. E. Koshlandにより**誘導適合モデル**（induced-fit model）と呼ばれる新たな分子認識モデルが提唱された．基質が存在しない場合，酵素は基質結合状態または触媒反応状態から外れた構造をとり不活性であるが，基質が存在する場合，酵素は基質との結合エネルギーを利用して触媒反応に有利な活性状態へとコンホメーションを変化させるというモデルである（図8.7）．また，ひずみモデルと呼ばれる機構も提唱されている．これは酵素の活性部位が固い場合は，基質側がその空間に対して構造をひずませて遷移状態へと変化するというモデルである．このように酵素反応の特異性は，次に述べる活性部位における基質の遷移状態に対する親和性，言い換えれば遷移状態の安定性によって決定される．

　また近年，特異的なDNA結合酵素などにおいて，fly-casting（毛針釣りの意）機構と呼ばれる新しいモデルも見つかってきている．これは酵素であるタンパク質の一部が立体構造を崩した状態で存在しており，基質と結合する際にその領域がフォールディングしながら，結合した状態が最安定化するように基質と相互作用して酵素活性を有する構造へと変化するという機構である．この機構は高等生物に多く存在していることが明らかになりつつあり，酵素機能の複雑さとの因果関係も示唆されている．しかしながら，このモデルは初期状態が構造をもたないがゆえに分子認識機構に関して不明瞭な点が多く，いまだ議論が続いている．

### 8.4.3　遷移状態と活性化エネルギー

　触媒反応は，反応物と生成物の化学反応における熱力学的な平衡関係を変化させるのではなく，平衡に達する時間を短縮，つまり速度論的に反応を促進している．この触媒機構を説明するために，J. B. S. Haldaneにより酵素反応における遷移状態理論の基礎が築かれ，第2次世界大戦後になってL. C. Paulingにより酵素の活性部位において基質が酵素に対して相補的な構造を形成する，いわゆる「遷移状態安定化の原理」が唱えられた．

### ● Linus Carl Pauling (1901〜1994)

アメリカの量子化学者にして,生化学者.酵素反応における遷移状態の概念を提唱しているが,1954年のノーベル化学賞の受賞理由は「化学結合の本性,ならびに複雑な分子の構造研究」であり,原子間の共有結合やイオン半径などにかかわる研究である.また,タンパク質などの生体高分子の構造解明の基礎となる研究領域でも功績を残している.1962年にはノーベル平和賞も受賞しており(受賞理由は「核兵器に対する反対運動」),多方面にわたる才能を発揮されたジェネラリストである.

いま,基質をS,酵素反応によって生成する生成物をPとすると,触媒反応は図8.1のようなエネルギー図で表される.生成物Pは基質Sよりも熱力学的には安定であるが,エネルギー障壁を越えなければその反応は起こらない.つまり,反応が起きるためには活性化エネルギー $\Delta G^{\ddagger}$ を必要とする.活性化自由エネルギーの分だけエネルギーが高い状態を**遷移状態**(transition state, $S^{\ddagger}$)と呼ぶ.酵素はこの $\Delta G^{\ddagger}$ を小さくすることで,速度論的に反応を加速させている.

この活性化エネルギー $\Delta G^{\ddagger}$ は,反応速度定数 $k$ と反応温度 $T$ の関係から次式のように導くことができる(第3章式(3.59)参照).

$$-\Delta G^{\ddagger} = -RT \ln k + RT \ln\left(\frac{k_B T}{h}\right) \tag{8.3}$$

ここで,$k_B$ はボルツマン定数,$h$ はプランク定数である.逆に言えば,ある温度における反応速度定数は,$\Delta G^{\ddagger}$ で決まる.

## 8.5　酵素の反応速度論

前節で述べた理由からも,酵素反応がどの程度の速度で進行するのかを定量的に議論することは重要である.ここでは,酵素の反応速度論について述べる.

### 8.5.1　ミカエリス・メンテンの式と定数の意味

酵素をある一定濃度にした場合において,基質濃度を変化させていくと,反応速度は上昇する.基質濃度が低いときには,反応速度は基質濃度に比例するとみ

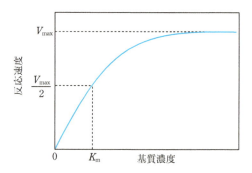

図8.8 基質濃度の変化による酵素反応速度の変化

なせる．また，ある基質濃度に達すると反応速度は一定になる(図8.8)．この反応速度をその反応条件下における最大反応速度$V_{max}$と呼ぶ．そして$V_{max}$の半分の速度$V_{max}/2$に相当する基質濃度を，**ミカエリス定数**(Michaelis constant) $K_m$という．これら2つの定数は，酵素反応の定量的な議論をする上で重要なパラメータである．後述するが，ミカエリス定数$K_m$は反応条件によっては酵素と基質間の会合定数の逆数に近づく．

図8.8の酵素反応における基質濃度と反応速度の関係性を説明するために，1913年L. MichaelisとM. L. Mentenは酵素反応について以下のような反応式を提案した．

$$\mathrm{E + S} \underset{k_{-1}}{\overset{k_1}{\rightleftarrows}} \mathrm{ES} \xrightarrow{k_{cat}} \mathrm{E + P} \tag{8.4}$$

この反応式は，酵素Eと基質Sの複合体(ES)の形成反応は平衡反応であり，また生成物Pは複合体ESのみから生じるとしている．よって，酵素の反応速度$v$は以下の式で表される．

$$v = k_{cat}[\mathrm{ES}] \tag{8.5}$$

反応速度$v$はESの濃度[ES]が増加することによって増加する．図8.8のように，基質濃度が低いときは[ES]は基質濃度に比例するとみなすことができ，基質濃度の増加に応じて反応速度も直線的に上昇する．しかし基質濃度が高い場合，酵素濃度は一定であるので，酵素の活性部位が基質によって飽和に達してしまう．そのため，反応速度も一定になる．

酵素反応中に酵素の失活がないと仮定すると，その反応系における酵素の全濃

## ● Leonor Michaelis (1875〜1949)

生化学において非常に重要な式の1つであるミカエリス・メンテンの式を提案したMichaelisは，実は日本と深い関係がある．1922年に愛知県立医科大学(現 名古屋大学医学部)の生化学の初代教授に就任し，日本の生化学発展に大きく貢献している．同年には現代物理学の父とも呼ばれるA. Einsteinが日本を講演旅行しているが，その際，Michaelisは名古屋の自宅に招待したという．

度$[E]_0$は，

$$[E]_0 = [E] + [ES] \tag{8.6}$$

となる．複合体ESの解離定数$K_s$は

$$K_s = \frac{[E][S]}{[ES]} = \frac{k_{-1}}{k_1} \tag{8.7}$$

と定義されるため，

$$K_s = \frac{([E]_0 - [ES])[S]}{[ES]} \tag{8.8}$$

となる．これより，反応速度は

$$v = k_{cat}[ES] = \frac{k_{cat}[E]_0[S]}{K_s + [S]} \tag{8.9}$$

と表される．

酵素濃度が一定の場合において，反応速度が$V_{max}$となるのは基質が飽和状態にあるときである．この際，複合体ESの濃度$[ES]$は$[E]_0$と近似できるため，

$$V_{max} = k_{cat}[ES]_{max} = k_{cat}[E]_0 \tag{8.10}$$

と表される．式(8.9)は式(8.10)を用いると，

$$v = \frac{V_{max}[S]}{K_s + [S]} \tag{8.11}$$

となる．この式を**ミカエリス・メンテンの式**(Michaelis-Menten equation)と呼ぶ．

基質濃度が低い場合($[S] \ll K_s$)，$v = V_{max}[S]/K_s$と近似でき，一方で基質濃度

が高い場合($[S] \gg K_s$)，$v = V_{max}$と近似できる．これらの特徴は図8.8をみごとに表している．

しかし先述したように，式(8.5)は酵素－基質複合体が遊離の酵素と基質に対して熱力学的に平衡状態であるという仮定の下に成り立つ．つまり$k_{-1} \gg k_{cat}$の場合に限る．$k_{cat}$が$k_{-1}$と同程度の場合には，複合体濃度[ES]の時間変化は，式(8.4)より

$$\frac{d[ES]}{dt} = k_1[E][S] - (k_{-1} + k_{cat})[ES] \tag{8.12}$$

と表される．ここで，[ES]が一定である($d[ES]/dt = 0$)とする定常状態を仮定すると，式(8.6)を用いて，

$$[ES] = \frac{k_1[E]_0[S]}{k_{-1} + k_{cat} + k_1[S]} \tag{8.13}$$

が得られる．ここで，

$$K_m = \frac{k_{-1} + k_{cat}}{k_1} \tag{8.14}$$

とすると，

$$v = \frac{V_{max}[S]}{K_m + [S]} \tag{8.15}$$

となる．$K_s = k_{-1}/k_1$であるから，$K_s$と$K_m$には以下のような関係式が成り立つ．

$$K_m = K_s + \frac{k_{cat}}{k_1} \tag{8.16}$$

$k_{-1} \gg k_{cat}$のとき，$K_m$は$K_s$と近似できる．

### 8.5.2 $V_{max}$と$K_m$の測定方法および各種プロット

上の式(8.15)より，各基質濃度における反応初速度の測定から$V_{max}$と$K_m$を算出できることがわかる．この解析手法としていくつかの方法が提案されている．

A. ラインウィーバー・バークプロット(Lineweaver–Burk plot)

式(8.15)の両辺について逆数をとり，横軸に$1/v$，縦軸に$1/[S]$をとると図8.9(a)のような直線が得られる．$x$切片より$K_m$値，$y$切片より$V_{max}$が算出される．傾きは$K_m/V_{max}$となる．

$$\frac{1}{v} = \frac{K_m + [S]}{V_{max}[S]} = \frac{K_m}{V_{max}} \times \frac{1}{[S]} + \frac{1}{V_{max}} \tag{8.17}$$

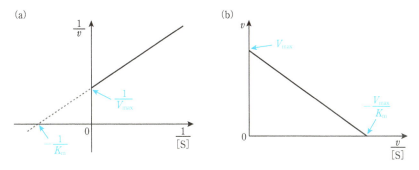

図8.9 (a)ラインウィーバー・バークプロット, (b)イーディー・ホフステープロット

実習実験など一般的な酵素反応解析において利用されている．しかし，基質が高濃度の時のプロット間隔と比較して，低濃度のときのプロット間隔が広いため，低濃度領域はデータの誤差の影響を受けやすい．したがって,ラインウィーバー・バークプロットでほぼ直線的なデータが得られたとしても，その質を保証しているかどうかは定かではないとされている．

B. イーディー・ホフステープロット(Eadie-Hofstee plot)

式(8.15)を変形すると,

$$v = -K_m \times \frac{v}{[S]} + V_{max} \qquad (8.18)$$

となる．したがって，横軸に$v/[S]$，縦軸に$v$をとると，図8.9(b)のような直線が得られる．この$x$切片，$y$切片から$K_m$と$V_{max}$が求まる．

この方法はラインウィーバー・バークプロットの欠点を改善する解析方法の1つとして用いられている．反応速度の誤差の影響を受けやすいため，直線的なデータが得られた際はデータの精度がよい．データの精度がよい場合は，ミカエリス・メンテンの式に合致するかどうかを議論する際にも有用である．

## 8.6　酵素反応の制御

酵素反応は，温度，pH，イオン強度，圧力，誘電率など多くの因子によってその反応速度が変化する．また阻害剤などの外的な因子により反応を制御することもできる．なかには，酵素の構造変化をともなう反応制御機構も存在する．

## 8.6.1 反応温度

酵素反応には至適温度があり,ヒト由来の酵素の場合,37℃付近で高い反応効率を示すものが多い.反応速度と反応温度の間の関係は,次のアレニウスの式で表される.

$$k = A\exp\left(-\frac{E_a}{RT}\right) \tag{8.19}$$

この式を対数に変形すると,

$$\ln k = \ln A - \frac{E_a}{RT} \tag{8.20}$$

となり,反応速度の対数と絶対温度の逆数の間に直線関係がある.したがって,図8.10に示すように温度が高いほど反応速度は大きくなる(図中赤色の曲線).しかし実際の酵素反応ではこのような直線的なプロファイルは得られず,ある温度で反応速度は最大となり,それ以上の温度では反応速度は低下する(図中青色の曲線).これには酵素の温度に対する安定性が深く関わっている.酵素はタンパク質で構成された精密な構造により機能しており,温度の上昇にともない酵素の熱変性が進行し,不活性状態の割合が増加するためである(図中緑色の曲線).このグラフにおける極大値を示す温度が至適温度となる.

## 8.6.2 反応pH

酵素に対する基質の結合や触媒活性においては,アミノ酸残基の荷電状態(負電荷,正電荷,中性)が重要な因子となることから,反応pHも酵素反応速度に大きな影響を及ぼす.アミノ酸側鎖の官能基には固有の$pK_a$値が存在し,反応速度はこの$pK_a$と深く関係する.したがって,図8.11に示すように反応速度とpHの

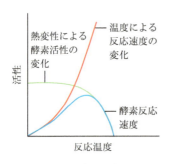
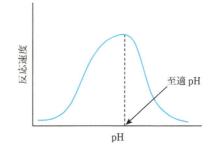

図8.10 反応速度と温度の関係性　　図8.11 pH変化に対する酵素反応速度の変化

関係も曲線的なグラフとなり，反応速度が最大となるpHを至適pHと呼ぶ．

### 8.6.3 阻害剤

基質と競合して酵素に結合し，酵素反応速度を低下させる物質を阻害剤(inhibitor, I)という．いま酵素反応を式(8.4)のような反応式で考えると，阻害剤Iを添加した際の酵素の不活性化には以下の2つの反応が考えられる．

$$E + I \underset{}{\overset{K_{i1}}{\rightleftarrows}} EI \tag{8.21}$$

$$ES + I \underset{}{\overset{K_{i2}}{\rightleftarrows}} ESI \tag{8.22}$$

これらの阻害反応が定常状態で進行する場合，ミカエリス定数$K_m$や阻害剤における各解離定数$K_{i1}, K_{i2}$は以下の式で定義される．

$$K_m = \frac{k_{-1} + k_{cat}}{k_1} = \frac{[E][S]}{[ES]} \tag{8.23}$$

$$K_{i1} = \frac{[E][I]}{[EI]} \tag{8.24}$$

$$K_{i2} = \frac{[ES][I]}{[ESI]} \tag{8.25}$$

全酵素濃度$[E]_0$は，$[E]_0 = [E] + [ES] + [EI] + [ESI]$で表されるので，

$$[E]_0 = \left(\frac{K_m}{[S]} + 1 + \frac{K_m[I]}{K_{i1}[S]} + \frac{[I]}{K_{i2}}\right)[ES] \tag{8.26}$$

したがって，

$$v = k_{cat}[ES] = \frac{k_{cat}[E]_0}{\left(1 + \frac{[I]}{K_{i2}}\right) + \left(1 + \frac{[I]}{K_{i1}}\right)\frac{K_m}{[S]}} = \frac{V_{max}}{\left(1 + \frac{[I]}{K_{i2}}\right) + \left(1 + \frac{[I]}{K_{i1}}\right)\frac{K_m}{[S]}} \tag{8.27}$$

この式の逆数をとると

$$\frac{1}{v} = \left(1 + \frac{[I]}{K_{i1}}\right)\frac{K_m}{V_{max}} \times \frac{1}{[S]} + \frac{1 + \frac{[I]}{K_{i2}}}{V_{max}} \tag{8.28}$$

となる．よって，ラインウィーバー・バークプロットから，阻害剤の解離定数$K_{i1}, K_{i2}$が求められる．阻害形式は，$K_{i1}$と$K_{i2}$の関係性により拮抗阻害，非拮抗阻害，

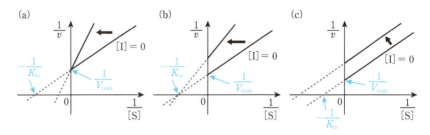

図8.12 阻害効果を含むラインウィーバー・バークプロット
(a)拮抗阻害, (b)非拮抗阻害, (c)不拮抗阻害

不拮抗阻害の3つに大別される.

(1) 拮抗阻害($K_{i1} < K_{i2}$の場合;図8.12(a))

阻害剤は遊離の酵素Eと結合し,基質複合体ESとは結合しない.

(2) 非拮抗阻害($K_{i1} = K_{i2}$の場合;図8.12(b))

阻害剤は遊離の酵素Eと基質複合体ESのどちらにも結合する.

(3) 不拮抗阻害($K_{i1} > K_{i2}$の場合;図8.12(c))

阻害剤は基質複合体ESと結合し,遊離の酵素Eとは結合しない.

### 8.6.4 基質の阻害と活性化

酵素反応の中には基質自身が酵素活性(反応速度)に影響を及ぼす場合もある.基質濃度を横軸に,反応速度を縦軸にプロットした場合,通常の反応であればある基質濃度で反応速度が飽和に達する図8.13の曲線Iのようなグラフが得られる.

曲線IIでは基質濃度が高い場合に反応速度が低下しており,これは高濃度の基質が酵素反応を阻害する際に観察される.この要因としては,高濃度の基質の存在によって酵素に複数個の基質が結合し不活性体を形成してしまうことや,基質が酵素の活性化因子と会合して酵素反応を低下させることが考えられる.

基質濃度が低いときに反応速度が低い曲線IIIでは基質の協同性が関与している.つまり酵素1分子に対して基質が2分子以上作用しており,その基質の結合数の増加によって酵素反応速度が急激に促進される.曲線IIIは次節で述べるヒルプロットに相当する.ヒルプロットはアロステリック効果と呼ばれる酵素自身がもつ制御機構と深く関連している.

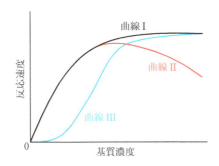

図8.13 基質の協同性が関与した酵素反応速度の変化

### 8.6.5 アロステリック効果

酵素の中には，自身に調節機能を備えるものが存在する．その中に，生体内の分子環境変化に応答して立体構造が変化し，酵素機能が変化するアロステリック効果と呼ばれる機構を有する酵素がある．ピリミジンヌクレオチドの生合成に関与するアスパラギン酸カルバモイル転移酵素（ATCアーゼ）は，調節機構が詳細に解明されている酵素の1つである．ATCアーゼは，図8.14のようにアスパラギン酸とカルバモイルリン酸からシチジン三リン酸（CTP）が生合成される際の最初の段階を触媒する．この合成経路によって産生されたCTPは，ある一定濃度に達するとATCアーゼに対して阻害作用を起こし，自身の濃度調節を行う．これを**フィードバック阻害**（feedback inhibition）という．

このCTPの阻害作用は，ATCアーゼの活性部位とは異なる部位への結合によって誘起される．このように基質の結合・触媒部位と異なる調節部位に結合し酵素機能を変化させる現象を**アロステリック効果**（allosteric effect；ギリシア語で

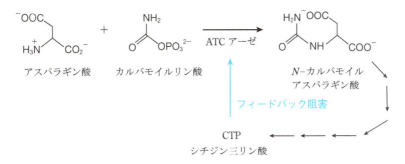

図8.14 ATCアーゼにおけるアロステリックシステム

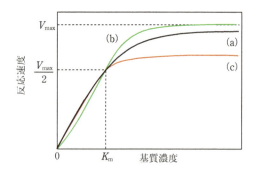

図8.15　基質の協同性による酵素反応速度の変化

allosは「異なる」，stereosは「立体」の意味）と呼ぶ．アロステリック効果を示す酵素はオリゴマー（多量体）として機能していることが多い．アロステリック効果は，「特異的なリガンドの結合によりタンパク質の高次構造が変化し，その機能（生理活性）が変化する現象」あるいは「その活性変化がリガンドの濃度に対して協同性（S字型の性質）を示す現象」と定義されている．

先にも述べたように，アロステリック効果は基質濃度[S]に対する反応速度$v$の特徴的な変化からも読み取ることができるため，速度論的な解析によりその性質を定量的に考察できる．図8.15に示すように，通常のミカエリス・メンテンの式に従う酵素反応ではaのような曲線となるが，あるリガンドの結合によるアロステリック効果により反応が促進される場合，bのような曲線となる．これを**正の協同性**（positive cooperativity）と呼ぶ．一方，リガンドの結合により反応が阻害剤のように抑制されるアロステリック効果の場合，cのような曲線となり，これを**負の協同性**（negative cooperativity）という．

協同性の度合いを速度論的に定式化したのが，次に示すヒルの式（Hill equation）である．

$$\log\left(\frac{v}{V_{\max}-v}\right) = n\log[S] - \log K_{\mathrm{m}} \tag{8.29}$$

$\log[S]$に対して$\log[v/(V_{\max}-v)]$をプロットすると$n$の値に相当する勾配が得られる．$n$はヒル係数と呼ばれる．$n=1$のときはミカエリス・メンテンの式となり，$n>1$の場合は正の協同性，$n<1$の場合は負の協同性を示す．

この関係式は，タンパク質に対するリガンドの結合サイト数を見積もる上でも活用されている．

### 8.6.6 可逆的・不可逆的な化学修飾

酵素には他の酵素による作用によって化学修飾を受けて，触媒機構が活性化あるいは不活性化されるものがあり，その中にも可逆的な機構と不可逆的な機構が存在する．可逆的な化学修飾は，酵素内のある特定のアミノ酸に官能基が修飾されるもので，リン酸化，アデニル化，ウリジル化，ADPリボシル化がよく知られている．不可逆的な化学修飾としては，酵素自身が加水分解を受けるタイプが知られている．プロ酵素と呼ばれる不活性な前駆体として生体内で産生され，特異的なプロテアーゼにより加水分解を受けて酵素活性を示す酵素がこれに該当する．

## 8.7 酵素活性に関わるタンパク質以外の因子

酵素はアミノ酸で構成されているため，その機能にも限界がある．この反応性を補う因子（補因子）としては，主に補酵素（ビタミンなど）と金属イオン（ミネラルなど）が知られている．

### 8.7.1 補酵素

補酵素とはその名のとおり，酵素の機能を補うものである．補酵素の多くは低分子有機化合物で，酵素反応において消費・再生される，つまり可逆的な化学反応を受ける．補酵素は酵素触媒において重要な役割を果たしており，再生機構の違いから2つのタイプに分けられる．

1つは酵素の活性部位に結合して触媒反応に関与するタイプで，直接的に反応を補うため補欠分子族と呼ばれる．補酵素が結合していない酵素は不活性状態（**アポ酵素**（apoenzyme）と呼ぶ）であり，補酵素が結合すると活性状態（**ホロ酵素**（holoenzyme）と呼ぶ）となる．もう1つのタイプは，ある原子団やエネルギーを運搬する役割をもつ酵素で，**キャリアー補酵素**（carrier coenzyme）と呼ばれる．ある酵素反応により原子団やエネルギーを失った後，別の酵素により元の構造に再生され，再利用される．

補酵素の代表例としてビタミンがある．例えばビタミン$B_2$（リボフラビン）はアデノシン三リン酸（ATP）と反応してフラビンモノヌクレオチド（FMN）やフラビンアデニンジヌクレオチド（FAD）となり，このFMNやFADが補酵素として働く（図8.16）．これらはフラビン補酵素とも呼ばれ，電子伝達系やクエン酸回路などにおいて，酸化還元反応をサポートする役割を果たす．

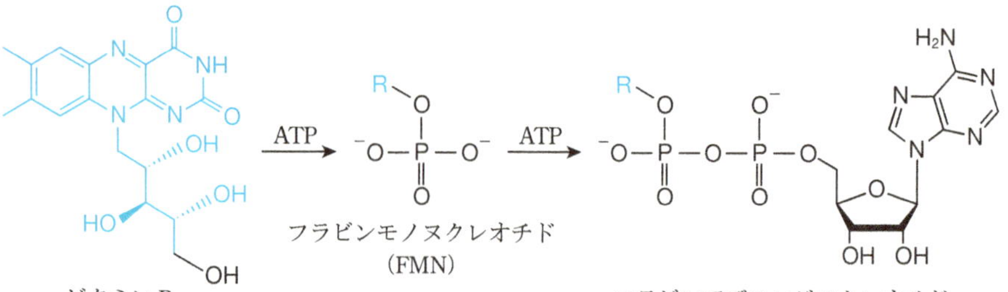

図8.16　ビタミン$B_2$からの補酵素生成反応

### 8.7.2　金属イオン

アミノ酸残基では強い求電子性を発揮することは困難であるので，それを補うような補因子として金属イオンがある．その種類としては，生体内で比較的高濃度で存在している$Na^+$，$K^+$，$Mg^{2+}$，$Ca^{2+}$の典型金属イオン，反応性が高く生体内でも低濃度にしか存在していない$Fe^{2+}$，$Cu^{2+}$，$Mn^{2+}$，$Zn^{2+}$，$Co^{2+}$，$Ni^{2+}$などの遷移金属イオンがある．典型金属イオンは，酵素と弱く結合する($K_d > 10^{-6}$ M)ものが多く解離しやすいため，金属イオンの濃度によって酵素反応の活性化が調整される．一方で遷移金属イオンは酵素と非常に強固な結合をし($K_d < 10^{-10}$ M)，解離しにくい．このような金属イオンの補因子としての役割は，主に3つに大別される．

(1) 構造安定化：主に典型金属イオンが関与しており，特定の酵素に結合して，また基質や補酵素と相互作用して活性型の立体構造を安定化する．
(2) ルイス酸的作用：$Mg^{2+}$，$Ca^{2+}$，$Zn^{2+}$，$Mn^{2+}$などがあげられ，アミノ酸側鎖の原子(酸素，窒素，硫黄)に対して分極を起こし，基質を活性化する．
(3) 酸化還元的作用：$Fe^{2+}$，$Cu^{2+}$，$Co^{2+}$などは酸化状態をとることができる金属イオンであるため，酸化還元反応や電子伝達反応を誘起する．

## 8.8　酵素工学

遺伝子工学の発展により，タンパク質の内部構造・機能を分子レベルで自在に改変できるようになってきた．さらにアミノ酸以外の機能性分子を融合させることで，タンパク質のみでは不可能な機能・物性を付加し，より高機能を有したバ

イオ分子を作り上げることもできるようになってきている．ここでは，酵素の分野におけるタンパク質工学について概説する．

### 8.8.1 酵素機能の改変：合理的再設計と進化分子工学

　酵素の機能改変には主に合理的再設計と進化分子工学の2つのアプローチがある．合理的再設計とは，酵素の構造に基づきいくつかのアミノ酸を改変し，機能を改良した変異型タンパク質を得る手法である．一方，進化分子工学とは，目的とする酵素の機能に関する分子メカニズムがわかっていない場合に，ランダムなアミノ酸ライブラリーの中から目的の酵素活性を有する変異体を取得する手法である．それぞれのアプローチには長所・短所があり，合理的再設計では機能改変された酵素が比較的得られやすいが，完全に新規な機能を有する酵素を作製するのは難しい．これに対して進化分子工学では，新規な酵素活性を創出できる可能性があるが，目的とする機能を有する分子を得るのは難しい．

(1) 合理的再設計 (rational design)

　酵素の原子レベルでの立体構造情報，さらに反応メカニズムの詳細が明らかとなっていることが前提である．これらの情報から機能の向上が期待できるアミノ酸を，他のアミノ酸に変異させる．これまでに，酵素の触媒部位の改良や構造安定性の向上，また基質の結合特異性の変換などが行われている．

(2) 進化分子工学 (directed evolution)

　第7章でも述べたが，生物の進化において行われてきた「突然変異→淘汰→増幅」のサイクルを何度も繰り返すダーウィン進化論を模倣し，分子進化を短期間で試験管内において実行する手法である．まずPCRにおいて複製の厳密度の低い条件を設定し，DNA増幅時に変異が入るようなerror-prone PCRと呼ばれる手法を用いて遺伝子に多様な変異を含んだ遺伝子ライブラリーを作製する．これを転写・翻訳することによってタンパク質ライブラリーを作製し，目的の機能(酵素活性)を示すタンパク質を選別する．選別されたタンパク質の遺伝子情報を解析し，それに対してさらに遺伝子変異を導入して，より高活性なタンパク質を取得するというサイクルを繰り返すことにより，タンパク質を分子進化させていくと，高性能な酵素が作製できる．このような進化分子工学の原理より，近年までによりすぐれた技術がいくつか開発されてきている．例えばDNAシャッフリング法は，目的の遺伝子を任意の分解酵素で断片化し，それらDNAが互いにプライマーとなるようなPCR増幅を行い多種類のキメラ遺伝子を得る手法である．

### 8.8.2 抗体酵素

8.4節で述べたように，Paulingは酵素が基質の遷移状態を安定化して触媒反応を進行させる遷移状態安定化の原理を提唱した．この原理に従えば，基質の遷移状態を特異的にとらえる分子があれば，すべて人工的にデザインした非天然の分子であっても酵素反応を起こすことができると考えられる．特定の分子に対して特異的な結合を示すタンパク質として，抗原に対する特異的分子認識を示す抗体が注目された．そして1986年，P. G. Schultz と R. A. Lerner の二人は，エステルの加水分解を促す触媒機能をもった抗体，**抗体酵素**（abzyme：antibody と enzyme を合わせた語）の作製に成功した．そのアプローチは，基質の遷移状態に類似した分子「遷移状態アナログ」を抗原として動物を免疫させ，スクリーニングによってモノクローナル抗体を取得するというもので，最終的に加水分解速度を約1,000倍加速できる抗体を得た（図8.17）．その後，他のグループによってアミド結合，グリコシド結合，リン酸ジエステル結合などを加水分解する抗体が報告されている．

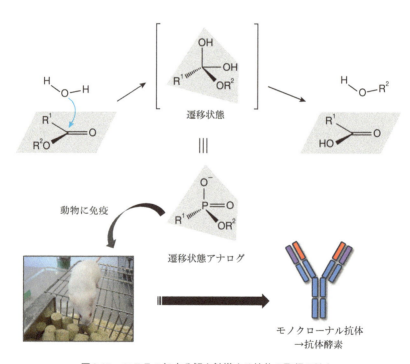

図8.17　エステル加水分解を触媒する抗体の取得の流れ

### 8.8.3 人工酵素の設計

　酵素は生体内における機能の解明の研究，疾患における治療ターゲットなどとしての利用を目指した研究などに牽引される形で，生命科学や医療の分野において発展を遂げてきた．近年は，タンパク質工学技術の進歩により，酵素の機能を人工的に改変し目的に応じた活性を示す酵素，つまり人工酵素の開発も盛んに行われている．このような人工酵素は，化学薬品などの大量合成における触媒，また分解処理を必要とする洗剤など，産業分野においても注目されている．産業分野では，高温条件，酸またはアルカリ条件，有機溶媒系など，生体内で機能している酵素にとっては厳しい環境下で利用されることが多い．さらに触媒作用においても，より高活性で高い特異性をもった酵素が望まれる．したがって人工的に目的に応じた酵素を開発することが必要になる．このような背景から，人工酵素をゼロから設計する取り組み(*de novo*デザイン)も行われている．その戦略としては(1)ランダムスクリーニング(進化分子工学を駆使した戦略；8.8.1項)，(2)ラショナルデザイン(すべてコンピュータ内で設計する戦略)，(3)セミラショナルアプローチ(ランダムスクリーニングとコンピュータスクリーニングを組み合わせた戦略)がある．

　理想とする触媒作用を示す人工酵素の効率的な設計には，(1)酵素の機能とそのタンパク質構造との関連性に関する網羅的な情報集積，(2)基質の結合によるタンパク質の誘導適合を含めたタンパク質構造のダイナミックな変化の予測・設計，(3)基質の結合や触媒作用におけるアミノ酸残基の立体配置，さらには水分子の配向の考慮，(4)アミノ酸変異にともなうタンパク質の構造安定性や発現効率についての情報が必要である．今後はこれらの情報のデータベース化，高速分子シミュレーションによる物性予測などの発展が重要であろう．日本では，2012年に超高速のスーパーコンピュータ「京」(理化学研究所計算科学研究機構，兵庫県神戸市)が稼働を開始した．タンパク質のダイナミクスや水和の状態を考慮し予測することは，膨大な計算を必要とする．今まさに人工酵素を高性能に設計する時代に入っている．

## 8.9 タンパク質以外の酵素

酵素はタンパク質からなる．100年以上の長い酵素科学の歴史において，酵素による触媒反応はタンパク質の機能によるものであることは誰も疑いようがなかった．しかし，1982年にT. R. CechとS. Altmanらがその固定観念を覆す発見をした．触媒機能をもつRNA，**リボザイム**（ribozyme）である．

Cechらのグループは，繊毛虫テトラヒメナのrRNAのスプライシングがタンパク質非存在下でも進行することを発見した．詳細な解析を行った結果，上流のエクソンの3′末端に位置するグアニンヌクレオチド部分が，下流のエクソンの5′末端とリン酸ジエステル結合を形成することが明らかとなった（図8.18）．この自己スプライシング能をもつrRNAはグループⅠイントロンと呼ばれる．一方，Altmanらのグループは，tRNA前駆体の3′末端をプロセシングする触媒機能をもつリボヌクレアーゼPは，RNA分子であることを報告した．

このように，自己スプライシング型イントロンやリボヌクレアーゼPのようなRNAによる触媒機能が発見されたことにより，生命の起源に関する議論についても大きなパラダイムシフトが起きた．それまでRNAはセントラルドグマにおける遺伝情報の運び屋としてとらえられ，脇役のような見方をされてきたが，遺伝情報と酵素機能の両方を兼ね備えているRNAが，生命の起源における主役と

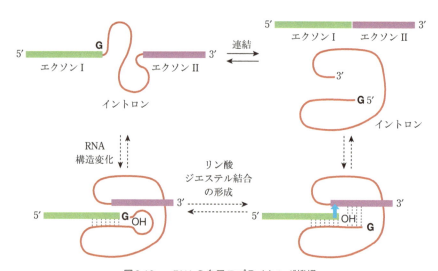

図8.18　mRNAの自己スプライシング機構

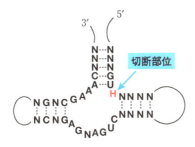

図8.19　ハンマーヘッドリボザイムの二次構造
　　　　NはA, U, G, Cのいずれか，Hは切断を受ける塩基，破線は塩基対形成．

して働いていたのではないかと考えられ，「RNAワールド仮説」が提唱された．今日までに数種類のリボザイムが発見されているが，ハンマーヘッド型リボザイムと名づけられた触媒機能をもつRNAを用いた人工エンドヌクレアーゼの開発も発展している（図8.19）．このタイプのリボザイムは，近年，がん化やエイズなどの疾患に関連するRNAを切断する治療薬への応用も試みられている．

**参考文献**

1）虎谷哲夫，北爪智哉，吉村　徹，世良貴史，蒲池利章，改訂 酵素―科学と工学，講談社（2012）
2）A. Fersht著，桑島邦博，有坂文雄，熊谷　泉，倉光成紀 訳，タンパク質の構造と機能，医学出版（2005）
3）一島英治，酵素の化学，朝倉書店（1995）
4）丸山工作，生化学をつくった人々，裳華房（2001）
5）石田寅夫，あなたも狙え！ノーベル賞 科学者99人の受賞物語，化学同人（1995）

# 第9章　糖

　糖(糖鎖)は糖質，炭水化物などとも呼ばれ，英語ではsugar (chain)，saccharide，carbohydrate，glycan，glycoconjugateなどと表記される．糖は人類にとって身近であるとともに，地球上のすべての生物にとって生命活動に不可欠な物質である．生物は炭水化物を食料として摂取し，グルコースに分解してエネルギー源として生命活動に用いている．また，セルロースは植物の細胞壁や繊維質として，キチン類はカニやエビなどの甲殻類の殻として，構造体にも利用されている．

　糖はタンパク質のように遺伝情報から直接生合成されるわけではなく，糖転移酵素の作用によってゴルジ体などの細胞内小器官で1つずつ伸長する．つまり糖は鋳型をもとに生合成されるわけではない．残基数が増えれば，厳密な糖鎖構造を規定することが確率的に難しくなる．例えばムチンに代表されるように，粘性を与えるなどの物性面(高分子としてのふるまい)で機能するものも多いと考えられる．

　本章では，まずグルコースを用いて単糖の命名法を示し，有用なハース式や立体配座の表記法を解説する．次に二糖および多糖，さらに血液型などのオリゴ糖を多く含む複合糖質(糖タンパク質および糖脂質)の構造と性質について述べる．最後に有用な糖鎖の合成や最新の分析方法について紹介する．

## 9.1　糖研究の歴史

　人類は古来より，木綿などのセルロースを衣服として利用し，さらに穀物や砂糖などの炭水化物を食物として得ていたが，糖の学術研究は19世紀後半に始まる．1888年スウェーデンのO. Hammarstenにより動物性粘性タンパク質の多糖ムチンが同定された．またこの頃，ドイツのH. E. Fischerはアルドースとケトースの構造決定を行い，立体化学の基礎を築いた．Fischerはこの業績により1902年にノーベル化学賞を受賞している．

　糖鎖が疾患に関わっていることは，1900年代初頭にすでに見出されている．1930年前後に先天性疾患であるゴーシェ病やテイ・サックス病などにおいて，

## ○ Hermann Emil Fischer（1852〜1919）

ドイツの有機化学者で，van't Hoffの不斉炭素原子理論を展開し，グルコースを用いて糖の構造異性を説明する方法を提案した（後年に修正されて現在のルールができた）．研究は多岐にわたり，糖化学だけでなく，タンパク質化学の基礎も築いた．1902年に「糖類およびプリン誘導体の合成」によりノーベル化学賞を受賞．

患者の臓器に糖脂質が蓄積されていることが発見された．また1942年にE. Klenkは脳や脾臓などからシアル酸含有スフィンゴ糖脂質を分離し，これを「ガングリオシド」と名づけた．また戦後の混乱の時期であるにもかかわらず，東京大学伝染病研究所（現 医科学研究所）の山川民夫は$N$-グリコリルノイラミン酸（NeuGc）をもつガングリオシドであるヘマトシドを1951年に発見している．なお同じ時期の1950年頃，コンドロイチン硫酸やヒアルロン酸などの日本企業による工業生産が東京大学理学部の江上不二夫の貢献により可能となり，現在は医療などに用いられている．また，1938年にK. Mayerによって命名されたプロテオグリカン（旧名ムコ多糖，後述）は，1950年代に盛んに研究された．ゴーシェ病と同じ先天性代謝異常であるムコ多糖症の患者では，加水分解酵素の欠損のためにプロテオグリカンが蓄積することが明らかになっている．

1950年頃からは，オリゴ糖鎖ががん組織に蓄積しているとの知見が報告され始めた．これらのオリゴ糖鎖はがん関連糖鎖抗原であり，後にルイス抗原などと命名された．糖鎖構造とがんとの関連性が研究された結果，現在では腫瘍マーカーとして臨床で利用されている．

こうした研究を可能にしたのは，糖鎖の存在を容易に検出できるレクチンというタンパク質である．レクチンの発見は，1888年のエストニアのP. H. Stillmarkの博士論文が最初であり，ヒマなど植物種子の抽出物が血液凝集活性を示すことにより見出された．レクチンは植物だけでなく，動物やインフルエンザなどのウイルス，また多くの毒素（コレラ，ベロなど）にも存在していることが明らかになった．こうしたレクチンに関する研究の進展やモノクローナル抗体技術の台頭により，糖鎖構造の解析やがん細胞やリンパ球などにおける細胞表面糖鎖の同定や機

能解析が進んだ．近年注目を浴びた例では，胚性幹細胞(ES細胞)および人工多能性幹細胞(iPS細胞)などにおいて，SSEA(発生段階特異的胎児性抗原)やTRA1-60(腫瘍拒絶抗原)などの糖鎖が未分化性を決める分子マーカーとして使われている．

2000年頃からは質量分析技術が普及し，糖鎖研究を行うための環境が整ったことで，それまでは未知な分子群であった微量で多様な糖鎖の構造を容易に明らかにすることができるようになった．

## 9.2 単糖の構造と性質

糖は炭水化物の名前が示すとおり，炭素と水が結合した化合物であり，炭素数が3以上のヒドロキシ基とアルデヒド(もしくはケトン)を同一分子内に有する「ポリヒドロキシアルデヒドもしくはポリヒドロキシケトン」として定義される．アルデヒド基をもつ糖は**アルドース**(aldose)，ケトン基をもつ糖は**ケトース**(ketose)と分類され，示性式はそれぞれ，$H-(CHOH)_n-CHO$ もしくは $H-(CHOH)_n-CO-(CHOH)_m-H$ と表される．

糖化学は長い時間をかけて築き上げられてきたために多くの表記法が存在するが，いずれも正式な表記法として認められている．しかしながらその中には有機化学で習う化学構造式の描き方に従わない表現も含まれている．基本的には，そのときに議論している内容について受け手にとって理解が容易で，かつ正確に伝わるように描ける表記法を選べばよい．

### 9.2.1 単糖の構造と命名法

最も小さい糖は炭素数3のトリオースであり，以後炭素数が増えていくと，テトラオース，ペントース，ヘキソース，ヘプタオースなどと呼ばれる．自然界の単糖は炭素数が9のものまで存在するが(例えばシアル酸)，炭素数が5もしくは6のものが多い．糖の立体配置はアミノ酸と同様，D/L表示法(フィッシャー投影式)で定義され，これが命名の基本となる．フコースなどの例外もあるが，生体内のほとんどの糖はD体である．

A. D体とL体：フィッシャー投影式(Fischer projection)

アルドースではグリセルアルデヒドが基準化合物である．図9.1に示すように，まず不斉炭素(2位の炭素原子，C-2)を中心に置き，酸化度の高い炭素(つまり

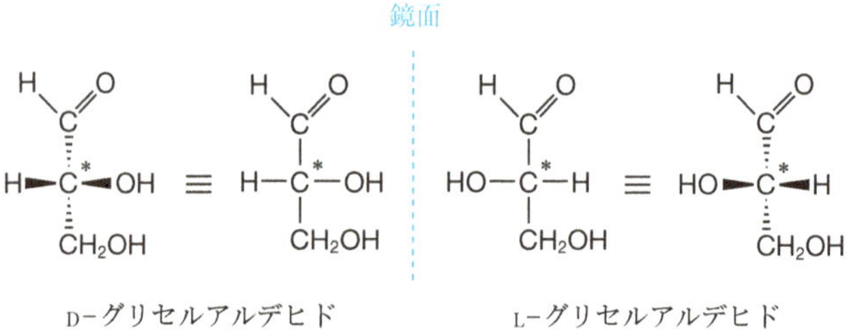

# 第9章 糖

鏡面

D-グリセルアルデヒド　　　　　L-グリセルアルデヒド

図9.1　フィッシャー投影式によるグリセルアルデヒドの鏡像

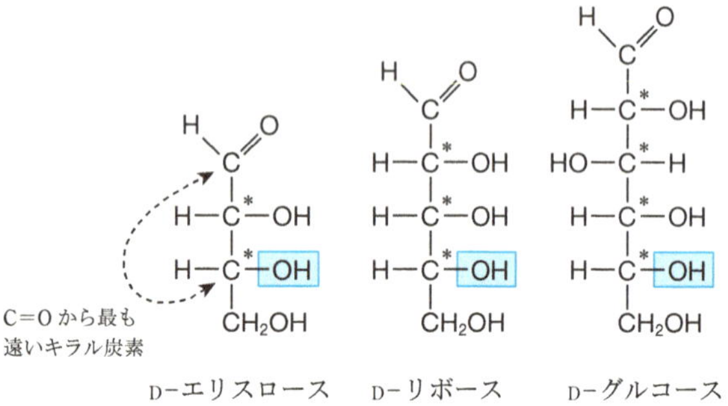

C=Oから最も遠いキラル炭素

D-エリスロース　　D-リボース　　D-グルコース

図9.2　フィッシャー投影式で示したD-エリスロース(テトラオース)，D-リボース(ペントース)，D-グルコース(ヘキソース)の化学構造
C=Oから最も遠いキラル炭素に結合しているOH基を右に置いた構造をD体とする．

アルデヒド基)を上に，酸化度の低いCH₂OHを下に置く．C-2の左右にHとOHを配置するが，ここでOHが右側に位置するものをD-(+)-グリセルアルデヒドと定義する．つまり糖におけるD/Lは，カルボニル基から最も遠い不斉炭素上のOH基が右に置かれたものをD体とし，左に置かれたものをL体と定義する(図9.1)．(+)は旋光性が右旋性であることを表し，D体の鏡像異性体L-(−)-グリセルアルデヒドは左旋性を示す．しかしD/Lは相対配置を示す表記であり，D/Lが変われば符号も逆転するが，常にD体が+となるわけではない．

　D体のアルドースの例として，D-エリスロース(D-エリトロース)，D-リボース，D-グルコースの分子構造を図9.2に示した．HとOHの組み合わせにより，テトラオースではC-2のみOHの位置が異なる2種類，ペントースではC-2とC-3が異なる4種類，ヘキソースでは8種類の構造異性体が存在する．炭素数6のヘキソース(不斉炭素は4つ)までの糖には慣用名が付いているが，それ以上の炭素

数をもつ糖には不斉炭素を4つ単位で区切って系統的に命名することになっている.

B. アノマー（α形とβ形）

アルデヒドはアルコールと反応してヘミアセタール構造を形成する.

$$-CHO + HO-R \longrightarrow -CH(OH)-OR$$

炭素数が5ないし6の環が形成されやすく，ペントースおよびヘキソースでは環形成した糖が多く存在する.

環を形成する際，アルデヒドのカルボニル基と5位のOHが反応してヘミアセタールを形成する．この際，1位のOHは左右のどちらかに配置される（図9.3）．D系列の場合，OHが右にあるものをα形，左にあるものをβ形とする．環化した場合には，α形ではOHの向きが5位のOHの向きと同じとなり，β形では反対になる．この1位の炭素を**アノマー炭素**（anomeric carbon）と呼ぶ．アノマー位のOHの立体配置は，糖にとって最も重要な構造の多様性であり，この違いだけで物性は大きく変化する．例えばα形でグルコースが連結したものは栄養源となるグリコーゲンであり，水に溶解して無色透明の溶液になるが，β形ではセルロースとなり，水に不溶で草木などの構造骨格として機能する.

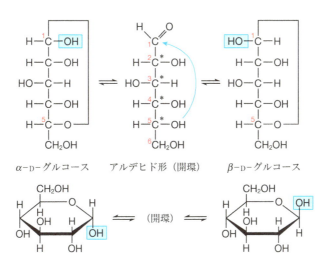

図9.3 フィッシャー投影式（上段）とハース投影式（下段）で示したアルデヒド型のグルコースの閉環によるαおよびβ形のグルコースの形成

## C. 命名法

　糖の命名は，(1)アノマー配置($\alpha/\beta$)，(2) D/L 配置，(3)不斉炭素の組み合わせ，(4)環の大きさの4つの要素を組み合わせて行う．まず2位から4位までの不斉炭素のHとOHの向きの組み合わせであるが，D系列では，2位から4位の炭素までに結合しているOHが右左右の場合，"gluco"を使う．同様に右右右(allo)，左右右(altro)，右左左(galacto)，右右左(gulo)，左左左(ido)，左左右(manno)，左左左(talo)に対応して付与される．L系列であれば，すべて逆となることを理解しておきたい(glucoなら，左右左)．

　環を形成する場合，6員環の糖はピラン環となることから，ピラノースと呼び，頭に"pyrano"をつける．5員環の場合はフラン環となるため，フラノースと呼び，頭に"furano"をつける．

　これらの規則をすべて組み合わせ，(1)アノマー配置($\alpha/\beta$)と(2) D/L 配置をハイフンでつなぎ，(3) C-2 から C-4 位の OH の配置，(4)環の大きさ，そして最後に"se"をつなぎ合わせると，$\beta$形のグルコースは"$\beta$-D-glucopyranose"のように表記できる．ただし"pyrano"を省略して簡略化した"$\beta$-D-glucose"がよく用いられる．

$\beta$-D-glucopyranose($\beta$-D-グルコピラノース)＝$\beta$-D-glucose($\beta$-D-グルコース)

## D. 変旋光

　グルコースの場合，環状となっているほうが安定であるため，アルデヒドの状態にある割合はかなり低く0.02%である．$\alpha$-D-グルコースの旋光度は+112°，$\beta$形の旋光度は+18.7°である．$\alpha$形(もしくは$\beta$形)を水に溶解させると，最初はそれぞれの旋光性を示すが，時間が経つに従って旋光度が変化する．この現象を**変旋光**(mutarotation)と呼ぶ．これは環状グルコースが水中で開環してアルデヒドとなり，再度閉環して$\alpha$形あるいは$\beta$形となるという反応が繰り返されていることを反映している．この反応はやがて平衡に達し，平衡時には旋光度は+52.7°となるが，この値から$\alpha$形と$\beta$形が36：64の比で存在していると計算できる．

## E. ハース式(ハース投影式，Haworth projection)

　フィッシャー投影式は単糖の命名を行う場合には都合がよいが，構造がイメージしにくく，また複数の糖が結合した際に表記が複雑となる．そのため，簡略化が可能であり，直感的に構造を把握しやすいハース投影式や立体配座(後述)がよく用いられる．

## ● Walter Norman Haworth（1883～1950）

イギリスの有機化学者で，炭水化物，テルペンの研究を行った．単糖の環状構造をピラノースやフラノースと命名し，ハース投影式を提唱した．また糖をメチル化して二糖および三糖類を研究する手法を見出し，セルロースなどの多糖の繰り返し単位を明らかにするなど，Fischer以後の糖化学の発展に多大な貢献をした．さらにビタミンCの構造決定や合成にも成功し，1937年にノーベル化学賞を受賞した．

図9.4　グルコースのフィッシャー投影式からハース投影式への変換

ハース投影式への変換は，以下の方法で行う（図9.4）．まずアルデヒド形を6つの炭素が環を巻くように平面上に並べ，C-4とC-5の結合をC-6が平面の上に出るように回転させる．次にC-5のOHとC-1のアルデヒドのカルボニル基との間でヘミアセタールを形成させる．C-1のOHは環平面の上側もしくは下側に置くことができるが，上の場合が$\beta$形，下の場合が$\alpha$形である．C-1からC-5までのOHの向きは，ハース投影式での上下がフィッシャー投影式での左右に対応する．またOHの位置をわかりやすく表記するために，H（およびその結合線）を省略してOHのみ表記してもよい．

果物や蜂蜜などの甘み成分であるD-フルクトース（fructose，果糖）は6炭糖（6つの炭素からなる糖）のケトースであり，図9.5に示すように，C-5のOHがケトン基のC-2炭素とヘミアセタール結合を形成して5員環（フラノース）をつくる（実際はC-1を攻撃してできる6員環も存在するが，主として5員環である）．アルドースと同じく，C-2のOHの向きがC-5のOHと逆である構造が$\beta$形であり，図9.5に$\beta$-D-フルクトフラノース（$\beta$-D-fructofuranose）（もしくは$\beta$-D-フルクトース）を示した．$\alpha$形を書く場合，C-2のOHとC-1のCH$_2$OHの上下を逆にすればよい．

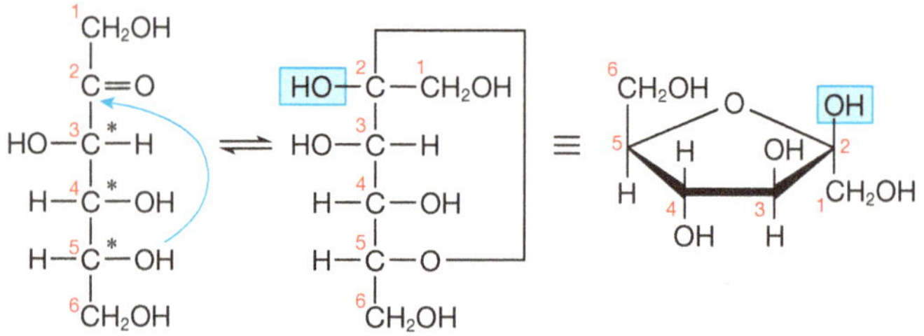

図9.5 フィッシャー投影式とハース投影式で示したβ-D-フルクトースの化学構造

## F. 立体配座

ハース投影式は結合様式を正確に記述しやすいが，立体構造をイメージしにくい．立体構造を把握したい場合は，立体配座で表記するとよい．ピラノース環はシクロヘキサンと同じくいす型，舟型，ねじれ舟型のいずれかの立体配座をとる．いす型のポテンシャルエネルギーが一番小さく，安定な構造であるが，いす型の中でも4位が上，1位が下にある $^4C_1$ 構造が安定である（図9.6）．β-D-グルコースの場合，OHはすべてエクアトリアル結合となる．$^4C_1$ が反転したもの（$^1C_4$）はOH基が混み合って不安定である．$^1C_4$ では，α/β配置はそのままで，アキシアル／エクアトリアルのみが変わる．

また，β-D-グルコースはC-1のOHがアキシアル結合になっているα-D-グルコースよりも少しだけ安定である．水に溶解させた際，平衡時にα形に対してβ形のほうがやや多くなる（α/β＝36：64）のは，この理由による．

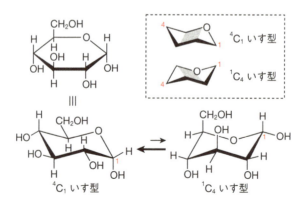

図9.6 α-D-グルコースにおける立体配座の変換
$^4C_1$ 構造が安定であるため，$^4C_1$ 構造が主となり $^1C_4$ 構造をとる割合は少ない．

## 9.2.2 さまざまな基本単糖

グルコース以外のアルドースとして，ガラクトース（galactose），マンノース（mannose）がある（図9.7）．ガラクトースはグルコースと4位のOHの向きのみが異なり，マンノースは2位のOHの向きのみが異なる．フコースは他のヘキソースとは異なり，L体で存在する異色の単糖であるが，血液型糖鎖などで使われている．L-フコースは，6-デオキシ-L-ガラクトースであるため，D-ガラクトースの1位から5位のOHの向きをすべて逆にし，6位を$CH_3$にすることで表記できる．ここであげた単糖はすべて糖脂質および糖タンパク質の糖鎖部分で見出される構成単糖である．

アルデヒド型の5単糖として，$\beta$-D-リボースがある．これはRNAの構成成分

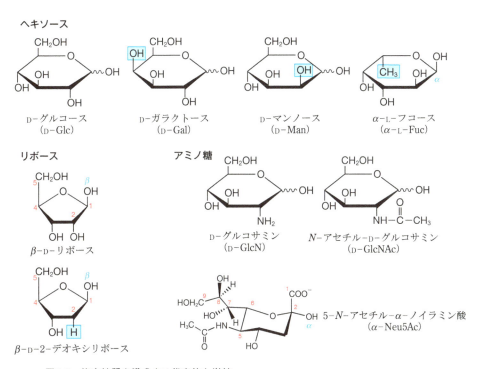

**図9.7 複合糖質を構成する代表的な単糖**
ヘキソースはグルコース（Glc），ガラクトース（Gal）およびマンノース（Man）を示した．フコース（Fuc）はL体であり，血液型糖鎖などで使われる．リボースは核酸塩基およびリン酸と連結してDNAやRNAとなる．シアル酸の1つである$N$-アセチルノイラミン酸は9炭糖である．アノマー位のOHの結合線が波線で書かれている場合は，$\alpha/\beta$の区別をする必要がないことを示す．

である．この2位のOHがHに置換した化合物は，$\beta$-D-2-デオキシリボースであり，DNAの構成成分である．OH基がHとなることによって反応性が下がり，化学的に安定となるため，遺伝子として用いられていると考えられる．

アミノ糖は，糖のOH基の一部がアミノ基やアミド基に変換されたものをいう．グルコースの2位のOHが$NH_2$もしくは$NH-CO-CH_3$に置換されたものがそれぞれD-グルコサミン（GlcN），$N$-アセチル-D-グルコサミン（GlcNAc）である．ガラクトースにも同じようにD-ガラクトサミン（GalN），$N$-アセチル-D-ガラクトサミン（GalNAc）がある．また，9炭糖でカルボキシ基をもつシアル酸も重要なアミノ糖である．シアル酸は$N$-アセチルノイラミン酸を骨格とし，30種類程度あるが，代表的なものは5-$N$-アセチル-$\alpha$-ノイラミン酸（$\alpha$-Neu5Ac）と5-$N$-グリコロイル-$\alpha$-ノイラミン酸（もしくは5-$N$-グリコリル-$\alpha$-ノイラミン酸）（$\alpha$-Neu5Gc）である．天然には$\alpha$体しかないために$\alpha$は略されることが多く，また5位以外に置換された糖が見つかる以前は，NeuAcと表記されていた．また1位のカルボキシ基は，硫酸化糖などとともに細胞表面を負電荷にする役割を担っている．赤血球凝集試験で受容体としての役割を果たすほか，抗インフルエンザ薬として知られるオセルタミビル（商品名タミフル®）やザナミビル（商品名リレンザ®）はこのNeu5Acの誘導体である．

### 9.2.3 還元糖と非還元糖

水中のアルドースは図9.8に示すようにアルデヒドとヘミアセタールの平衡状態として存在するため，酸化剤で容易に酸化されてアルドン酸になる．フェーリング反応ではアルデヒドが容易に酸化され，トレンス試薬（アンモニア性硝酸銀溶液）では銀鏡反応が起きる．このような反応を引き起こす糖を**還元糖**（reducing sugar）という．これらの反応を利用して，糖の検出や定量を行うことができる．

ケトースも塩基性条件下では，還元糖となりうる．ケトースは塩基性条件下でエンジオールを経てアルドースとなるためである．この性質を「ケト-エノール互変異性」という．

糖の還元性は，アノマー炭素（C-1）のアルデヒドとしての性質に由来する．つまり，アノマー炭素が他の分子のヒドロキシ基，例えばメチル基や他の糖のヒドロキシ基と置換するとこの反応を示さない．オリゴ糖や多糖では，末端以外のアノマー位のOHは反応して他の糖と結合しており，還元性を示さない．糖が連結した際，還元性を示すアノマー位のOHが残っている一番端の糖を**還元末端**

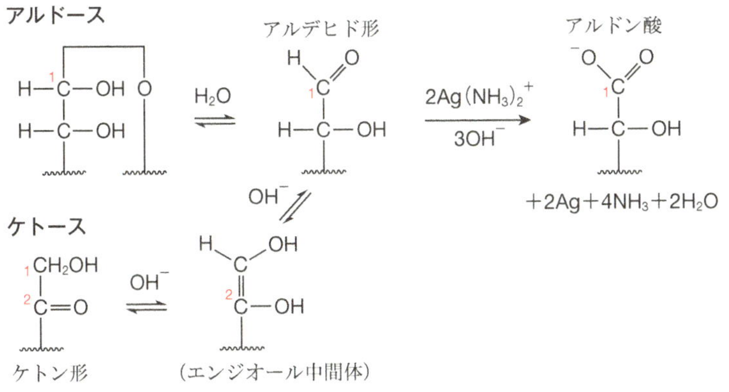

図9.8 アルドースおよびケトースによる還元反応
アルドースは銀イオンなどの酸化剤存在下で容易に酸化され,アルドン酸となる.ケトースは塩基性条件下で酸化される.

(reducing terminal)と呼び(右側に書くことが多い),もう片方の端(**非還元末端**,nonreducing terminal)と区別される.

## 9.3　二糖および多糖の構造と性質

### 9.3.1　二糖の構造と性質

A.　マルトース(麦芽糖)

　ヘミアセタールはアルデヒドを経由して他の糖のヒドロキシ基と反応し,アセタールを形成する.この結合をグリコシド結合と呼ぶ.例えば,2つのD-グルコースが分子間でα体の1位と4位で連結(α1,4結合)した二糖(disaccharide)をマルトース(maltose,麦芽糖)と呼ぶ(図9.9).マルトースは唾液などに含まれる酵素アミラーゼによるデンプンの加水分解などによって得られる.また4位が連結したグルコース(図では右側)はアノマー位が残っているので還元性を示すが,もう片方の1位で連結しているグルコース(左側)は還元糖ではない.還元末端側の糖のアノマーをβとすれば,マルトースは4-O-(α-D-グルコピラノシル)-β-D-グルコピラノースである.略号では,連結部分をさまざまな方法で表記できる.Glc(α1-4)GlcやGlc(α1,4)Glc,また括弧を抜いてGlcα1-4GlcおよびGlcα1,4Glc,あるいはアノマー位は1位なので省略してGlcα4Glcでもよい.さらに結合位置をカンマの代わりに矢印で示す方法もある(Glcα1→4Glc).また,

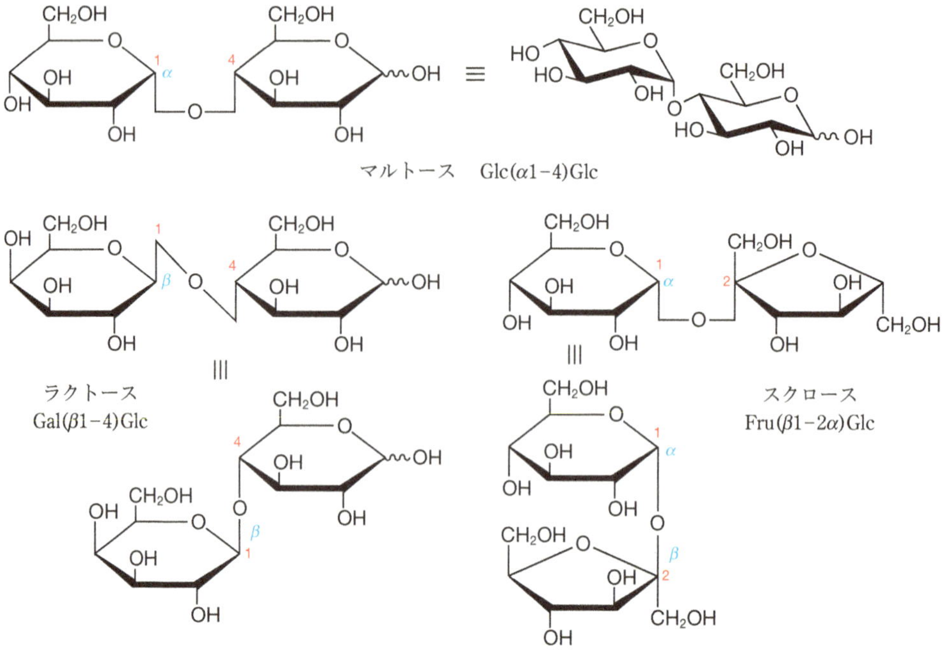

**図9.9 二糖のハース投影式による表記**
マルトースについては立体配座による表記も示した．マルトースは2つのグルコース (Glc) が α1,4 結合で連結したものである．単糖を上下に書くことによって，グリコシド結合部分を直線のみで記述できる（ラクトースおよびスクロース）．

マルトースの α1,4 結合が β1,4 結合に置き換わった二糖をセロビオース (Glcβ1-4Glc) と呼び，セルロースを分解することで得られる．

### B. ラクトース（乳糖）

ラクトース (lactose, 乳糖) は，D-ガラクトースの1位が β1,4 結合で D-グルコースの4位と連結した 4-O-(β-D-ガラクトピラノシル)-D-グルコピラノース (Galβ1-4Glc) である（図9.9）．母乳や牛乳，乳製品に入っており，乳幼児の時期はこれを加水分解する酵素を有しているが，成長するに従って活性が下がる．そのため成人になると牛乳や乳製品に弱くなる人が多い．また先天的にラクトースを消化できないラクトース不耐症という疾患があるが，牛乳を含まない食事にすることで症状が改善する．ラクトースはスフィンゴ糖脂質などにおいて基本となる二糖であり，生理活性糖鎖において重要である．

C. スクロース(ショ糖)

　サトウキビやテンサイなどから精製される砂糖はスクロース(sucrose, ショ糖)からなり，D-グルコース($\alpha$体)の1位がD-フルクトース($\beta$体)の2位と$\beta$結合で連結した$\beta$-D-フルクト-$\alpha$-D-グルコピラノシド(Fru$\beta$2-1$\alpha$Glc)である(図9.9).アノマー位が両方とも結合に使われているので，スクロースは還元糖ではない.加水分解によってD-グルコースとD-フルクトースとなり，エネルギー源として利用される.

　ダイエット食品などに含まれる甘味料のアスパルテームは，スクロースよりも100〜300倍甘いとされ，スクロースの代わりに用いられる．アスパルテームはアスパラギン酸とアラニンのジペプチド誘導体であることから，糖ではない．グルコースに類似の構造を形成することから，糖を認識する受容体に結合することで甘みを感じると考えられている.

D. トレハロース

　トレハロース(trehalose)は天然からは少量しか採取できないが，昆虫や植物が乾燥や凍結から身を保護する際に重要な役割を果たすことがわかっている．天然の構造は2つのD-グルコースが$\alpha$1,1結合で連結したGlc$\alpha$1-1$\alpha$Glcであり，$\alpha,\alpha$-トレハロースと書かれる．アノマー位どうしで連結しているため，還元糖ではない．もともとは酵母から単離していたために稀少であったが，日本の企業がデンプンから酵素を使って合成する方法を開発して安価となり，食用や化粧品などで広く利用されるようになった．椎茸などのキノコ類，エビやひじきなどにも含まれる甘味成分でもある.

### 9.3.2　多糖の構造と性質

　多糖(polysaccharide, glycan)はエネルギーを貯蔵する目的だけでなく，動植物を形づくる構造体として生物に利用されている．また動物の体内では粘性物質のムチンに代表されるように，特殊な物性を与える生体高分子としてプロテオグリカンがある．

A. デンプン・グリコーゲン

　植物が有する，グルコースを貯蔵するためにつながった単純多糖がデンプン(starch)である．デンプンは米や小麦，大豆，トウモロコシなどの穀物類，ジャガイモなどのいも類の主成分である．デンプンにはグルコース単位が$\alpha$1,4結合で直鎖状に連結しているアミロース(amylose)が20％含まれ，残りの80％はアミ

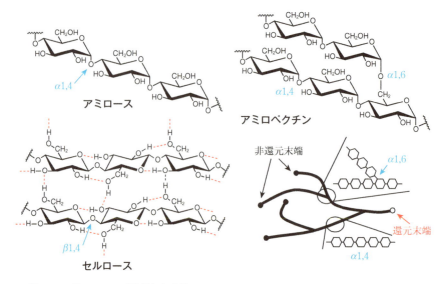

**図9.10　グルコースが連結した多糖**
グルコースがα1,4結合で連結したアミロース(左上)．アミロースがα1,6結合で分岐したアミロペクチン(右)．還元末端はアノマー位にヒドロキシ基をもつグルコースであり(白丸)，非還元末端はアノマー位が連結に使われている末端部分である(黒丸)．β1,4結合で連結したセルロース(左下)は，分子内および分子間で水素結合(赤い破線)を形成するため，水に不溶である．

ロースが6位から分岐した構造をもつアミロペクチン(amylopectin)で構成される(図9.10)．アミロースは数百から数千程度のグルコースが連結したものであり，水中でらせんを巻きやすい．ヨウ素デンプン反応はこのらせんの中にヨウ素が入り込むことによって色を呈する反応である．アミロペクチンはアミロースよりも大きな分子量で，約25個のグルコースごとにα1,6結合で分岐しており，アミロースと比べて水に溶けにくい．デンプンは唾液や小腸内のアミラーゼによってオリゴ糖やマルトースへ加水分解され，吸収される．

グリコーゲン(glycogen)は，動物の体内でエネルギーの貯蔵に使われる多糖で，デンプンと類似した構造をもつ．しかしデンプンのアミロペクチンよりも分岐が多く，ゲル状態で存在する．筋肉や肝臓に多く蓄えられており，血液中のグルコース濃度を保つために代謝されて利用される．

B．セルロース

セルロース(cellulose)は草や木など植物の細胞壁の構成要素であり，地球上で

最も多く存在する生体高分子である．グルコース単位が$β1,4$結合で直鎖状に連結したものであり，アミロースとはグルコース単位のアノマー位の$α$と$β$が違うだけである．しかし分子内および分子間で水素結合を形成するためにアミロースとは物性が大きく異なり，強度のある繊維を形成する(図9.10)．デンプンやグリコーゲンとは異なり，ヒトはセルロースを分解できないために栄養素として利用できないが，草食動物は腸内に分解する微生物をもつために消化吸収できる．

セルロースは工業製品としても幅広く利用されている．セルロースを再生して繊維化したものはレーヨン，フィルム状にしたものはセロファンとして使われている．またセルロースを硝酸でニトロ化したニトロセルロースは1800年代より用いられているほか，セルロースをアセチル化したアセチルセルロースは衣料やフィルムなど多くの用途で使われている．

C. キチン・キトサン

エビやカニなどの甲殻類の殻は，キチン(chitin)と炭酸カルシウムなどの無機塩から形成される．キチンはセルロースと同じく$β1,4$結合で直鎖状に連結しているが，構成単位が$N$-アセチル-D-グルコサミン(GlcNAc)である．キチンのアセチル基を加水分解したキトサン(chitosan)は酸性条件で水溶性を示す．キチンとキトサンは混在していることが多いために，キチン・キトサンとまとめて呼ばれることが多い．キチン・キトサンは抗原性もなく生体適合性にすぐれた材料であり，怪我をした後の創傷治癒を促進する効果があるほか，医療への応用研究も盛んに行われている．

D. ペプチドグリカン

細菌の細胞壁は，ペプチドと多糖が網目状に結合したペプチドグリカン(peptidoglycan)からなる．糖部分はGlcNAcと$N$-アセチルムラミン酸(MurNAc)が$β1,4$結合によってつながったものからなり，MurNAcにD体のアミノ酸を含むペプチド(Gly, Ala, Glu, Lysなど)が連結している．糖部分はリゾチームによって分解することができる．

A. Flemingによって青カビから発見されたペニシリンは，ペプチドグリカンを生成する酵素に作用し，細胞壁の形成を阻害する．つまり，溶菌させる効果があるため，抗生物質として利用される．ペニシリンはヒトの酵素には作用しないことから，毒性のない薬剤として有用である．しかし近年では薬剤耐性菌の出現により，新しい抗生物質の開発とのいたちごっこが続いている．

## 9.4 複合糖質の構造と性質

生物における複合糖質は糖タンパク質,糖脂質,プロテオグリカンの3つに大別できる.2糖以上で20糖程度までの糖鎖をオリゴ糖(oligosaccharide)と分類することもある.特に複合糖質の糖鎖には規則的な構造は少なく,微量で特異な糖鎖構造を有することが多い.オリゴ糖鎖は糖結合性タンパク質に認識され,病原体の認識や細胞内のさまざまな生命現象に寄与している.

### 9.4.1 血液型糖鎖と糖転移酵素

オリゴ糖鎖で最も知られているのは,ABO式の血液型抗原である.血液型の分類にはABO式以外にもルイス(Lewis)式やP式などがある.血液型は輸血の際に適合するか否かの区別に用いられ,不適合の場合は体内で異物(抗原)として認識され,抗原−抗体反応によって赤血球を凝集する.

A型・B型を決める血液型物質をそれぞれA型物質・B型物質(A抗原・B抗原)と呼ぶが,O型を決める物質はH型物質(H抗原)と呼ぶ.A型もしくはB型物質である糖鎖は,H型糖鎖からGalNAcもしくはGalが付加されて伸長されたものである(図9.11).O型物質と呼ばずにH型物質と呼ぶのは,A型やB型糖鎖にも同じ糖鎖が含まれているからである(Hはhumanの頭文字).

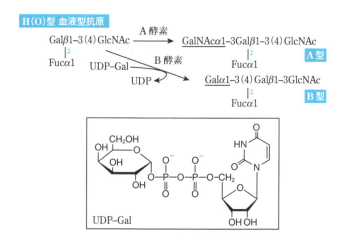

図9.11 ABO式血液型物質である抗原糖鎖の構造および生合成経路
　　　例えば,B酵素はGal転移酵素であり,基質としてUDP-Galを用いてH型糖鎖の3位のGalにαでGalを付加する.

H(O)型抗原糖鎖はFucα1-2Galβ1-3(4)GlcNAcであり，糖脂質もしくは糖タンパク質に存在する（糖タンパク質では最後のGlcNAcはGalNAc）．ここにA酵素（N-アセチルガラクトサミニルトランスフェラーゼ，GalNAc転移酵素）が作用してGalの3位にGalNAcを付加し，A型糖鎖が生合成される．同様にB酵素（ガラクトシルトランスフェラーゼ，Gal転移酵素）が作用してGalを付加し，B型糖鎖が生合成される（図9.11）．H酵素はGalβ1-3(4)GlcNAcからH型糖鎖を合成するFuc転移酵素（フコシルトランスフェラーゼ）である．A酵素，B酵素，H酵素は糖転移酵素（glycosyltransferase）である．糖転移酵素の基質は糖ヌクレオチドであり，A酵素の場合はUDP-GalNAc（ウリジン二リン酸-N-アセチルガラクトサミン）である．

### 9.4.2 糖タンパク質糖鎖

糖タンパク質の糖鎖には$N$-結合型糖鎖および$O$-結合型糖鎖があり，糖鎖が結合するアミノ酸によって分類されているが，生合成経路および糖鎖構造も大きく異なっている．

#### A. N-結合型糖鎖

タンパク質のアスパラギン（Asn）に糖鎖が結合したものを$N$-結合型糖鎖（もしくはアスパラギン結合型糖鎖）と呼ぶ．$N$-結合型糖鎖の根元にはコアとなる五糖（$Man_3GlcNAc_2$）があり，糖鎖の先の方には枝分かれした多様な糖鎖構造がある（図9.12）．Asnと$β$-GlcNAcは$N$-グリコシド結合により連結される．$N$-結合型糖鎖は10～20残基である．

糖鎖の生合成では，まず小胞体において脂質であるドリコールリン酸に14糖（$Glc_3Man_9GlcNAc_2$）が付加され，タンパク質のAsnに転移する．その後，糖鎖の一部が非還元末端から除去（トリミング）され，根元以外はManのみである構造となる．これを高マンノース型（high-mannose type）糖鎖という．高マンノース糖鎖では，Manの先にGlcNAcが付加されて再度伸長していくが，Gal-GlcNAcの繰り返し構造が多いものを複合型（complex type）糖鎖という．また，上記2つのものが混在している糖鎖を混成型（hybrid type）糖鎖という．

#### B. O-結合型糖鎖

側鎖にOH基をもつアミノ酸であるセリン（Ser）もしくはスレオニン（Thr）に糖鎖が結合したものを$O$-結合型糖鎖（もしくはセリン結合型糖鎖）と呼ぶ．動物がもつ粘性物質であるムチンの糖鎖部分と同じ構造であるので，ムチン型糖鎖とも

## 第9章 糖

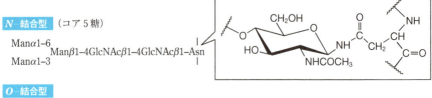

**N-結合型**（コア5糖）

Manα1-6  
      Manβ1-4GlcNAcβ1-4GlcNAcβ1-Asn  
Manα1-3

**O-結合型**

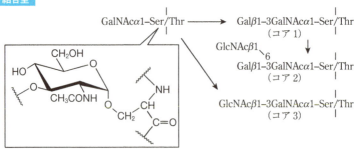

GalNAcα1-Ser/Thr ─→ Galβ1-3GalNAcα1-Ser/Thr  
（コア1）  
　　　　　　　　　　　↓  
GlcNAcβ1  
　　　＼6  
　　Galβ1-3GalNAcα1-Ser/Thr  
（コア2）

GlcNAcβ1-3GalNAcα1-Ser/Thr  
（コア3）

図9.12　N-結合型およびO-結合型糖鎖の基本構造

呼ばれる．糖タンパク質では，α-GalNAcがSer/ThrとO-グリコシド結合している（図9.12）．後述するプロテオグリカンもSer/Thrに結合しているが，根元の糖はキシロース（xylose, Xyl）である．

O-結合型糖鎖はN-結合型とは異なり1つずつ糖鎖伸長するため，多様な糖鎖構造をもつが，基本となるコア構造がある．GalNAcα-Ser/ThrにGalがβ1,3結合で1つ伸長したGalβ1-3GalNAcα-Ser/Thrをコア1，コア1からさらにGlcNAcがβ1,6結合して伸長した構造をコア2と呼ぶ．一方でGalNAcα-Ser/ThrにGlcNAcがβ1,3結合した構造はコア3であり，これまでにコア構造は5つ程度発見されている．

### 9.4.3 スフィンゴ糖脂質

動物細胞ではスフィンゴ糖脂質が特に脳などの神経系の細胞膜に豊富に存在する．細胞膜には，スフィンゴ脂質としてスフィンゴミエリンとスフィンゴ糖脂質が含まれており，細胞膜の構造やシグナル伝達，細胞や病原体の受容体として機能している．

スフィンゴ糖脂質は，スフィンゴシンが脂肪酸と結合したセラミド（ceramide, Cer）と呼ばれる構造の1位のOHと糖鎖がO-グリコシド結合で連結したものである（図9.13）．スフィンゴ糖脂質の生合成においては，まずCerにグルコース（β

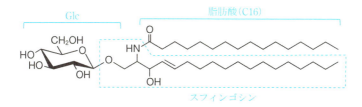

**図9.13** スフィンゴ糖脂質であるグルコシルセラミド(Glcβ1-1′Cer)の化学構造
スフィンゴ塩基に脂肪酸(図では炭素数16で示しているが，実際はさまざまな長さの混合物である)がエステル結合で連結したものをセラミド(Cer)という．GlcとCerがβ位で結合したGlcβ1-1′Cer構造である．

体)が1位で転移されてグルコシルセラミド(GlcCer；Glcβ1-1′Cer)が生成する．スフィンゴ糖脂質の表記は，単純に糖鎖とCerをグリコシド結合で連結させればよい．例えば，GlcCerにGalがβ1,4結合で転移してできるラクトシルセラミドはGalβ1-4Glcβ1-1′Cer(もしくはLacCer)である．糖脂質はIUPACの規則で命名可能であるが，慣用名のある分子も多い．Neu5Acをもつスフィンゴ糖脂質はガングリオシドと呼ばれるが，IUPACによる表記よりもGM1などのL. Svennerholmによる表記がよく使われている．

　スフィンゴ糖脂質ではLacCerを基点としてさまざまな糖鎖が伸長するため，多様な糖鎖をもつものが存在する．伸長する位置，糖残基，アノマー位の違いで多くの系列に分かれ，ガングリオ系列(ganglio series)，グロボ系列(globo series)，ラクト系列(lacto series)，ネオラクト系列(neolacto series)などがある．ガングリオシドであるGM1はコレラ毒素の受容体で5つの糖鎖をもつ．Galβ1-3GalNAcβ1-3を非還元末端にもつSSEA-3は発生段階特異的胎児性抗原(stage-specific embryonic antigen)の1つであるが，幹細胞の未分化性を判断する糖鎖抗原であることから，人工多能性幹(iPS)細胞の品質管理に用いられている．

### 9.4.4　プロテオグリカン

　糖タンパク質のうち，タンパク質よりも糖鎖部分の分子量が大きいものを**プロテオグリカン**(proteoglycan)という．プロテオグリカンの糖鎖部分を**グリコサミノグリカン**(glycosaminoglycan, GAG)と呼ぶ．古くはムコ多糖などとも呼ばれていた．GAGは二糖の繰り返し構造が特徴であり(図9.14)，多くはSerまたはThrにGlcAβ1-3Galβ1-3Galβ1-4Xylβ1の四糖を介してタンパク質と結合している．

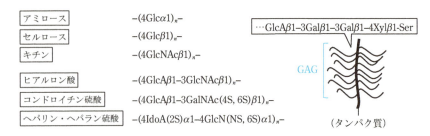

図9.14 単純多糖とグリコサミノグリカンの繰り返し構造
GlcAはグルクロン酸，IdoAはイズロン酸．2S, 4S, 6S, NSはそれぞれ2位，4位，6位，アミノ基に硫酸基($SO_3^-$)が修飾されていることを意味する．右はグリコサミノグリカンのイメージ．GAGはタンパク質よりも分子量が大きく，連結はキシロース(Xyl)を含む基本四糖を介してSerとつながっている．

### A. コンドロイチン硫酸・ヒアルロン酸

グルクロン酸(GlcA)と$N$-アセチルグルコサミン(GlcNAc)および$N$-アセチルガラクトサミン(GalNAc)の二糖の繰り返し構造をもつGAGをそれぞれコンドロイチン硫酸(chondroitin sulfate)およびヒアルロン酸(hyaluronic acid)と呼ぶ．コンドロイチン硫酸は4位や6位のOHが硫酸基($SO_3^-$)で修飾されているが，硫酸エステルの位置や修飾の数は一定ではなく，混合物である．軟骨や腱などの結合組織に存在している．

ヒアルロン酸は二糖の繰り返し構造を25,000個以上(分子量にして100万以上)もつが，タンパク質には結合が確認されていない．眼の硝子体から発見されたが，現在は関節や皮膚などの多くの組織で存在することがわかっている．ヒアルロン酸は製剤として膝関節症などの治療に使われているほか，近年では化粧品や美容整形にも用いられている．

### B. ヘパリン・ヘパラン硫酸

ヘパラン硫酸(heparan sulfate)はイズロン酸(IdoA)とGlcNの二糖の繰り返し構造からなり，硫酸基修飾されているGAGである．ヘパリン(heparin)とヘパラン硫酸の区別は明確ではないが，ヘパラン硫酸のうち硫酸化の度合いが高いものをヘパリンとするのが一般的である．低分子ヘパリンは抗血液凝固剤として人工透析などで使われている．

## 9.5 糖質の合成

　核酸やペプチド，タンパク質と異なり，構造が単一の(均質な)糖鎖を調製することは困難である．分岐のパターンが多いだけでなく，糖のヒドロキシ基は位置による反応性の違いがあまりないために，ある特定のヒドロキシ基のみを選択的に反応させることが難しい．目的糖鎖を入手するためには，以下の3つの方法(もしくはその組み合わせ)が用いられる．
(1) 天然の糖鎖から抽出し，短くしたり不要な部分を切断して得る．
(2) 有機合成化学的手法により，保護・脱保護操作を繰り返して合成する．
(3) 糖転移酵素などの酵素反応によって糖鎖を付加および分解する．
　核酸やペプチドでは自動合成機が実用化され，ポリメラーゼによる転写系や，大腸菌や酵母による発現系が確立されていることを考えると，均質な糖鎖を調製するための技術はまだまだ発展途上であり，革新的な技術開発が望まれている．

### 9.5.1 天然の糖鎖からの抽出および分解

　多糖は大量に存在し，人類は多くの場面で利用している．セルロースなどの繊維質やデンプンはもちろん，海産物由来の多糖も多く，寒天のアガロースはよく知られている．カニなどの甲羅からキチン・キトサンが，サメからグリコサミノグリカンが得られる．

　多糖を酵素や化学的な手法で加水分解することにより，オリゴ糖や単糖が得られる(トレハロースなど)．また，オリゴ糖は，クジラや牛などの脳から抽出されるガングリオ系列を中心としたスフィンゴ糖脂質から得られる．ラクトースやシアル酸はミルクから精製することで得られる．またオリゴ糖を，レクチン(糖に結合する部位を複数個もつタンパク質)を固定化したカラムを用いた親和性クロマトグラフィーを行うことによってオリゴ糖の混合物から目的のオリゴ糖鎖を得ることができる．

　大腸菌ではタンパク質を発現した後の翻訳後修飾が起こらないため，糖鎖をもたないタンパク質が得られる．そこで近年は，翻訳後修飾で糖鎖が付加される酵母や昆虫(カイコ)を用いて糖タンパク質を調製することが多い．例えば，エリスロポエチン(erythropoietin)は，腎不全で貧血となった際に生物学的製剤として利用される血液の産生を促す糖タンパク質である．エリスロポエチンのタンパク質部分は遺伝子組換えによって得られるが，糖鎖は発現する生物に依存する．糖

鎖は血中マクロファージによる排出を避けるために必要であるが，エリスロポエチンの糖鎖構造や純度などが製薬会社によって異なり，薬効に違いがあることが指摘されている．

### 9.5.2 糖鎖部分の有機化学的合成および酵素による合成

糖や他の化合物に糖を付加させることをグリコシル化という．抗生物質などの天然物は糖をもつグリコシド（配糖体）であることが多い．ここでは糖残基どうしの連結について述べる．最も重要な点は，(1)結合するヒドロキシ基の位置と，(2)アノマー位の立体選択性の2つである（図9.15）．

有機化学的に合成する際には，まず反応させたい位置以外のヒドロキシ基を保護し，アノマー位のOHを活性化させ，目的のアノマー構造（$\alpha$もしくは$\beta$）をもった糖鎖を得る（もしくはアノマー選択的な条件を見出す）．アノマー位を活性化させた糖ドナー（glycosyl donor）と糖アクセプター（glycosyl acceptor）を連結させる作業を繰り返し，最終目的である糖鎖部分を合成する．

一方，酵素の特異的な認識を用いると，ヒドロキシ基の保護を行うことなくグリコシル化を行うことができる．基質である糖ヌクレオチドと糖転移酵素を用いた糖鎖の付加のほか，酵素反応が平衡反応であることを利用した，加水分解酵素の逆反応による糖鎖の付加も行われている．

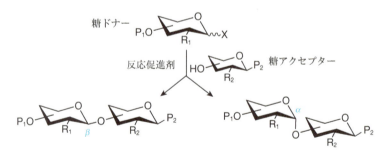

図9.15 グリコシル化反応による糖ユニットの有機合成戦略
　　　　糖ドナーのアノマー位を活性化させ（X），反応促進剤によって糖アクセプターと連結させる．$P_n$は保護基，$R_n$はOHなどを示す．

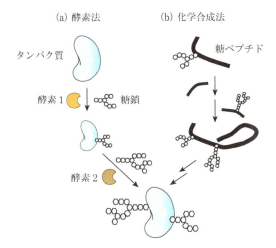

図9.16 糖タンパク質の調製のための戦略
(a)タンパク質にオリゴ糖鎖ユニットを転移して連結させる方法(酵素法).
(b)糖ペプチドをつなげて糖タンパク質を調製する方法(化学合成法).

### 9.5.3 糖タンパク質の化学合成および酵素による調製

　天然由来もしくは有機合成したオリゴ糖部分を化学合成もしくは酵素を使ってタンパク質に導入することで，糖タンパク質を調製することができる(図9.16)．酵素を使う際には，オリゴ糖を丸ごとタンパク質に転移させる方法と，糖を1つずつ伸長させる方法がある．また比較的小さいタンパク質である場合は，ペプチド合成の技術を使って連結させ，糖ペプチドから糖タンパク質を調製する試みも行われる．

## 9.6　糖鎖の分析

　糖を検出する方法に銀鏡反応やヨウ素デンプン反応があることをすでに紹介したが，これらは単純多糖および単糖などで用いられる手法である．近年，複合糖質のオリゴ糖鎖の生理活性に注目が集まり，構造情報を簡便に得るための手法が求められている．一方でオリゴ糖鎖は多様性があるうえ，微量しかないため，その構造決定が困難である．しかし最近は質量分析により，pmol($10^{-12}$ mol)やfmol($10^{-15}$ mol)程度の微量サンプルでも検出が可能である．

### 9.6.1 糖鎖の蛍光標識と二次元マッピング

糖鎖は200〜400 nm付近で特徴的な吸収がなく,そのままでは糖のみの検出が難しいため,糖鎖の一部(多くは還元末端)を蛍光性の官能基や色素で修飾することで,検出する方法が用いられる.糖タンパク質やスフィンゴ糖脂質からオリゴ糖鎖を得るため,まず糖鎖部分のみを切断する.この切断は糖加水分解酵素や化学的処理(ヒドラジンなど)で行われる.切断により得られるオリゴ糖鎖は微量であることが多いため,感度の高い蛍光を使って検出することが多い.

蛍光色素としては2-アミノピリジンがよく用いられ,還元末端の糖と反応させることにより,蛍光性をもつピリジルアミノ(PA)化糖鎖を調製することができる(図9.17).PA化糖鎖は順相カラムと逆相カラムを用いた高性能クロマトグラフィー(high performance liquid chromatography, HPLC)により分離されて蛍光で検出され,PA化された標準物質との比較により二次元マッピングされる(糖鎖マップ).マッピングはグルコースの溶出時間を基準に行われる.200種以上の標準オリゴ糖があり,pmolの微量な構造未知のオリゴ糖を同定することが可能である.PA化は長谷によって,マッピング法は高橋によって開発され,現在PA化糖鎖は市販されている.

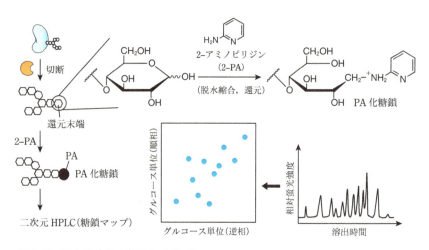

図9.17 PA化糖鎖の二次元マッピング
糖タンパク質などからオリゴ糖を切り出し,還元糖をPA化する.PA化糖鎖についてHPLCによる分析によって糖鎖マップを作成することで,構造未知のオリゴ糖を同定できる.

## 9.6.2 薄層クロマトグラフィーおよび免疫染色法による同定

単糖やオリゴ糖，スフィンゴ糖脂質などは薄層クロマトグラフィー（TLC）によって分離・定量・精製ができる．約 0.2 μg あれば，オルシノール−硫酸試薬を発色試薬として用いることによって検出できる．ガングリオシドはレゾルシノール試薬で発色するため，オルシノール試薬と組み合わせれば 1 枚の TLC 板でガングリオシドとそれ以外のスフィンゴ糖脂質の区別が可能である．また特定の糖鎖を切り出す酵素（グリコシダーゼ）で処理を行い，酵素処理前後で移動するバンドの有無によって糖鎖構造を同定することもできる．

微量のスフィンゴ糖脂質の場合，抗体（もしくはレクチン）を用いて TLC プレート上で検出することも行われる（免疫染色法）．また直接ウイルスや毒素を TLC プレートに相互作用させることにより，糖鎖受容体を同定することも可能であり，生理活性糖鎖を同定する際に用いられている．

## 9.6.3 質量分析法

以前より糖鎖解析にも質量分析（mass spectrometry, MS）は使われてきたが，糖鎖分子を壊さずに穏和にイオン化できるエレクトロスプレーイオン化（ESI）法とマトリックス支援レーザー脱離イオン化（MALDI）法の開発により，糖鎖構造の同定が劇的に簡便となった．2002 年にノーベル化学賞の対象となったのは，これらのイオン化法である．最近も新しいイオン化法や従来の手法を改良した技術が開発されている．

HPLC と MS 装置を連結することで（LC–MS），蛍光修飾することなく分子量を直接同定できる．その感度は高く，条件をそろえれば fmol という微量でも検出可能である．また単に分子量だけでなく，特定の分子量の分子のみを集めた後にエネルギーを当ててランダムに切断することにより，糖鎖の断片に関する情報を得ることもできる（MS/MS）．この操作は複数回繰り返すことができ（MS$^n$），測定も数十ミリ秒内で行える．ペプチドのタンデム質量分析計による解析と同じく，糖残基が 1 つずつ少なくなった分子量の断片を追跡することで糖残基の配列を決定できる．しかしながら単糖単位どうしは分子量が同じであることから（例えばヘキソースの Glc, Gal および Man），分子量の情報のみでは構造異性体の区別がつかないことが多い．そこで糖加水分解酵素処理などと組み合わせて糖鎖構造を決定する．

また糖鎖の構造が直鎖状か分岐しているかの判断にも使える．例えば，図 9.18

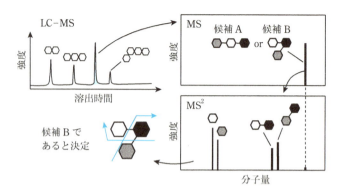

図9.18 HPLCと質量分析(MS)を組み合わせた糖鎖の構造解析(LC-MS)
溶出時間の違いによって糖鎖が分離され,それぞれのピークの分子量がMSから同定できる.しかし複数の構造異性体の候補がある場合(この図では3番目のピーク),どの構造であるのか判断できない.そこで$MS^2$を測定して糖鎖断片パターンを得ることにより,候補となる構造異性体の中から分岐したB構造であると決定することができる.

## ● コラム　　糖鎖の機能解明への道のり

　糖の研究の歴史はタンパク質や核酸よりも長い.しかしセントラルドグマの発見や分子生物学研究の台頭により,1900年代後半では多くの研究者の注目はタンパク質や核酸に移行した.この間,生命現象に関わる糖鎖研究は進展したものの,タンパク質や核酸ほど認知されず,また関連する研究者であってもなかなか理解が進んでいない.その理由はいくつかある.まず構造が複雑で多様性があり,なおかつ微量なものが多い.タンパク質や核酸のように構成単位が線状に並んでいるだけでなく,分岐があるものが多い.分子を記述する方法もいくつかの工夫がなされているものの,複雑であることには違いがない.次にタンパク質による糖鎖認識は,核酸塩基対の1:1の対応や酵素の鍵と鍵穴の関係のように厳密ではなく,許容があり比較的弱いものが多い(つまり検出しにくい).さらに,機能がはっきりしないものが多い.例えば,タンパク質の半分以上は翻訳後修飾されて糖鎖が付加されているが,何のために糖鎖が付加されているか,ほとんどわかっていない.理由は不明ながらも,細胞表面の糖鎖は,「細胞の顔」と比喩されるようにバラエティに富んでおり,発生・分化やがん化などの細胞の状態によってさまざまな糖鎖が提示されていることがわかっている.

　長さや構造の違いにより,糖鎖の機能は異なっているであろう.困難な道のりは残ってはいるが,糖鎖の機能解明が生命現象を理解するために重要な役割を果たすに違いない.

に示すように，LC-MSで三糖に該当する断片の分子量が検出されたとする．ここでMS/MSを測定し，糖鎖断片パターンで非還元末端の1残基が抜けた二糖の断片の種類が同定されれば，この三糖は分岐した構造であると判断することができる．

### 9.6.4　糖鎖の立体構造解析とデータベース

タンパク質の立体構造はProtein Data Bank（PDB）でデータベース化されているが，この中には糖鎖を含んだデータが一部存在する．X線結晶構造解析の際，糖と結合するタンパク質や糖タンパク質などでは，糖とタンパク質が共存した状態で結晶化されるためである（図9.19）．また核磁気共鳴分光法（NMR）によって解析された糖タンパク質における糖鎖の構造も登録されている．PDBにある糖鎖の立体構造は貴重な糖の構造情報である．

糖鎖はグリコシド結合が自由に回転することから，タンパク質などと比較して動きの多い分子である．PDBに登録されている構造情報を基軸とし，分子モデリング技術と分子動力学計算を組み合わせることにより，糖鎖の動きの様子をシミュレーションすることができる．

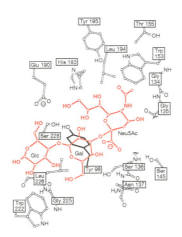

図9.19　X線結晶構造解析によるインフルエンザウイルスの受容体結合部位の糖鎖認識
　　　　受容体であるシアリルラクトース（Neu5Acα2-3Galβ1-4GlcNAc，赤色）は複数の水素結合と疎水性相互作用によって認識される．
　　　　［N. K. Sauter et al., Biochemistry, **31**, 9609-9621（1992）より一部改変］

以上のように，糖の化学は20世紀以降，食物や材料だけでなく医療と関連する形でも大きく進められ，2000年頃からは質量分析技術の急速な進歩により，幅広い研究分野で注目されるようになってきた．しかしながら生物における糖鎖の生理的機能はいまだわかっていないことが多い．生命現象における糖鎖の未知の役割の発見が期待できるとともに，それらを利用した応用展開の可能性は無限大といえる．本章で言及したように糖鎖は複雑な構造をもつため，いまだに核酸やタンパク質のような簡便な自動合成技術はできておらず，目的とする糖鎖を合成や入手することが難しい．今後は糖鎖の入手や分析を簡便に行うための革新的な技術の進歩とともに，糖鎖の基礎研究および応用研究が進んでいくことが期待される．

## 参考文献

1) 永井克孝 編集代表，糖鎖I—糖鎖と生命，糖鎖II—糖鎖と病態，糖鎖III—糖鎖の分子設計，東京化学同人(1994)
2) A. Varki, R. D. Cummings, J. D. Esko, H. H. Freeze, P. Stanley, C. R. Bertozzi, G. W. Hart, and M. E. Etzler eds., *Essentials of Glycobiology*, Cold Spring Harbor Laboratory Press, New York (1999)
3) 木曽 眞 編著，生物化学実験法42：生理活性糖鎖研究法，学会出版センター(1999)
4) 西村紳一郎，門出健次 監訳，糖鎖生物学入門，化学同人(2005)
5) 岩瀬仁勇，木曽 真，山本憲二，大西正健，平林義雄，糖鎖の科学入門，培風館(1994)
6) 池北雅彦，入村達郎，辻 勉，堀戸重臣，吉野輝雄，糖鎖学概論，丸善出版(1997)
7) 畑中研一，西村紳一郎，大内辰郎，小林一清，糖質の科学と工学，講談社(1997)
8) N. Sharon, H. Lis著，山本一夫，小浪悠紀子 訳，レクチン—歴史，構造・機能から応用まで 第2版，シュプリンガー・フェアラーク東京(2006)

# 第10章　脂質と生体膜

　細胞の最外層には外界との境界部分として細胞膜があり，細胞膜は脂質の集合体から形成されている（図10.1）．細胞膜は生体膜の1つであり，そこでは外来分子の認識や，膜を横断する分子の移動が行われ，細胞活動に影響を与えている．細胞内部にも，生体膜は存在する．

　本章の前半では，①脂質の構造と性質および②それらが形成する生体膜の構造と性質について述べる．後半では，③天然の脂質，生体膜にヒントを得た，生体膜機能解明のために開発された人工脂質，人工生体膜や，機能分子（集合体）としての脂質と生体膜の応用について紹介する．

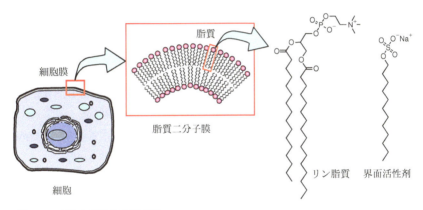

図10.1　細胞と細胞膜の模式図
　　　　リン脂質および代表的な界面活性剤（ドデシル硫酸ナトリウム）の構造も示している．

## 10.1　脂質，生体膜研究の歴史

　17世紀頃からの顕微鏡観察をもとにした研究の発展により，19世紀中盤には動物や植物が細胞という単位から構成されているという考え方（細胞説）が提唱されていた．細胞膜構造の存在が注目され始めたのもこの頃である．19世紀末にE. Overtonは細胞膜部分が脂溶性であると推定した．一方同じ頃から，種々の油（oil）

## Irving Langmuir (1881〜1957)

General Electric社の研究所で研究を行った．吸着に関する研究（ラングミュアの吸着等温式），単分子膜の研究（単分子膜の基板への累積はK. B. Blodgettとの共同研究である；ラングミュア・ブロジェット（LB）法，本文参照）など界面化学に関する研究のほか，原子価理論の研究（オクテット則，ルイスの理論に基づき四面体型の原子模型を提唱），不活性ガス封入によるタングステン電球寿命の延長，水素プラズマの研究などでも知られている．その業績を讃えてアメリカ化学会から彼の名を冠した学術論文誌*Langmuir*が発行されている．1932年に「界面化学の研究」によりノーベル化学賞を受賞した．

 が水面上に広がる（展開する）挙動について研究され始め，1917年にI. Langmuirが水面上の脂質単分子膜の性質について発表した．1925年にE. GorterとF. GrendelはLangmuirの手法を用いて赤血球から抽出した脂質の水面単分子膜を作製し，その占有面積と赤血球の表面積との比から，細胞膜が脂質二分子膜構造をとると推測した．同じ頃，H. Frickeは静電容量測定により細胞膜の厚さはわずか4 nm程度であると見積もった．その後H. DavsonとJ. F. Danielliは1935年にタンパク質の存在も考慮した脂質二分子膜モデルを提唱した．具体的には脂質層がタンパク質で覆われたモデルである．このモデルは当時のX線回折や電子顕微鏡観察の実験結果によく対応したことから以降数十年にわたり支持された．

 その後，凍結割断法を用いた電子顕微鏡観察や分光測定により膜面に埋まっているタンパク質の存在が明らかとなり，また脂質二分子膜中の脂質分子の流動性も実験的に示された．それらの知見がもととなり，1972年にS. J. SingerとG. L. Nicolsonにより流動モザイクモデルが発表された．詳細は10.3.1項で述べる．その後も，さまざまな研究成果により，例えば膜タンパク質は必ずしも自由に脂質層の中を動き回るわけではないこと，膜中でのある特定の脂質の局在（ラフト構造の存在など），細胞骨格系（裏打ちタンパク質など）との相互作用などが示され，モデルは改良され続けている．なお，生体膜構造に関する研究の歴史において，電子顕微鏡を中心とした種々の観察，計測技術の発展が大きく貢献したことは言うまでもない．

## 10.2 脂質の構造と性質

### 10.2.1 脂質の分類と構造

脂質は生体膜の構造を構築する主要分子であり，また一部の脂質は脂肪としてエネルギーの貯蔵に使われる．栄養学的な脂肪のカロリーは9 kcal g$^{-1}$（約38 kJ g$^{-1}$）といわれており，炭水化物，タンパク質の4 kcal g$^{-1}$（約17 kJ g$^{-1}$）よりも高い．多くの動物は食物から採取した，あるいは体内で合成した脂肪を肝臓や脂肪組織にエネルギー源として貯蔵することができる．

IUPACによれば，脂質(lipid，語源はギリシア語の"lipos（脂肪）")とは「非極性溶媒に可溶な生物由来の物質に対して大まかに定義された用語．ケン化性の脂質，例えばグリセリド（脂質と油）やリン脂質だけでなく，非ケン化性の脂質，主にステロイドも含む」と定義され，(1)脂肪酸，(2)グリセロ脂質，(3)グリセロリン脂質，(4)スフィンゴ脂質，(5)ステロール脂質，(6)プレノール脂質，(7)サッカロ脂質，(8)ポリケチドの8種類に分類される．それらの構造的特徴を以下に述べる．

#### A. 脂肪酸

脂肪酸の一例として cis-9-オクタデセン酸（オレイン酸）の化学構造を図10.2に示す．いわゆる不飽和脂肪酸である．18個の炭素のうち1個はカルボキシ基の炭素であるので，炭化水素鎖としてはC17になる．他の表記として，18:1(9)という数値表記が用いられることがある．前の18が総炭素数を，後ろの1が不飽和結合の数を，(9)がその位置を指している．脂肪酸に関しては，オレイン酸のような慣用名もよく利用される．代表的な脂肪酸の数値表記，名称を表10.1に示す．健康によいとされるEPA（エイコサペンタエン酸）やDHA（ドコサヘキサエン酸）も脂肪酸である．飽和脂肪酸は直線状の分子とみなせるが，cis型の不飽和結合が入ると分子が折れ曲がる．不飽和結合と炭素長は後に述べる脂質の自己集合性に大きな影響を与える．後述のように生合成では炭素2つずつ伸長する

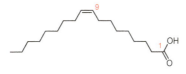

図10.2 脂肪酸の化学構造の例

## コラム　トランス脂肪酸

　生体内の正常な不飽和脂肪酸はほとんどが cis 型である．生物由来の脂肪酸を食用油として利用する際，酸化による劣化を防ぎ，融点を上げるために工業的に水素添加を行う場合がある．その副反応として cis 型から trans 型（熱力学的により安定）への異性化が起こり，いわゆるトランス脂肪酸が生成することがある．例えば，オレイン酸に対応するトランス脂肪酸(trans-9-オクタデセン酸)の慣用名はエライジン酸である．トランス脂肪酸は悪玉コレステロール(LDL ともいわれる)を増加させ，一方善玉コレステロール(HDL)を減少させるといわれている．日本人の平均的な摂取量は 1 日約 0.5 g であり，諸外国と比較して少なく，法的な規制などには至っていないが，個人レベルでは過剰摂取の可能性も指摘されている．なお生体内でも trans 型の二重結合が生成することがある(2.3.2 項参照)．

表10.1　代表的な脂肪酸

| 数値表現 | 名称 | 慣用名 |
|---|---|---|
| 12:0 | ドデカン酸 | ラウリン酸 |
| 14:0 | テトラデカン酸 | ミリスチン酸 |
| 16:0 | ヘキサデカン酸 | パルミチン酸 |
| 16:1 (9) | 9-ヘキサデセン酸 | パルミトレイン酸 |
| 18:0 | オクタデカン酸 | ステアリン酸 |
| 18:1 (9) | 9-オクタデセン酸 | オレイン酸(cis型) |
| 18:2 (9,12) | 9,12-オクタデカジエン酸 | リノール酸(cis, cis型) |
| 20:0 | エイコサン酸 | アラキジン酸 |
| 20:4 (5,8,11,14) | 5,8,11,14-エイコサテトラエン酸 | アラキドン酸 |
| 20:5 (5,8,11,14,17) | 5,8,11,14,17-エイコサテトラエン酸(EPA) | |
| 22:6 (4,7,10,13,16,19) | 4,7,10,13,16,19-ドコサヘキサエン酸(DHA) | |

二重結合はすべて cis 型

反応によって生成するため，炭素数が偶数個の脂肪酸が多く存在する．脂肪酸はグリセロ脂質やスフィンゴ脂質の構成要素として利用される．またアラキドン酸はプロスタグランジンの合成に利用されている．

### B.　グリセロ脂質

　グリセロール骨格をもつ脂質である．脂肪酸がグリセロール中の 2 つのヒドロキシ基にエステル結合した分子を総称してジアシルグリセロール(DAG)と呼ぶ．DAG は細胞の情報伝達におけるセカンドメッセンジャーとして知られている．グリセロールの 3 つのヒドロキシ基がすべてアシル化された分子をトリアシルグ

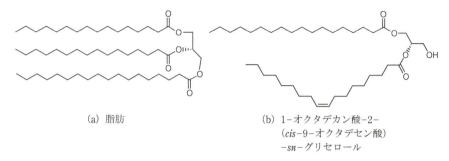

(a) 脂肪

(b) 1-オクタデカン酸-2-
(cis-9-オクタデセン酸)
-sn-グリセロール

図10.3 グリセロ脂質の化学構造

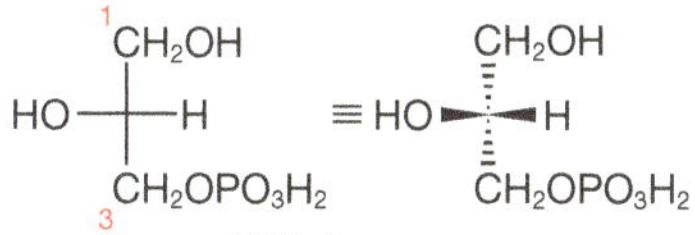

sn-グリセロール-3-リン酸

図10.4 グリセロール誘導体の不斉の表記

リセロールと呼び，いわゆる脂肪(図10.3(a))はこれを指す．グリセロール自身は不斉炭素をもたないが，グリセロ脂質は3つの連続した炭素のうち真ん中の炭素が不斉中心となることが多い．以前は糖やアミノ酸と同じD, Lという表記が使われていたが，現在ではsn-という接頭辞(stereospecific numberingの意味)が使われている．フィッシャー投影式で3つの炭素原子が縦に並び，真ん中の炭素に結合したヒドロキシ基が左側になるようにグリセロール誘導体を表記した際，一番上にくる炭素をC-1位と定義する(図10.4)．例えば，図10.3(b)の分子は1-オクタデカン酸-2-(cis-9-オクタデセン酸)-sn-グリセロールとなる．多くのジアシルグリセロ脂質は，1位と2位がアシル化されており，1位と3位がアシル化されたものは少ない．慣用名もよく利用される．

## C. グリセロリン脂質

上記グリセロ脂質の3位がリン酸(エステル)化した構造であり，生体膜の主要な構成成分である．リン酸(エステル)部分がホスホコリン，ホスホエタノールアミン，ホスホセリン，ホスホグリセロールなどとなっているものもこれに含まれる(図10.5)．脂肪酸部分を含めた，それぞれホスファチジン酸(PA)，ホスファチジルコリン(PC)，ホスファチジルエタノールアミン(PE)，ホスファチジルセ

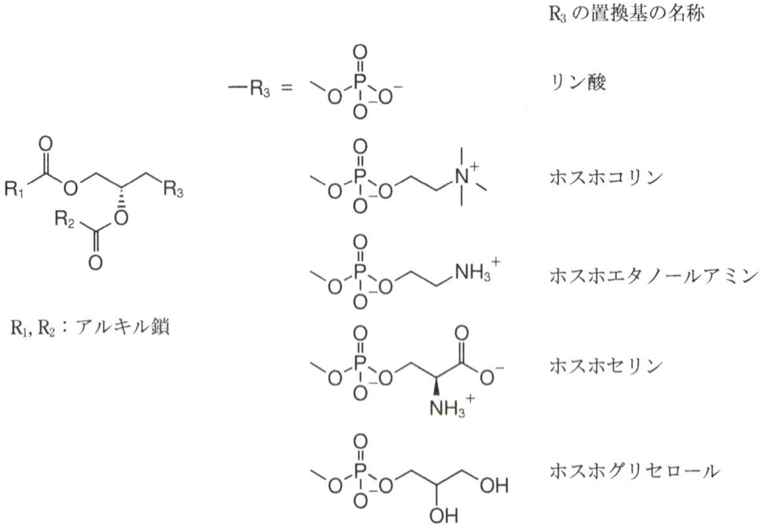

# 第10章 脂質と生体膜

図10.5 グリセロリン脂質のリン酸(エステル)部分の化学構造

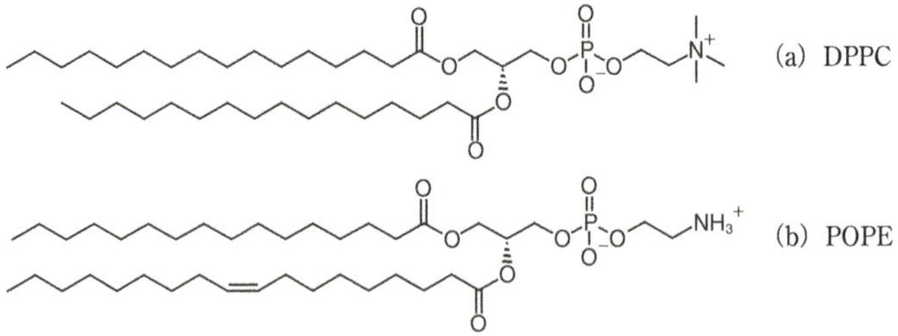

図10.6 グリセロリン脂質の化学構造

リン(PS),ホスファチジルグリセロール(PG)といった名称も使われる.アシル鎖の慣用名を用いて,例えば1,2-ジパルミトイル-$sn$-グリセロ-3-ホスホコリンはDPPC(図10.6(a)),1-パルミトイル-2-オレオイル-$sn$-グリセロ-3-ホスホエタノールアミンはPOPE(図10.6(b))といった略称で呼ばれることも多い.リン酸エステル部分は生理条件下では1価のアニオンとなる.したがって,PCとPEは双性イオン型の構造をとり,PA(2価のアニオン),PS,PGはアニオンとしてふるまう.レシチンという名称はもともとPCを指していたが,現在はリン脂質を含む脂質製品の総称に利用される.原料により卵黄レシチン,大豆レシチンといった名称が使われている.

(a) スフィンゴミエリン

(b) ガングリオシド GM3

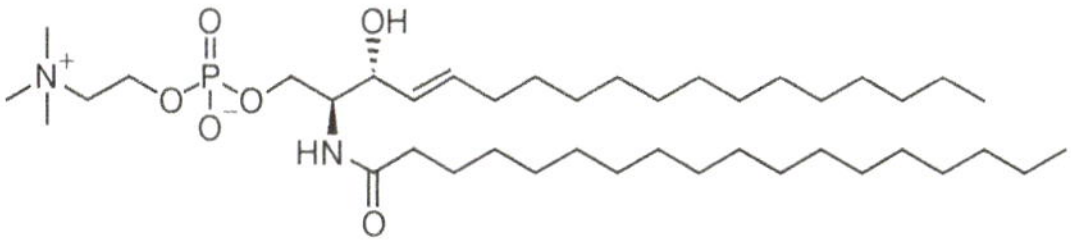

図10.7 スフィンゴ脂質の化学構造

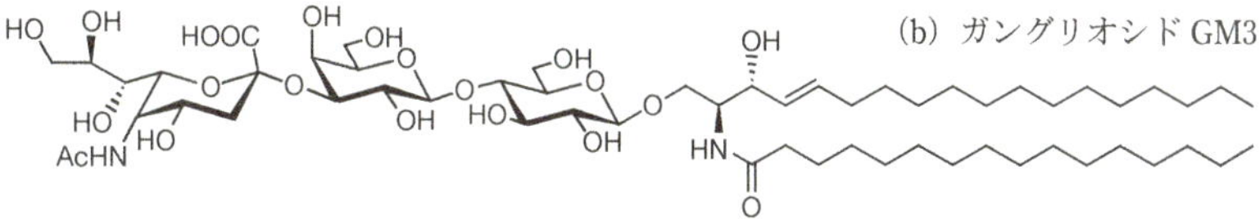

## D. スフィンゴ脂質

第9章で述べたセラミドの第一級ヒドロキシ基にさらに親水性部位が結合したものをスフィンゴ脂質という．スフィンゴ脂質はスフィンゴリン脂質とスフィンゴ糖脂質に大別される．スフィンゴリン脂質の代表例はPC構造をもつスフィンゴミエリン(図10.7(a))である．スフィンゴ糖脂質では，グルコース，ガラクトース，硫酸化ガラクトースなどの単糖が結合したものが知られており，それぞれグルコシルセラミド，ガラクトシルセラミド，スルファチドと呼ばれる．オリゴ糖鎖が結合しているものもあり，特にシアル酸をもつスフィンゴ糖脂質をガングリオシドという(第9章参照)．ガングリオシドの例として，H1N1型のインフルエンザウイルスのレセプターとして知られる糖鎖をもつGM3の構造を図10.7(b)に示す．

## E. ステロール脂質

コレステロール(図10.8(a))やステロイド，胆汁酸などが含まれる．ステロイドホルモンと呼ばれる種々の分子は生体内で重要な役割を果たしている．図10.8(b)に一例として卵胞ホルモンとして知られるエストロゲンの一種エストラジオールの構造を示す．またビタミン$D_2$, $D_3$およびそれらの誘導体もこの分類に含

(a) コレステロール

(b) エストラジオール

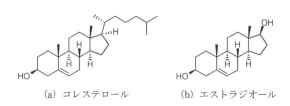

図10.8 ステロール脂質の化学構造

(a) 2E-ゲラニオール　　　　(b) β-カロテン

図10.9　プレノール脂質の化学構造

まれる．先にあげた脂質と異なり，上記3種の分子では4縮合環構造を骨格としている．ステロイドホルモンは外部から細胞膜中に可溶化され，さらに細胞内の受容体分子と結合することができる．対照的にペプチドホルモンは通常水溶性が高く，細胞内にまで侵入できない．そのため受容体は細胞膜表面に（膜タンパク質によって）提示されている場合が多い．

### F. プレノール脂質

細菌類の細胞膜構成脂質にみられる構造である．分岐をもつ炭化水素鎖と親水性基にヒドロキシ基をもつもの（図10.9(a)）や，ビタミンE, K，さらにはβ-カロテン（図10.9(b)）などが含まれる．

### G. サッカロ脂質

グリセロ糖脂質やスフィンゴ糖脂質と同じく糖鎖が結合した脂質であるが，グリセロ糖脂質，スフィンゴ糖脂質では糖鎖が還元末端においてグリコシド結合で脂質部分と結合しているのに対し，サッカロ脂質では還元末端以外のヒドロキシ基あるいはアミノ基に脂肪酸がエステルまたはアミド結合によって結合している点が異なる．結果として，1つの糖鎖に対して3つ以上の脂肪酸が結合するものも存在する（図10.10）．リピドAと呼ばれるものはグラム陰性菌の主要な膜構成

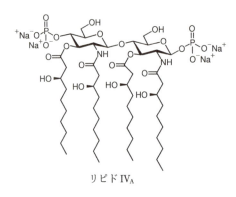

リピドIV$_A$

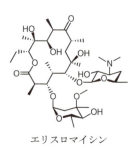

エリスロマイシン

図10.10　サッカロ脂質の化学構造　　図10.11　ポリケチドの化学構造

分子として知られている．

H. ポリケチド

エリスロマイシン（図10.11）などマクロライド系抗生物質や，テトラサイクリンなどが該当する．細胞膜構成分子として利用されるものは含まれない．

### 10.2.2 脂質の性質

A. 融点

直鎖状脂肪族炭化水素の基本的な性質として，炭素数が多くなれば融点は高くなる点があげられる．飽和脂肪酸の方が不飽和脂肪酸よりも融点が高い．室温でステアリン酸は固体であり，一方オレイン酸は液体である．これは，固体状態では飽和脂肪酸の方が分子どうしが密にパッキングするためである．脂肪酸が縮合したグリセロ脂質類やスフィンゴ脂質類にもそのような性質が反映される．生体内では生体膜を構成する多くの脂質分子は不飽和脂肪酸構造を含むため，そのアルキル鎖は液体状態となっていると考えるのが妥当である．

B. 両親媒性および水中での自己集合

脂肪などの例外を除き，脂質は分子中にアルキル基やステロイド骨格などの疎水性（親油性）部位と，親水性部位の両方をもつ．油と水の両方の媒体になじみやすいという意味で，このような性質を**両親媒性**（amphiphilic）という．生体内は水溶液であるので，十分な数の脂質分子が存在すると，脂質分子どうしは疎水部を水から遠ざけるように，水面に対して親水部を向けて集合し，結果として脂質の二分子膜構造が形成される（図10.1）．このような現象は**自己集合**(self-assembly)または**自己組織化**(self-organization)と呼ばれる[*1]．自己集合には脂質分子どうしの疎水性相互作用が重要な役割を果たしている（第2章参照）．合成洗剤などに含まれる，いわゆる界面活性剤（図10.1）も両親媒性分子の仲間であるが，一般的な界面活性剤分子からは生体膜のような二分子膜構造は形成されない．

両親媒性分子が形成する構造は，分子の形状および疎水部と親水部とのバランスに依存する．このバランスを表す指標として，（臨界）**充てんパラメータ**や**親水性－疎水性バランス**(hydrophile-lipophile balance, HLB)が知られている．まず，親水部の効果が大きければ，両親媒性分子はある程度までは分子溶解する．そし

---

[*1] self-assemblyとself-organizationを区別する場合もあるが，日本語ではself-assemblyの訳として自己組織化という言葉が用いられている場合も多い．

### 第10章 脂質と生体膜

**表10.2** 両親媒性分子の臨界充てんパラメータ，臨界充てん構造およびとりうる集合体の構造
［J. N. Israelachvili著，大島広行 訳，分子間力と表面力 第3版，朝倉書店(2013)より一部改変］

| 脂 質 | 臨界充てんパラメータ $v/a_0 l_c$ | 臨界充てん形 | 形成される構造 |
|---|---|---|---|
| 大きな頭部をもつ単鎖脂質（界面活性剤）：低塩濃度におけるドデシル硫酸ナトリウム（SDS）など | < 1/3 | 円錐 | 球状ミセル |
| 小さな頭部をもつ単鎖脂質：高塩濃度におけるSDSやセチルトリメチルアンモニウムブロミド（CTAB）や非イオン性脂質など | 1/3～1/2 | 切頭円錐 | 棒状ミセル |
| 大きな頭部をもつ2本鎖脂質や液体の脂質：ホスファチジルコリン（レシチン）ホスファチジルセリンホスファチジルグリセロールホスファチジルイノシトールホスファチジン酸スフィンゴミエリンジガラクトシルジグリセリドジグルコシルジグリセリドジヘキサデシルリン酸ジアルキルジメチルアンモニウム塩 | 1/2～1 | 切頭円錐 | 屈曲性二分子膜，ベシクル膜 |
| 小さな頭部をもつ2本鎖脂質や高塩濃度における陰イオン性脂質，飽和凍結鎖：ホスファチジルエタノールアミンホスファチジルセリン＋$Ca^{2+}$イオン | ～1 | 円筒 | 平面状二分子層 |
| 小さな頭部をもつ2本鎖脂質，非イオン性脂質，ポリ（シス）不飽和鎖，高温：不飽和ホスファチジルエタノールアミンカルジオリピン＋$Ca^{2+}$イオンホスファチジン酸＋$Ca^{2+}$イオンコレステロールモノガラクトシルジグリセリドモノグルコシルジグリセリド | > 1 | 逆転した切頭円錐またはくさび | 逆ミセル |

フッ化炭素鎖は炭化水素鎖よりも硬いので，フッ化炭素界面活性剤の形成する構造の曲率は小さく，平面状2分子層のみに会合することが多い．

て，溶解度を超える濃度になるに従い分子どうしの会合が優先してくる．分子どうしが密集することで，親水部，疎水部それぞれに斥力が働き，その一方で疎水部－水界面では(界面張力に相当する)引力成分が働く．それらのバランスが，両親媒性分子の集合構造を決めていく．(臨界)充てんパラメータとは，集合構造において1分子あたりの界面自由エネルギーを最小にするような最適表面積(頭部面積) $a_0$，炭化水素鎖の体積 $v$，および(液体とみなせる)臨界長 $l$ を用いて $v/a_0 l$ で定義される無次元数である．代表的な脂質について，$v/a_0 l$ の値とその充てん形状，および形成される集合構造が報告されている(表10.2)．生体膜中の二分子膜構造は，表中の屈曲性二分子膜，ベシクル(後述)に該当する．一般的な界面活性剤はミセルや棒状ミセルをとりやすく，また生体内脂質のすべてが生体膜の形成に適した構造でないこともわかる．

HLBは工業的に利用される界面活性剤に対して用いられることがあり，HLB数が10程度の両親媒性分子は二分子膜構造をとりやすく，それより大きなものはミセルを，小さなものは逆ミセルをとりやすい．

## 10.3 生体膜の構造と性質

### 10.3.1 生体膜の構造

**生体膜**(biomembraneあるいはbiological membrane)とは脂質二分子膜を基本構造とし，細胞や細胞小器官を区画化している膜のことをいう．細胞の外周を覆い，細胞内外を区別する脂質二分子膜を特に**細胞膜**(cell membrane)あるいは形質膜という．図10.12に動物細胞と植物細胞の模式図を示す．細胞では細胞膜だけでなく，核，ミトコンドリア，小胞体，ゴルジ体，リソソーム，葉緑体(クロロプラスト，植物のみ)などの細胞内小器官も脂質二分子膜をもつ．核膜のように脂質二分子膜の二重膜のような構造も存在する．輸送小胞のように一時的に生成するものもある．2016年のノーベル生理学・医学賞を受賞したことでいっそう注目が集まっているオートファジーも，細胞内の小胞が関与する現象である．細胞膜が脂質二分子膜からなるという基本構造は変わらないが，その巨視的形態は均質ではなく，細胞の種類によっては不均質な膜形態をとっているものもある(図10.13)．

生体膜は脂質二分子膜を単位とする厚さ数nmの膜である．アルキル鎖が通常液体状態であることや，脂質分子が膜表面に対して傾いていることなどから，

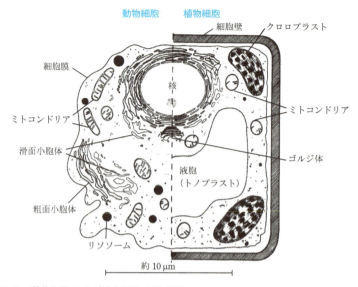

図10.12 動物細胞および植物細胞の模式図
[R. B. Gennis, 生体膜—分子構造と機能, シュプリンガー・フェアラーク東京(1990)より一部改変]

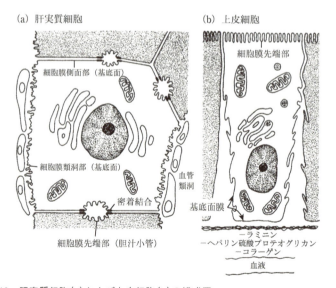

図10.13 肝実質細胞(a)および上皮細胞(b)の模式図
[R. B. Gennis, 生体膜—分子構造と機能, シュプリンガー・フェアラーク東京(1990)より一部改変]

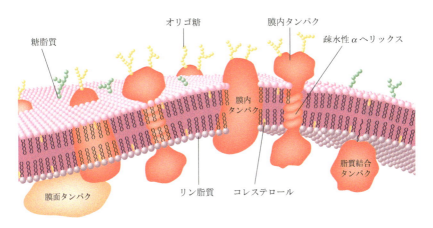

図10.14 生体膜の模式図
[D. Voet, ヴォート基礎生化学 第3版, 東京化学同人(2010)より一部改変]

CPKモデルでアルキル鎖が伸びきった状態の脂質分子2層分よりは薄くなる. 生きた細胞の生体膜の構造を直接原子レベルで可視化することは困難であるが, さまざまな手法による研究成果から, SingerとNicolsonによって提唱された流動モザイクモデルをもとにした構造であると考えられている(図10.14). 流動モザイクモデルとは液状のリン脂質二分子膜の中に膜タンパク質が埋まっていて, それらは脂質層の中を自由に移動するというモデルである. 脂質二分子膜を基本構造とし, 膜タンパク質や糖鎖なども存在する(例えば赤血球膜中の脂質の重量比は約40%である). また, 細胞骨格を形成するアクチンや, 裏打ちタンパク質と呼ばれるタンパク質がネットワークを張り巡らせることで生体膜の構造は強化されている(図10.15(a)).

生体膜を構成する脂質の組成は細胞の種類によって大きく異なる. 通常の細胞の細胞膜はグリセロリン脂質やスフィンゴミエリンを主要な成分とし, コレステロールも含む. コレステロールは疎水性が高く, またリン脂質よりも小さいため, リン脂質やスフィンゴ脂質がつくる二分子膜構造の隙間に入り込み, 膜を安定化している. 一方で, 脳や神経系の細胞ではスフィンゴ糖脂質, 特にガングリオシドの割合が高いことが知られている(表10.3). また, 脂質二分子膜の内側と外側でも脂質の組成は異なる(図10.15(b)). 同じ膜面内での脂質の分布にも不均一性があり, ラフト(「いかだ」の意味)と呼ばれるドメイン構造や, カベオラと呼ばれるくぼんだ構造においては, 他の領域よりもスフィンゴ脂質やコレステ

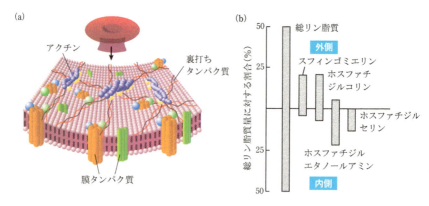

図10.15 赤血球膜の模式図(a)および脂質二分子膜の内側と外側での脂質の組成(b)
[(a)はD. Voet, ヴォート基礎生化学 第3版, 東京化学同人(2010)を改変]

表10.3 ラット臓器間でのガングリオシドの存在比の比較
[安藤 進, 脳機能とガングリオシド, 共立出版(1997)より抜粋]

| 臓器 | ガングリオシド (μmol/g乾燥組織) | ガングリオシド/リン脂質 (モル比×100) | コレステロール/リン脂質 (モル比) |
|---|---|---|---|
| 大脳 | 13.6 | 6.3 | 0.75 |
| 脊髄 | 5.9 | 3.2 | 1.07 |
| 赤血球 | 2.3 | 3.1 | 0.74 |
| 骨髄 | 1.4 | 3.4 | 0.47 |
| 小腸 | 1.1 | 1.8 | 0.22 |
| 肺 | 1.1 | 1.2 | 0.56 |
| 心臓 | 0.8 | 1.2 | 0.28 |
| 肝臓 | 0.8 | 1.1 | 0.17 |
| 白血球 | 0.5 | 1.2 | 0.57 |
| 腎臓 | 0.4 | 0.4 | 0.36 |

ロールが多く存在する(図10.16).

### 10.3.2 生体膜の役割

生体膜の主な役割は,以下の2つである.

A. 構造保持

生体膜は細胞を外界から区別するための区画としての役割のほか,さまざまな細胞小器官の構造を形成する役割がある.

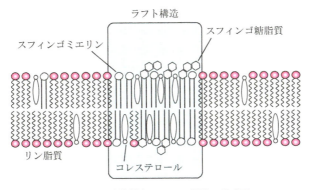

図10.16 生体膜中のラフト構造の模式図

### B. シグナル伝達

生体膜には，外界との区画化以外に，シグナル伝達という役割がある．つまり，生体膜は膜の内外での物質の移動を制御している．生体膜の脂質二分子膜部分そのものは物質の透過性が低く，例えば$Na^+$イオンについての透過係数は約$10^{-14}$ cm s$^{-1}$である．細胞においては，内外の物質のやりとりはイオンチャンネルなどの膜貫通タンパク質が物質選択的に制御している場合が多い．外界からのシグナルを最初に受け取るのは細胞膜上あるいは膜中に存在する種々の受容体タンパク質である．ステロイド類のような一部の脂質はホルモンとして情報伝達に関与する．生体膜を構成するような脂質（先述のDAG）の一部にもセカンドメッセンジャーとしての機能があることが知られている．また，細胞質内で物質輸送を行う小胞は生体膜と同様の構造をもつ．なお，生体膜構成脂質は，膜タンパク質と相互作用することで，そのタンパク質の機能に影響を与える場合もある．

### 10.3.3 生体膜の性質

#### A. 生体膜の動的な性質

生体膜は脂質の自己集合によって非共有結合的に構造を形成しているため，動的な性質をもつ．外部からの力学的刺激に対して破裂せずに変形することで形態を維持する一方，細胞分裂や小胞輸送，膜融合などの場面においては大きく変形したり，一時的に膜の連続性を解消したりする．なお膜が大きく屈曲した領域では二分子膜の内側と外側で曲率が大きく変わるので，それに適した脂質の充てん構造（表10.2）も変わってくる．また，脂質の代謝は生体膜全体の形態を維持したまま行われる．すなわち脂質分子の出入りが起こっている．膜中においても脂質

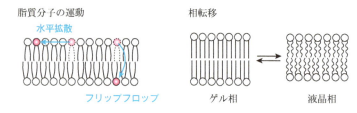

図10.17　生体膜中の脂質の動的特性

分子は運動性をもつ（図10.17）．膜面での並進的な動きは水平拡散（あるいは側方拡散）と呼ばれ，その速度は典型的な生体膜で1秒あたり正味2 μmのオーダーである．膜の内側と外側での移動も起こるが（フリップフロップ），これは酵素の助けを借りている．フリップフロップの速度は分から日のオーダーであり，水平拡散よりはるかに遅い．

### B.　相転移

相転移は主に脂質のアルキル鎖に由来する特性で，温度の上昇とともにゲル相から液晶相へと相転移し，膜の流動性が増加する．このときの温度を相転移温度という．一般にアルキル鎖長が長くなれば相転移温度は上がり，不飽和結合をもつアルキル鎖が多くなると分子のパッキングが悪くなるため，相転移温度は下がる．例えばDMPC，DPPC，DSPC，DOPC（順にジミリストイル，ジパルミトイル，ジステアロイル，ジオレオイルホスファチジルコリン）から構成される二分子膜の相転移温度はそれぞれ約24℃，41℃，54℃，−20℃である．細胞から抽出したリン脂質はアシル鎖に不飽和結合を多く含み，また異なるアシル鎖長をもつ脂質の混合物であるため，それらから作製した膜は常温では通常，液晶相をとる．

### C.　分子認識の場としての生体膜

受容体タンパク質におけるシグナル分子の結合や，ガングリオシド糖鎖に対するウイルスや毒素の結合など，生体膜はさまざまな分子認識の場となっている．ウイルスや毒素がスフィンゴ糖脂質の糖鎖を認識するのは，空から森（膜タンパク質糖鎖）を見下ろしたときに，地面近くに咲いている花を見つけるようなものである．そのような認識が正確に行われる理由として，細胞膜上で膜タンパク質とは異なる領域で，ラフトのような糖脂質のクラスター構造が形成されていることがあげられる（図10.18）．細胞内シグナル伝達においては，脂質自身（DAG）がセカンドメッセンジャーとして機能している経路もある．小胞体で合成されたタンパク質の輸送，分泌や，エンドサイトーシスによる細胞内への物質の取り込み，

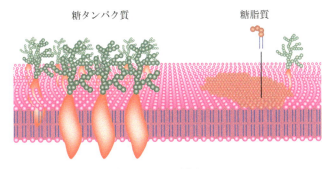

図10.18　生体膜中の糖脂質糖鎖のクラスター構造
　　　　［入村達郎 編, 別冊 日経サイエンス111：糖鎖と細胞（1994）より一部改変］

輸送など，細胞内での物質輸送を担う小胞も生体膜由来のものである．小胞が輸送先の膜と融合する際，SNAREと呼ばれる膜タンパク質が関与している系がある．2013年のノーベル生理学・医学賞はこれら小胞輸送の機構解明に関するものであったことは記憶に新しい．

## 10.4　脂肪と脂質の代謝，生合成

　トリアシルグリセロール自体は生体膜の構成成分でないが，生体膜脂質の原料の供給源と考えることもできる．食物から取り込まれた脂肪は胃や小腸で消化される．水に不溶なトリアシルグリセロールは，胆汁酸類によって乳化される．そしてリパーゼによってC1とC3位の脂肪酸が加水分解を受け，遊離する．例えば膵臓にあるリパーゼは第8章で述べた触媒三残基をもつ酵素の代表例として知られ，また脂質ミセル界面でコンホメーション変化を起こして活性化されるという特徴をもち，反応機構が詳細に調べられている．
　分解されなかった（利用されなかった）脂肪は筋肉や脂肪組織に蓄えられる．脂肪を構成する脂肪酸の鎖長や不飽和度は生物種によって異なる．一般に動物では飽和脂肪酸が多く，植物では不飽和脂肪酸が多い．両者の融点の違いは日常体験することである．生成した脂肪酸は主にミトコンドリアにおいてβ酸化され，アセチルCoAにまで分解される．アセチルCoAがクエン酸サイクルに入れば，ATPを産生する．したがって，結果的に脂肪はエネルギー貯蔵物質と位置づけることができる．なおグリセロリン脂質からも酵素ホスホリパーゼAによる加水分解で脂肪酸が生成するが，グリセロリン脂質をエネルギー源として大量に貯蔵す

る機構はない．

　一方，脂肪酸の生合成は，サイトゾルにおいてアセチルCoAから生成するマロニルCoAに対する，アセチルCoAの付加反応(C-C結合形成)およびカルボニル基の還元反応を繰り返すことで行われる．そのため炭素数は2ずつ増えていく．不飽和結合の導入も酵素的に行われる．生じた脂肪酸はグリセロ（リン）脂質の合成やトリアシルグリセロールの合成に再利用される．コレステロールもまたアセチルCoAから合成される．スフィンゴ脂質のセラミド骨格は，脂肪酸の生合成過程で生じるパルミトイルCoAとセリンとの反応から始まる数段階の反応を経て形成される．

## 10.5　脂質と生体膜の応用

　糖と同様に，脂質分子の化学構造自体は遺伝情報としてコードされていない．合成に関与する酵素が最終的に生産される脂質の構造を制御していることになり，アルキル鎖の構造まで完全に一致した，ある特定の脂質を遺伝子工学的に大量に生産させるのは核酸やタンパク質と比較してきわめて困難である．その一方で，種々の細胞から脂質を抽出することは容易であり，産業レベルで行われている．また，比較的低分子の化合物であるため，有機合成化学的な手法によるさまざまな誘導体や新規分子の合成，大量生産は行いやすい．

　これまでに，天然および合成脂質を用いて図10.19に示すような生体膜のモデルとなるような構造がつくられている．ここでは，それぞれの生体膜モデルについて，その特徴や利用のされ方を個別に述べる．

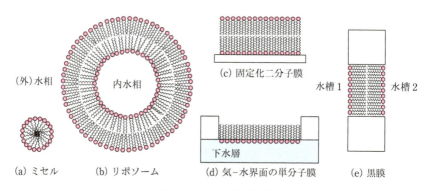

図10.19　種々の生体膜モデル

## 10.5.1 ミセル

表10.2にあるように，グリセロリン脂質のアシル鎖が1つ加水分解されて生成するリゾ体と呼ばれる分子や，合成界面活性剤分子の多くは，低濃度では水に分子溶解するが，ある濃度以上でミセルと呼ばれる会合構造を形成する（図10.19(a)）．その濃度を臨界ミセル濃度（CMC）という．ミセルは親水的な表面と疎水的な内部をもち，水に分散する単純な生体膜モデルとして利用されてきた．

その構造から予想されるように，数nm程度のサイズをもち，内部の疎水的な環境に種々の疎水性物質を取り込むことができる．この性質により，合成洗剤は油汚れを落とすことができる．また，少量の界面活性剤分子を外部から細胞に対して加えると細胞膜構造中に挿入されるが，その分子の量が多くなれば今度は逆に界面活性剤ミセル中に細胞膜由来の脂質分子が取り込まれる．すなわち，（結果として）細胞膜を可溶化することができる．生化学実験においてはTriton X-100などが代表的な界面活性剤として知られている．この性質は膜タンパク質の可溶化にも利用でき，得られた可溶化膜タンパク質をそのまま膜タンパク質の機能評価に使うことができる．そのほか脂溶性ビタミン類の活性評価などにも利用されてきた．親水基に触媒能を有する官能基をもつ界面活性剤を利用することで，酵素のモデル（疎水的な環境で基質を取り込み，近傍の官能基で反応をさせる）としての研究も行われた．ミセルは調製が簡単であるという特徴がある一方，細胞膜のように内水相をもたない．なお，疎水部に油が媒体として大量に取り込まれれば，サイズは増大し，水中に微小な液滴が形成されてその水と油の境界面に界面活性剤が並んだ構造となる．これがいわゆるoil-in-water型のエマルションである．

## 10.5.2 リポソームおよびその他の二分子膜

細胞から抽出した脂質の固体状態での構造を評価した結果から，以前より二分子膜を周期構造としたラメラ層の存在が指摘されていたものの，それらの脂質を水中に分散して得られた人工の細胞膜における二分子膜構造が観察されたのは1964年のことである（図10.20(a)）．SingerとNicolsonの流動モザイクモデルが提案されたのはそれより後の1972年のことである．初期の脂質二分子膜ベシクル（vesicle，小胞体の意味）は天然脂質の再構成膜として作製されていたが，1977年に国武と岡畑によって化学合成された分子（ジドデシルジメチルアンモニウムブロミド）からも二分子膜構造が作製できることが報告され，脂質二分子膜形成は生物由来の脂質に限った現象ではないことが示された．臨界充てんパラメータ

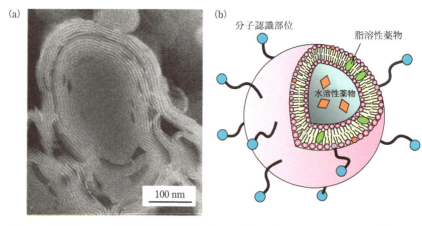

図10.20 リポソームの電子顕微鏡像(a)とドラッグデリバリーシステムのための機能性リポソームの概念図(b)
(a)のリポソームはBanghamがオボレシチンから作製した，再構成膜としてのリポソームの最初の例．
[A. D. Bangham and R. W. Horne, *J. Mol. Biol.*, **8**, 660-668 (1964)]

(表10.2)の概念が報告されたのも同じ頃である．脂質二分子膜ベシクルは一般に**リポソーム**（liposome）と呼ばれる．当初は天然脂質を用いて作製されたもの（再構成膜）のみがリポソームと呼ばれていたが，今日では合成脂質から作製したものもリポソームと呼ばれることが多い．

その後，さまざまな脂質類似の分子が合成され，二分子膜形成に必要な構造要素が検討された．その結果，必ずしも炭化水素鎖が2本である必要はないことや，1つの分子の両端に親水部をもたせれば一分子膜が得られること，2つの分子を組み合わせることで脂質に相当する構造を構築すれば，その組み合わせた分子からなる二分子膜構造が得られることなどが示された（図10.21）．これらの結果は，前述の臨界充てんパラメータやHLBの概念による予想では二分子膜構造を形成しないと考えられる構造でも二分子膜構造が得られることを示している．別の視点からは，二分子膜構造が熱力学的に最安定な構造でなくとも，非平衡状態における準安定構造として作製できることを示したともいえる．また，炭化水素系溶媒とフッ化炭素系溶媒に対する両親媒性をもった分子による，有機溶媒中での二分子膜構造や，両親媒性のブロック共重合体を用いたに分子膜ベシクル（ポリマーベシクルあるいはポリマーソームと呼ばれる）も実現された．最近では，二分子膜における内部の疎水層に相当する部分をポリイオンコンプレックスで構築し

た，PICsomeと呼ばれるリポソーム様の構造体も作製されている．この場合，ポリイオンコンプレックスを構成する2つの分子は疎水部をもたず，リポソームの概念がさらに拡張された例といえる．

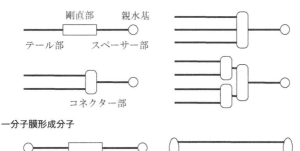

図10.21 二分子膜および一分子膜を形成する分子の構造要素および分子の例

## 第10章 脂質と生体膜

**特殊なもの**

有機溶媒中での二分子膜形成

高分子（ポリマーソーム）

ポリイオンコンプレックス形成
（PICsome）

無機頭部の重合（セラソーム）

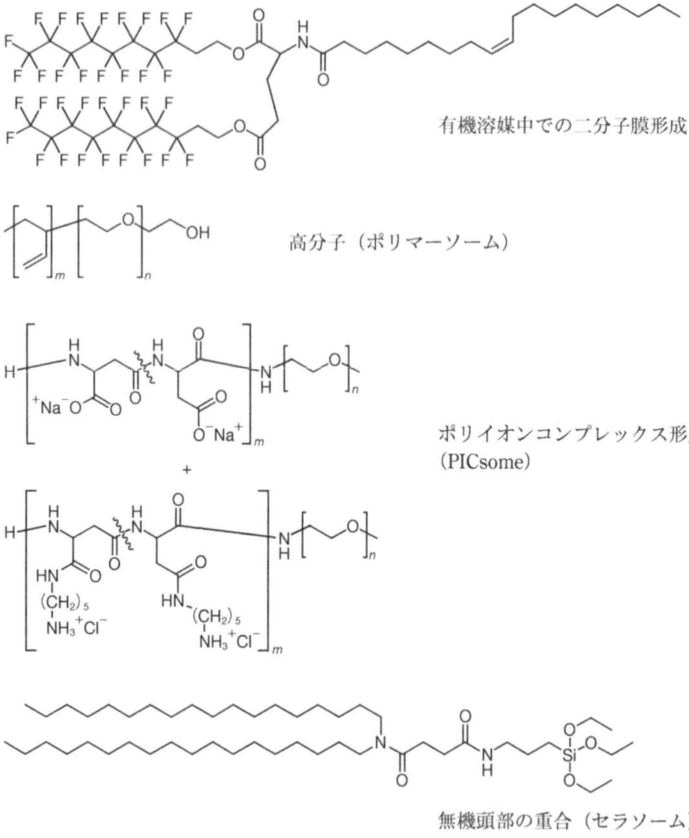

図10.21 二分子膜および一分子膜を形成する分子の構造要素および分子の例（つづき）

リポソームの代表的な作製法としてバンガム法が知られている．この方法の概要は，脂質の有機溶媒溶液をナス型フラスコに入れ，エバポレータにより穏やかに溶媒を留去すると，フラスコの内壁面に脂質の多層膜が形成される（このとき脂質層は二分子膜を繰り返し単位とし，最外層は空気に面しているので疎水部を向けている）．このフラスコに水を加え，ボルテックスミキサーで振とうすると，多層の二分子膜間（親水部どうしが面している層間）に水が侵入し，また機械的衝撃によって壁面から二分子膜単位で剥離することで，準安定構造としてリポソームが形成される，というものである．図10.20(a)の電子顕微鏡像もこのような方法で作製されたリポソームであるが，通常この方法では多重層ベシクル（multila-

## ◎ Alec Douglas Bangham (1921〜2010)

血液学者であり，リポソームの開発者．血栓形成との関連についての興味から，赤血球の表面電荷が種により異なり，それが機能（レシチナーゼ活性）に影響を与えることなどを1950年代後半から1960年代前半に示しているが，それらの研究の一部ではすでにリポソームに相当する生体膜モデルを利用していた．一般的には1964年に*J. Mol. Biol.*誌に発表した，レシチンから作製したリポソームの電子顕微鏡写真（図10.20(a)）が（再構成膜としての）リポソームの最初の例とされている．脂質薄膜を緩衝液に再分散することでリポソームを得る方法（直接分散法，本文参照）は彼の名をとってバンガム法とも呼ばれる．晩年は治療用途としての人工肺サーファクタントに関する研究などに従事した．英国王立協会のフェロー（Fellow of the Royal Society, FRS）．

mellar vesicle, MLV）が得られる．MLVの分散液に対して超音波照射を施したり，エクストルーダーと呼ばれる専用の器具に通すことで，小さな一枚膜ベシクル（small unilamellar vesicle, SUV）を得ることができる．代表的なリン脂質の場合，MLVでは直径200 nmから数μm，SUVでは直径約50 nmとなる．膜構造を安定にするためコレステロールとの混合膜にする場合もある．大きな一枚膜ベシクル（large unilamellar vesicle, LUV）において，特に直径が1 μm以上のものはジャイアントリポソームと呼ばれ，細胞に近いサイズをもつことから細胞モデルとしても関心が高く，近年作製法も確立されてきている．

リポソームのミセルとの大きな違いは，サイズがより大きいことと，内水相をもつことである．サイズも調製方法によって幅広く制御可能であり，内水相に薬物などさまざま水溶性物質を保持することもできる（疎水部には疎水性薬物などを保持できる，図10.20(b)）．そのため，ドラッグデリバリーシステムのキャリアとして，多くの検討が行われている（第12章参照）．また，リポソームどうし，あるいはリポソームと細胞を融合させることも可能である．先述のジャイアントリポソームは，特にその内水相内での物質生産に注目が集まっている．細胞のように自身の内部において遺伝子からタンパク質を発現するようなジャイアントリポソームはすでに開発されている．

リポソームの短所は構造的弱さである．リポソームの構造を強化する1つの方

法は，ビニル基やアクリル基など重合性官能基を疎水部や親水部に導入した脂質を用いて作製したリポソームの，重合による高分子化である．頭部にアルコキシシリル基をもつ脂質を用いて形成させたリポソームを，隣り合った脂質の頭部どうしで重縮合反応させることで表面がシロキサン骨格で覆われた構造が強固なリポソーム(セラソーム)を得ることもできる(図10.21)．

二分子膜構造をもつリポソーム以外の生体膜モデルも知られている．2つの水槽を区切った板に小孔を空けておき，そこに脂質の有機溶媒溶液を塗布すると，溶媒が水に溶解していくことで最終的に小孔を覆うように脂質二分子膜が作製される．これを**黒膜**(black membrane)という(図10.19 (e))．黒膜は膜を横断する物質の透過性を測定するための生体膜モデルとして利用されてきた．一方，ある条件において水中でリポソームを固体基板上に衝突させると，基板表面に二次元的に拡がった脂質二分子膜を1層固定化することができる．これは**固定化二分子膜**(immobilized lipid bilayer membrane)と呼ばれ，バイオセンシングなどに利用されている(図10.19 (c))．例えばガラス基板の場合，固定化された脂質層との間にはナノレベルの水和層が存在する．まったく別のアプローチとして，マイクロ流路の始点部分に脂質のキャスト膜を作製し，水中に入れると，脂質層が水和することで脂質二分子膜が流路に沿って流動展開することが示されている．その展開挙動をナノレベルでの物質輸送担体として利用する試みが行われている．

### 10.5.3 単分子膜

水溶性の低い脂質分子を有機溶媒に溶解し，その溶液を水面に静かに置くと，溶媒の蒸発とともに，水面上に疎水部を気相に，親水部を水相に向けて脂質分子が並ぶ(図10.19 (d))．テフロン製のバーによって水面をゆっくり狭めていくと，脂質どうしのパッキングがよくなり，生体膜と類似の単分子膜構造が得られる．これは10.1節で紹介したLangmuirが用いた手法と同じである．このとき，水面上に設置したセンサーで表面圧を測定し，水面の面積から求められる分子占有面積との関係をプロットする(表面圧－面積等温線)と，膜のパッキング状態や安定性，混合脂質系においては2つの脂質の混和性などを評価できる(図10.22)．この方法を用いると，リポソームを形成できない(混合)脂質でも膜を作製できることが利点である．

水面上の単分子膜は，**ラングミュア・ブロジェット法**(Langmuir–Blodgett method, LB法)など種々の方法で基板を水中に沈める，あるいは水中から引き上

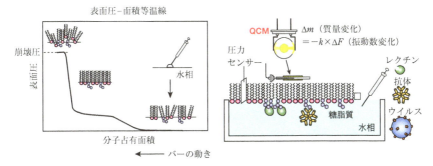

図10.22　気-水界面上の脂質単分子膜における表面圧と分子占有面積の関係(a)と気-水界面上の脂質単分子膜を用いた水晶振動子マイクロバランス(QCM)法による分子認識の模式図(b)

げることで，複数層累積できる．得られた膜は一般にLB膜と呼ばれる．短所としては，二分子膜の半分しかないので，膜貫通タンパク質の組み込みやフリップフロップの評価に向かないこと，装置がやや高額であること，実験の再現性を得るためにはそれなりの技術が要求されること，累積しなければ長期保存に向かないことなどがある．図10.22(b)のように，基板として水晶振動子マイクロバランス(QCM)の電極や，表面プラズモン共鳴(SPR)のセンサーチップを用いれば，それらに累積した単分子膜に対する種々のゲスト分子の結合の動力学解析が可能となる．前述の固定化二分子膜についても同様である．

近年，金基板表面にアルカンチオール分子が形成する自己集合単分子膜(self-assembled monolayer, SAM)が注目されている．ガラス基板表面に対して長鎖アルキル基をもつアルコキシシラン類を反応させることでもSAMを作製できる．SAMは基板をSAM形成分子の溶液に浸漬するだけで作製でき，また膜と基板とが共有結合で固定化されるという利点があるため，種々のチオールやシラン誘導体から作製したSAMが生体膜モデルとして利用されている．

以上のように，脂質および生体膜の研究は，種々の顕微鏡技術や分光学の発展に牽引される形で，細胞の観察や機能評価とともに進められてきた．前章で述べた糖と同じく，セントラルドグマには組み込まれていないが，細胞を構成する生体分子の中でも重要な役割をもつ．また，自己集合能や動的な性質から，工学的な研究対象でもある．今後は，生体膜(モデル)を自在に扱う技術のさらなる発展を支えに，それらを利用した基礎(生命現象の解明)と応用(機能材料としての利

用)両方面での研究がよりいっそう進んでいくことが期待される.

## 参考文献

1) A. Lijas, L. Lijas, J. Piskur, G. Lindblom, P. Nissen, M. Kjeldgaard 著,田中 勲,三木邦夫 訳,構造生物学,化学同人(2012),第4章(脂質の分類について)
2) R. B. Gennis 著,西島正弘 他共訳,生体膜—分子構造と機能,シュプリンガー・フェアラーク東京(1990)
3) 長野哲雄 監訳,マクマリー 生化学反応機構,東京化学同人(2007),第3章(脂肪,脂質代謝,生合成について)
4) D. Voet, J. Voet, C. Pratt 著,田宮信雄,村松正實,八木達彦,遠藤斗志也 訳,ヴォート基礎生化学 第3版,東京化学同人(2010),第20章(脂肪,脂質代謝,生合成について)
5) J. N. Israelachvili 著,大島広行 訳,分子間力と表面力 第3版,朝倉書店(2013),第20章(臨界充てんパラメータなどについて)
6) 安藤 進,脳機能とガングリオシド—新たに登場したニューロンの活性物質,共立出版(1997),第3章(ガングリオシドの分布と存在状態について)
7) 秋吉一成,辻井 薫 監修,リポソーム応用の新展開—人工細胞の開発に向けて,エヌ・ティー・エス(2005)
8) 岡畑恵雄 編著,バイオセンシングのための水晶発振子マイクロバランス法—原理から応用例まで,講談社(2013)
9) 梅田真郷 編,生体膜の分子機構—リピッドワールドが先導する生命科学,化学同人(2014)

# 第11章　天然有機化合物

　生物が生産する二次代謝産物を天然物(天然有機化合物)と呼ぶ．タンパク質や多糖，核酸などの生体高分子は，天然物に含まれない．天然物の特徴は，「多様でユニークな構造と活性」である．生物はなぜ多様かつ複雑な分子を作る必要があるのか．自然界から次々と発見される天然物の構造と活性は，しばしば人知を越える巧妙さと不思議さをもち，化学者を魅了してきた．最近では，ユニークかつ多様な構造をもつ天然物は，化合物ライブラリースクリーニングを主体とする医薬探索研究において注目を集めており，また天然物のもつユニークな活性を生物研究のツールとするケミカルバイオロジー研究も盛んである．

　天然物に関わる科学は生物学領域にも広く展開しているため，その全容を紹介することは難しい．本章では，天然物のもつユニークな活性を中心として紹介することで，生命科学との関わりを強調したい．

## 11.1　天然物研究の歴史

　天然有機化合物の化学的研究は，人類の生活圏内にある生物が生産する化合物の構造に関する研究から始まった．最初に選ばれた研究材料の1つとしては，葉緑体に含まれるクロロフィルなどの植物色素がある．その後，各種のステロイドホルモン類や，カイコガの性フェロモン「ボンビコール」の研究などを契機として，生物に対して活性を示す有機化合物(生理活性天然有機化合物あるいは生物活性天然有機化合物)も興味の中心になっていった．

　この時代に発見された生理活性天然物には，きわめて興味深いものが多い．例えば，1-メチルアデニンはヒトデの卵成熟因子であり，ヒトデ未成熟卵を受精可能な成熟卵に変化させる．その発見は，発生生物学上の歴史的トピックであり，高校生物の教科書にも登場している．マタタビラクトンは，ネコ科動物に対してのみユニークな酩酊様作用(マタタビダンス)を引き起こし，グリシノエクレピンは，ダイズシストセンチュウのシストからの孵化を促進する(図11.1)．いずれの場合にも，1 nmにも満たない分子が，生物個体に顕著な応答を引き起こして

# 第11章 天然有機化合物

1-メチルアデニン：ヒトデ卵成熟因子

マタタビラクトン：「またたび」の活性成分

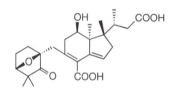
グリシノエクレピン：
ダイズシスト線虫孵化促進物質

図11.1 生理活性天然物の例

いる．また，天然有機化合物には，抗生物質のように医薬品のシーズとして有用なものもある．

1970年代から1990年代には，NMRやMSなどの機器分析法が長足の進歩を遂げ，きわめて複雑な天然有機化合物の構造が続々と明らかになった．また，簡単な原料から複雑な天然有機化合物を作り上げること，すなわち全合成が天然物研究の中心となった．有機化学の黎明期であった1950〜1980年代においては，天然物の構造決定や全合成が有機化学発展のドライビングフォースとなり，多くの発見がなされた．芳香族性の解明（野副鉄男によるノンベンゼノイド天然物ヒノキチオールの研究より），コンホメーション解析（D. H. R. Bartonによるステロイドの研究より），化学反応における軌道対称性保存則の発見（R. B. Woodwardら

## ● Robert Burns Woodward (1917〜1979)

Woodwardは20世紀最高の天才有機化学者の誉れ高い人物である．天然物全合成という学問は，彼によって今日の形に発展したと言っても過言ではない．Woodwardは，20代で抗マラリア薬キニーネの全合成を達成し，その後，クロロフィルやビタミン$B_{12}$など，今日でも難しいきわめて複雑な天然有機化合物の全合成を次々と達成した．これらの業績を通じて彼は，複雑な天然物を計画的に全合成することが可能であることを示し，1965年にノーベル化学賞を受賞した．また，ビタミン$B_{12}$全合成の過程で，画期的な有機反応原理を発見し，共同研究者のR. Hoffmannととも軌道対称性保存則（ウッドワード・ホフマン則）を発表したが，2度目のノーベル賞を得ることなく1979年に死去した（その後1981年に軌道対称性保存則によってHoffmannと福井謙一がノーベル化学賞を受賞）．

## ● 中西香爾 (1925〜)

コロンビア大学化学部教授．中西は動植物・微生物から200種以上の天然有機化合物を単離・構造決定した．中西の研究の特徴は，これらの構造決定の過程で物理化学的手法を用いる方法論を開発し，有機化合物の構造解析に革新をもたらした点にある．赤外線吸収スペクトルによる有機分子の構造解析に始まり，複雑な天然物の立体構造を核磁気共鳴スペクトルや円二色性スペクトルを用いて解析する方法論は，天然物化学分野にとどまらず有機化学全般に大きなインパクトを与えた．また，1970年代から視物質の生物有機化学研究にいち早く着手するなど，今日のケミカルバイオロジーへつながる先駆的業績も高く評価されている．

によるビタミン$B_{12}$全合成研究より），核オーバーハウザー効果（NOE）を利用した立体化学決定法（中西香爾によるギンコライドの構造決定より）など，その例は枚挙にいとまがない（図11.2）．

有機化学が成熟期を迎えた現在では，天然物のもつ科学的重要性の中心は，その複雑な構造から生物活性（生理活性）へと徐々に推移しつつある．近年では，ケミカルバイオロジーとの融合による新たな作用機構研究が加速されている．

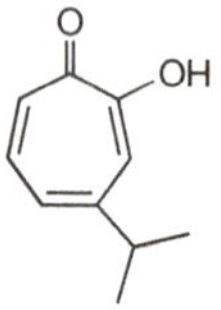

ヒノキチオール

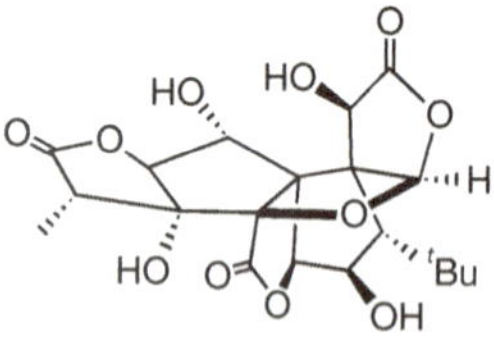

ギンコライドB

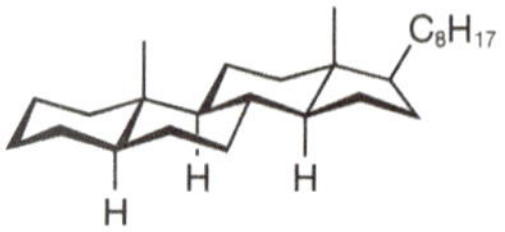

コレスタン（ステロイド）

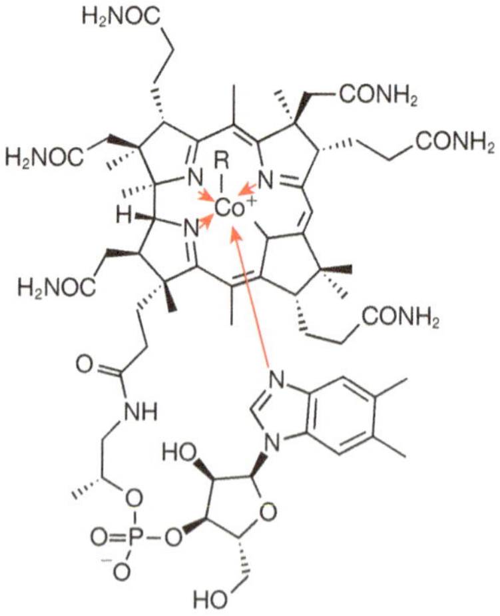

R = 5'-deoxyadenosyl

ビタミン $B_{12}$

図11.2　1970年代から1990年代に構造が解明された天然有機化合物

## 11.2　生体における天然物の役割

　天然物には，生体内の内因性（endogenous）物質である**生理活性物質**（physiologically active substance；ホルモンなど）と，外因性（exogenous）物質である**生物活性物質**（biologically active substance；生物毒など）がある．概して，生理活性物質にはステロイドやペプチドをはじめとする比較的単純な構造のものが多く，生物活性物質には複雑な構造のものが多い．

### A.　生理活性物質

　体内の生産細胞で生産され，生体内を移動して標的細胞に作用することで，生体の恒常性維持に関わる内因性天然物を**ホルモン**（hormone）という．表11.1に示すように，動植物など高等生物のホルモンには，ペプチド，ステロイド，テルペノイド，アミノ酸誘導体，気体状分子，核酸塩基誘導体がある（分泌器官をもたない微生物には厳密な意味でのホルモンは存在しない）．プロスタグランジン類のように，生産細胞の近傍で作用する局所ホルモン（オータコイド）と呼ばれる

11.2 生体における天然物の役割

表11.1 ホルモンの例

|  | 哺乳動物 | 昆虫 | 植物 |
|---|---|---|---|
| ペプチド | インスリン,バソプレッシンなど | PTTH, DHなど | ファイトスルホカインなど |
| ステロイド | エストロゲン,アンドロゲンなど | エクダイソン | ブラシノライド |
| テルペン | レチノイド | 幼若ホルモン | ジベレリン,アブシシン酸,ストリゴラクトン |
| アミノ酸（誘導体） | チロキシン,セロトニンなど | — | インドール酢酸 |
| 脂肪酸（誘導体） | プロスタグランジン | プロスタグランジン | ジャスモン酸 |
| 気体状分子 | 一酸化窒素 | 各種フェロモン | エチレン |
| 核酸塩基（誘導体） | — | — | サイトカイニン |

物質もある．局所ホルモンは不安定な短寿命化合物であり，生体内では直ちに分解される．

また昆虫などでは，揮発性の情報伝達分子であるフェロモンを介する個体間の化学コミュニケーションが重要な生理的役割をもつ．フェロモンには，性フェロモン，集合フェロモンなどがあり，最も有名なフェロモンはカイコガの性フェロモンであるボンビコールであり，メスの尾部にある分泌腺から放出されるボンビコールに対して，オスは計算上わずか12分子で応答し交尾行動を示すとされている．近年，ボンビコールの受容体が明らかになり，その作用機構を分子レベルで論じることができるようになった．

B. 生物活性物質

生物活性物質の代表例は抗生物質である．抗生物質とは，微生物により生産され，他の微生物の増殖を阻害する化学物質の総称である．抗生物質の多くは，細胞壁生合成の阻害やリボソーム30S, 50Sサブユニットへの結合によるタンパク質合成の阻害など，細菌に特有の生体内装置を阻害することで，ヒトへの毒性が低く，細菌に対してのみ強い効果を示す．$\beta$-ラクタム系（ペニシリンなど），アミノグリコシド系（ストレプトマイシンなど），マクロライド系（エリスロマイシンなど），テトラサイクリン系（テトラサイクリンなど）の4種が四大抗生物質と呼ばれている．抗真菌作用をもつポリエン系抗真菌薬（アムホテリシンBなど）や抗ウイルス剤なども，広義の抗生物質に分類される（図11.3）．

また，低濃度で強力な活性を示す生物毒も代表的な生物活性物質であり，生物

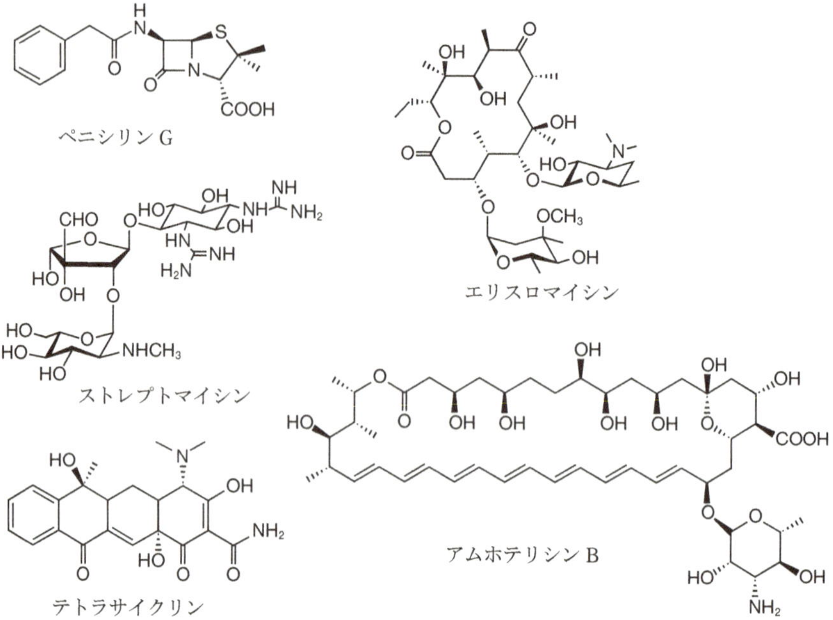

第11章 天然有機化合物

ペニシリンG

ストレプトマイシン

エリスロマイシン

テトラサイクリン

アムホテリシンB

図11.3 抗生物質の例

学研究における必須のツールとなっている分子も多い．これらの生物毒は，自己防御物質として，あるいは獲物を捕食するための一種の化学兵器として生産されていると思われる．特に海洋生物が生産する生物毒は複雑な構造をもち，タンパク質の機能を阻害して強力な毒性を示すものも多い．例えば，オカダ酸やカリクリンは有名なタンパク質脱リン酸化酵素阻害剤であり，テトロドトキシン（平田義正ほかが構造決定）やシガトキシン，ブレベトキシンなどはナトリウムチャンネル阻害剤である（図11.4）．いずれの分子も，生物学研究の重要なツールとして用いられている．

これら以外にも，動植物はきわめて多くの天然物を生産し，生体内に蓄積しているが，その多くは生体内での役割がまったく不明である．例えば植物は，非常に多くの二次代謝産物を蓄積していることが知られている．これらの中には，生薬成分として古くから利用されるフラボノイドやサポニン類のように，ヒトに対して有益な作用を示すものがあり，薬として古くから利用されている．しかし，これらの化合物を蓄積することが，植物自身にとってどういったメリットがあるのかについては，まったくわかっていない．

## ● 平田義正（1915〜2000）

名古屋大学名誉教授．日本における天然物研究に大きな足跡を残した．日本の天然物研究が国際的に高い水準にあるのは平田の功績が大きい．平田は，ホタルはなぜ光るのか，フグの毒はなぜあれほど強力なのか，といった身近な疑問から，ルシフェリン類やテトロドトキシンなどの重要な天然物を数多く単離・構造決定した．また，海洋生物からの天然物探索研究の草分けとしても著名であり，ハリコンドリンやパリトキシンなどの歴史的な化合物を数多く単離・構造決定した．下村 脩（2008年ノーベル化学賞）をはじめとする多くの弟子を育てた名伯楽としても有名である．

図11.4　生物毒の例

## 11.3 天然物の合成方法（天然物の入手方法と分析方法）

天然物を入手する方法としては，天然から分離する方法と有機化学的に合成する方法（全合成）がある．天然から豊富に分離され，生物学研究によく用いられる天然物には市販されているものも多いが，天然物の多くは天然からごく微量しか得ることができない．このため，生理学的・生物学的に興味深い活性をもつ天然物に関しては，原理的には無尽蔵な供給を可能にする天然物の全合成が重要な意味をもつ．

### 11.3.1 生体における天然物の合成

天然物は，生体内において，アミノ酸，脂肪酸，糖類などを原料とした二次代謝産物として合成される（生合成）．特に微生物と植物は多様な天然物を生合成することが知られており，天然物の供給源としてきわめて重要である．1970年頃からは海洋生物の生産するユニークな構造をもつ天然物にも注目が集まっている．天然物は，構造的には生合成経路によって，テルペノイド，ポリケチド，アルカロイド，フラボノイドなどに分類され，各々独自の機構で生合成される．

近年，複雑な天然物の生合成に関わる遺伝子が次々と明らかになっている．特に微生物の二次代謝産物の生合成に関わる遺伝子はひとかたまり（クラスター）となっているため，クローニングによって生合成遺伝子を丸ごと取得することができる．これによって，分泌量の少ない天然物を大量に生産させたり，ゲノム構造から天然物生合成遺伝子をコードするクラスターを見つけ出し，未知の天然物を遺伝子構造から探索するアプローチ（ゲノムマイニング）が可能になりつつある．

また，遺伝子がクラスターとなっていない植物などでも，マイクロアレイ解析などから同時に発現する遺伝子を人為的にクラスターとすることで，天然物を合成できる．また，生合成に関わる酵素の遺伝子を改変することで，天然に存在しない「人工天然物」を生産させることも，一部の化合物については実現された．ポストゲノム時代において，天然物の生合成研究は，生合成遺伝子クラスターのクローニングと遺伝子工学を中心に，もっともホットな研究領域として大きく発展している．

### 11.3.2 天然物の全合成

複雑な構造をもつ天然物の合成は，有機合成化学の花形的分野である．これまでに，およそ合成可能とは思えないような複雑な構造をもつ天然物でさえ，次々と合成されている．例えば，きわめて複雑な構造をもつビタミン$B_{12}$は1970年代

に，パリトキシンは1990年代にすでに全合成された．こうした状況を受けて，「構造式が書ける化合物で，合成できないものはない」と考える研究者もいるが，多くのケースでは，数年あるいは10年近い年月をかけた全合成によって得られる量は数mgから数十mg程度である．これは生命科学分野で要求される供給水準にはほど遠い．そのため，「研究に必要な量を供給可能」でかつ「多様な構造展開を実現できる柔軟な合成ルート」による全合成が望まれている．

近年は，必要量（例えばグラムスケール）の供給を目指した「実用的全合成」の研究例が増えつつある．また，容易に入手可能な天然物を構造変換して，入手困難な天然物を入手することもできる（半合成）．例えば，抗がん剤であるパクリタキセル（タキソール）は，植物の樹皮に含まれるため天然からはごく微量しか得られず，全合成による大量供給も実現されていないが，同じ植物の葉に大量に含まれるバッカチンを原料とした構造変換による供給が実現されている．

### 11.3.3 天然物の複雑な構造を単純化する

天然物の複雑な構造は，しばしばその合成による供給を困難にする．これは，天然物のもつユニークな活性の魅力を考えると残念なことである．このため近年は，魅力的な活性を保ったまま天然物の構造を単純化する試みが多くみられるようになった．実際，天然物の複雑構造は，すべての部位が活性発現に必要な場合もあるが，構造の半分程度で十分な活性を示す場合もあり，この場合には，合成的供給が現実的なものになる．

このような試みとして最も成功した例は，海洋天然物ハリコンドリンBをもとに開発された新規抗がん剤エリブリンであろう（図11.5）．ハリコンドリンBはマウスがん細胞に対して著しく低濃度で増殖抑制活性を示すのみならず，マウス個体への投与実験で延命効果が認められるなど，大きな注目を集めていた．ハーバード大学の岸 義人は，200種類を超える構造類縁体を合成して，活性を保つ最小構造単位を探索したところ，ハリコンドリンBは複雑な構造のおよそ半分（図11.5に示した構造の右側）だけで抗がん活性を示すことを見出し，エリブリン（ハラヴェン）を開発した．エリブリンは耐性のある（前治療歴のある）乳がんの特効薬として，国内外で承認され，上市されている．

### 11.3.4 天然物ライブラリー

研究者が所有する天然物や動植物・微生物の抽出物を収集し，これらをライブ

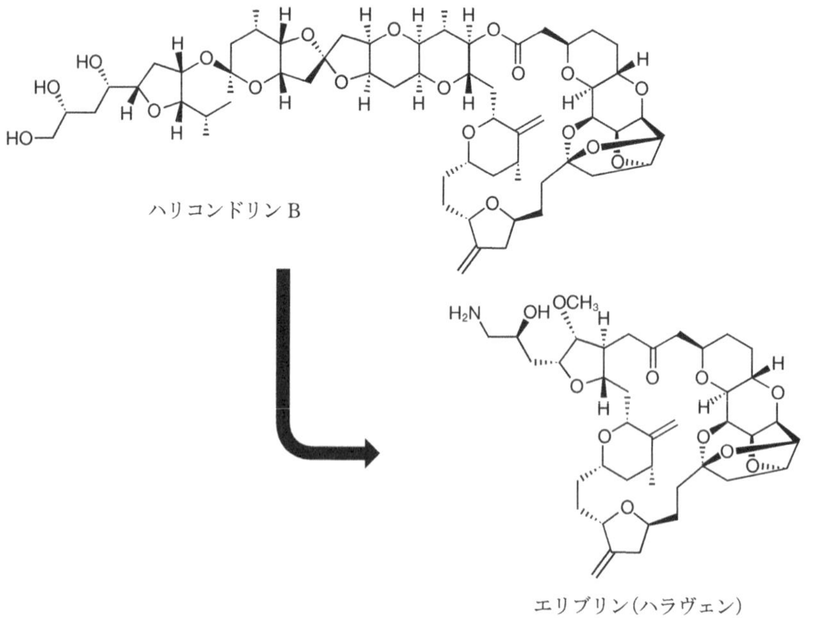

図11.5　海洋天然物ハリコンドリンBをもとに開発された新規抗がん剤エリブリン

ラリー化した「天然物ライブラリー」あるいは「天然物バンク」を作る試みがなされている．これは，コンビナトリアルケミストリーによって膨大な数の化合物を収集した「化合物ライブラリー」「化合物バンク」が，現在ケミカルバイオロジー分野において重要な地位を占めていることに倣ったものである．化合物ライブラリーはランダムに合成された構造バリエーションから構成されるのに対して，天然物は生物進化の過程を経て築き上げられた生合成系によって作られるものであり，生体に何らかの作用を示す可能性が高いと考えられる．なお，大学や研究所が提供する公的ライブラリーとともに，スクリーニング用の天然物ライブラリーを市販する業者もあり，盛んに利用されている．

## 11.4　天然物の応用および活性評価

### 11.4.1　天然物の生命科学分野における応用

天然物の応用用途としては主に，(1)タンパク質に対する阻害剤，(2)医薬品や農薬があげられる．

## 11.4 天然物の応用および活性評価

### ● コラム　　コンビナトリアルケミストリー

固相合成を利用して，きわめて多種類の化合物からなる化合物ライブラリーを構築する方法である．例として3種類のアミノ酸からなるトリペプチドを考えてみよう．樹脂ビーズに3種類のアミノ酸をそれぞれ固定化し，これを混合した後に3組に分ける．この3組に，再びそれぞれ3種類のアミノ酸を縮合させると3×3＝9種類のジペプチドができる．これをさらに混合した後3組に分け，それぞれ3種類のアミノ酸を縮合させると3×3×3＝27種類のトリペプチドライブラリーができあがる．樹脂に印を付けておくことで，どの樹脂にどのトリペプチドが結合しているかわかるので，これを樹脂から切り出すことで，簡単に27種類のトリペプチドからなるペプチドライブラリーを構築できる．同様の手法は通常の有機化合物にも適用でき，主に製薬企業などで，ランダムな構造をもつ化合物ライブラリーが多数構築された．

### A. タンパク質に対する阻害剤

タンパク質に対する阻害剤は，生命科学への応用が盛んである．重要な応用例をあげると，ふぐ毒として有名なテトロドトキシン(TTX, 図11.4)は，ナトリウムチャンネルの阻害剤として広く神経生理学研究に用いられている．TTXを樹脂に固定化したアフィニティークロマトグラフィーによって，ナトリウムチャンネルの精製が可能になり，ナトリウムチャンネルのクローニングが実現された．また，ウワバイン(図11.6)はNa/K依存性ATPアーゼの強力な阻害剤として，生化学研究でよく用いられている．

1990年代に，生体内におけるタンパク質のリン酸化/脱リン酸化がさまざまな生体機能の調節に重要な役割を果たすことが，タンパク質リン酸化酵素阻害剤(スタウロスポリン(大村 智が構造決定)など)，タンパク質脱リン酸化酵素阻害剤(トウトマイシン，カリクリン，オカダ酸など)を用いて明らかにされた(図11.4, 11.6)．また，タキソールは，強力な微小管脱重合阻害活性をもち，腫瘍細胞の分裂を阻害するため，抗がん活性を示す．このためこれらの化合物を細胞や生体などに投与することで，各種遺伝子操作(ノックアウト，ノックダウンなど)を行うことなく，特定のタンパク質の機能を選択的にブロックすることができるため，生命科学研究における重要なツールである．また，機能的に重要な遺伝子をノックアウトすると致死的となるため，このような例では遺伝子操作による機能研究

## 大村 智(1935〜)

北里研究所特別栄誉教授．大村は，主に微生物の生産する天然物の探索研究において，圧倒的な業績をもつ研究者である．タンパク質リン酸化酵素阻害剤スタウロスポリンやプロテアソーム阻害剤ラクタシスチンなど，微生物が生産する500種類近い天然物を単離・構造決定した．特に，天然物アバメクチンをもとに開発したイベルメクチンは，熱帯風土病であるオンコセルカ症の治療薬として絶大な効果を示し，この風土病の撲滅に大きな効果を発揮している．この業績によって，大村は2015年のノーベル生理学・医学賞を受賞した．近年では，微生物による天然物の生合成研究にも大きな成果をあげている．

ウワバイン　タキソール

スタウロスポリン　トウトマイシン

図11.6　タンパク質に対する阻害剤の例

が不可能となる．一方，天然物を用いた遺伝子産物の機能阻害は一時的であるため，このような致死的な遺伝子の機能研究に有用である．また，遺伝子操作が困難な非モデル生物系の実験では，阻害剤は不可欠な研究ツールである．

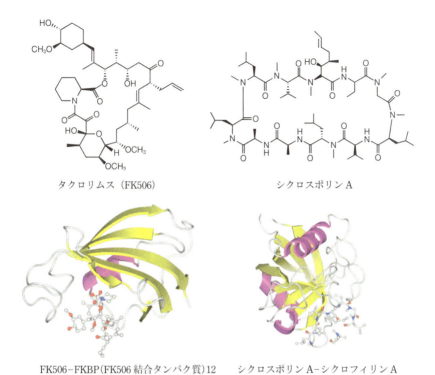

図11.7　医薬品・農薬およびそれらとタンパク質の複合体

## B. 医薬品・農薬

　天然物はその特異かつ強力な作用により，しばしば医薬品や農薬のシードになる．免疫抑制剤シクロスポリンやタクロリムス（FK506）などは，免疫作用の抑制効果をもち，臓器移植などには欠かせない薬剤である（図11.7）．

　天然物のほとんどは，分子量が大きいため細胞膜を透過できず，細胞内に存在する標的タンパク質とは結合できないように思われるが，実際には天然物は，細胞内のタンパク質と結合して作用を示す．これは天然物がとるコンホメーションが原因と考えられる．例えばオカダ酸は，水素結合によって丸まったコンホメーションをとる．また，天然物の多官能性と巨大な分子構造は，タンパク質との多点相互作用を可能にする．このため，天然物を用いると，創薬化学的にはありえないような巨大構造をもつ分子が，特異性の高い医薬品シードとなることもある．

　これらに加えて近年では，特定のフェノタイプ（表現型）を誘導する天然物の標

> ● **コラム　フォワード・リバースケミカルジェネティクス**
>
> 　遺伝学では，遺伝子と表現型の相関を決定することが目的である．この際，表現型の原因遺伝子を探るフォワードジェネティクス(順遺伝学)と，遺伝子に人工的に変異を導入した際の表現型をみるリバースジェネティクス(逆遺伝学)がある．同様に，ケミカルバイオロジーでは，ある化合物の作用と遺伝子(タンパク質)の相関を決定することが目的である．したがって，ある化合物の標的タンパク質を同定する方法をフォワードケミカルジェネティクス，ある遺伝子の産物(タンパク質)に特異的に結合する化合物を探索する方法をリバースケミカルジェネティクスと呼ぶ．

的タンパク質を探索することで，生物現象に関与するタンパク質を探索する手法が盛んになっている．このような研究はケミカルバイオロジー(正確には，フォワードケミカルジェネティクス)と呼ばれており，注目を集めている．

### 11.4.2　天然物の活性評価法

　天然の生物資源から前節で述べたような天然物を探索する場合には，目的とする活性に関する活性評価を行う．これには，(1)生化学的活性評価，(2)細胞系での活性評価，(3)生物個体を用いる活性評価などがある[*1]．

#### A.　生化学的活性評価

　酵素に対する阻害活性の評価が典型的な例である．通常，酵素溶液に対して，基質とともに天然物あるいは天然物を含む抽出エキスなどを加え，酵素反応の進行を阻害する活性が調べられる．生体において重要な機能をもつ酵素を選択的に阻害する化合物を探索することができる重要な評価法である．酵素阻害剤は医薬品としても重要であり，α-グルコシダーゼの阻害剤であるアカルボースは放線菌培養液から発見された天然物で，食事中の糖質の分解を遅らせて血糖値の急激な上昇を抑えるため，2型糖尿病(生活習慣によるもの)の治療薬に用いられる．

#### B.　細胞系での活性評価

　主に，ヒト培養細胞(基本的にがん細胞)に対して天然物を投与したときの培養細胞の生存率を指標として，天然物の活性評価が行われることが多い．細胞の生存率は，MTTアッセイやトリパンブルー法などで評価される(図11.8(a), (b))．

---

[*1] 多くの場合，細胞系，生物個体系での活性評価を *in vivo* での活性評価と呼ぶが，厳密には細胞系での活性評価は *in vivo* には含まれない．

図11.8 (a) MTTアッセイ，(b) トリパンブルー染色法，および (c) 受容体を過剰発現させた培養細胞を用いた天然物の活性評価

非常に簡便な方法であるため，抗がん活性の評価によく用いられる．一方で，正常細胞に対して同様の毒性がみられることも多く，必ずしも抗がん剤としての有効性とは直接結びつかない．このため，がん細胞への選択性の評価やがん細胞選択的な標的タンパク質を用いる生化学的活性の評価の併用が重要である．

また，受容体などを過剰発現させた培養細胞を用いて，その受容体を標的とする天然物のシグナル伝達活性を評価する場合もある（図11.8(c)）．この場合には，遺伝子導入が容易なHEK293T細胞を用いることが多い．また逆に，ある標的タンパク質をノックダウン（siRNAを用いたRNA干渉などにより）あるいはノックアウト（CRISPR/Cas9, TALEN, ZFNなどのゲノム編集により）することで，天然物の活性がその受容体を含むシグナル伝達経路に依存していることを証明できる．なお，培養細胞を用いた試験と，生物個体を用いた試験で同じ活性がみられることはまれである．

### C. 生物個体を用いる活性評価

生物現象を誘導する天然物などは，この方法を用いて活性が評価された．例えば，先述のマタタビラクトンは実際のネコの反応の確認から，グリシノエクレピンはシストからのセンチュウの孵化の顕微鏡下での観察から，活性評価が行われた．

また，薬剤としての効果を評価する場合には，マウス個体などに天然物を投与（給餌による経口投与あるいは腹腔内投与や尾部からの静脈投与）して，活性を評価することもある．生物個体系での評価は，細胞系などで一定の結果が出た化合物について行う．化合物のデリバリー（目的組織への輸送）や代謝（薬物動態）など，培養細胞系では評価できない種々の因子を評価することができるため，有効性と危険性をより正しく評価できる．ただし，マウスとヒトで必ずしも同じ効果を期待できるわけではない．例えば，ウワバイン（図11.6）はヒトNa/K依存性ATPアーゼの強力な阻害剤であるが，マウスNa/K依存性ATPアーゼはウワバイン非感受性である．このため，創薬においては，最終的な評価として臨床試験が不可欠である．

## 11.5 天然物ケミカルバイオロジー

生物学研究における生物活性天然物のポテンシャルを明らかにし，それらをツールとして活用するケミカルバイオロジー研究が「天然物ケミカルバイオロジー」であり，近年天然物研究の新たな潮流として発展している．特に，天然物の標的タンパク質決定は，天然物の生物活性に分子的実体を与え，作用機構解明にとどまらず，標的タンパク質複合体の構造生物学的情報をもとにした活性チューニングや生物活性分子の設計などに重要な指針を与える．また近年では，標的がわからない化合物が臨床試験に供されることはないので，天然物（特に薬理活性をもつもの）の標的同定の重要度はますます増大している．天然物の標的同定に関しては参考文献18, 19を参照されたい．

天然物の標的同定による作用機構の分子的実体解明が進むにつれて，天然物の生物活性の実体は，古典的な「鍵と鍵穴」の関係で説明できないケースが多いことがわかってきた．天然物は，実際には生体内で多くのタンパク質と相互作用する「鍵束」のように働いており（図11.9），11.4.2項A～Cで述べた方法で評価できる生物活性は，それらの総和である．このため，天然物は主作用以外に副作用を示すことも多く，これが医薬品開発などにおいて致命的な欠陥であった．この複雑な性質の一方で，その標的選択性を人為的にチューニングできれば，医薬品

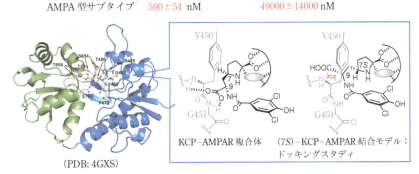

**図11.9 天然物の生物活性の実体**
多くの天然物と標的との関係は古典的な「鍵と鍵穴」より複雑であり, 天然物は「鍵束」のように複数の標的に作用する. 例えば, カイトセファリンの7S立体異性体は, グルタミン酸受容体に対して高いAMPA型サブタイプ選択性を示す.
［大阪市立大学 品田哲郎教授提供, *Org. Biomol. Chem.*, **14**, 1206 (2016)］

としての副作用低減や生物学ツールとしての有用性向上が期待できる. これはいわば, 鍵束から鍵を取り出すことに相当する. 近年, 天然物の立体異性体を用いる標的選択性チューニングがこの目的に有用である例が見つかっている.

一例をあげると, カイトセファリン(図11.9)は, グルタミン酸受容体アゴニストであるが, NMDA型, AMPA型のいずれのサブタイプをも活性化する(AMPA/NMDA=76). 驚くべきことに, カイトセファリンの7位の立体配置を反転させた(7S)-カイトセファリンは, 著しく高いAMPA型選択性を示す(AMPA/NMDA=1700).

類似した例は, コロナチン, テトロドトキシン, アプリシアトキシン, ホルボールエステルなどにもみられる. 立体異性体は化学合成以外の手法では得ることができないが, 標的選択性制御にきわめて有用である.

以上のように, 天然物の構造決定・合成の発達は, 有機化学の基礎理論と方法論を進歩させる原動力であった. 今日では, 天然物のもつユニークな構造多様性

や生物活性は，生物学研究の分子ツールとしてきわめて重要である．天然物は，現代有機化学の中核分野であるケミカルバイオロジーにおいて新たな地位を得たといえよう．この本で学ぶ未来の研究者たちによって，天然物を自在に使いこなすケミカルバイオロジー研究が発展することを願ってやまない．

## 参考文献

1) 北川 勲，磯部 稔，天然物化学・生物有機化学Ⅰ・Ⅱ，朝倉書店(2008)
2) 瀬戸治夫，天然物化学，コロナ社(2006)
3) 長澤寛道，生物有機化学―生理活性物質を中心に，東京化学同人(2008)
4) 後藤俊夫，天然物化学，丸善(1984)
5) 後藤俊夫，動的天然物化学，講談社(1983)
6) J. B. Harborne 著，高橋栄一，深海 浩 訳，ハルボーン化学生態学，文永堂(1981)
7) 塩見一雄，長島裕二，新・海洋生物の毒―フグからイソギンチャクまで，成山堂書店(2012)
8) A. T. Tu，比嘉辰雄，海から生まれた毒と薬，丸善出版(2012)
9) 上村大輔，袖岡幹子，生命科学への展開，岩波書店(2006)
10) 橋本祐一，村田道雄，生体有機化学，東京化学同人(2012)
11) K. C. Nicolaou, E. J. Sorensen, *Classics in Total Synthesis: Targets, Strategies, Methods*, Wiley-VCH (1996); K. C. Nicolaou, S. A. Snyder, *Classics in Total Synthesis II: More Targets, Strategies, Methods*, Wiley-VCH (2003); K. C. Nicolaou, J. S. Chen, *Classics in Total Synthesis III: New Targets, Strategies, Methods*, Wiley-VCH (2011)
12) 鈴木啓介，天然有機化合物の合成戦略，岩波書店(2007)
13) 佐藤健太郎，創薬化学入門―薬はどのようにつくられる？，オーム社(2011)
14) 日本薬学会 編，創薬研究のストラテジー(上)，金芳堂(2011)
15) 長野哲夫，萩原敏夫，ケミカルバイオロジー 成功事例から学ぶ研究戦略，丸善出版(2013)
16) 源治尚久，上田 実，天然物リガンドの標的タンパク質をいかに捕まえるか？化学と生物，**51**，90-97 (2013)
17) 浅見忠男，柿本辰男 編著，新しい植物ホルモンの科学 第3版，講談社(2016)
18) S. Ziegler, V. Pries, C. Hedberg, H. Waldmann, *Angew. Chem. Int. Ed.*, **52**, 2744-2792 (2013)；この英文総説にはSupporting Informationを含めて，これまでに標的が決定された天然物の例が100以上リストアップされているのでぜひ参照して欲しい
19) 日本化学会 編，CSJカレントレビュー19：生物活性分子のケミカルバイオロジー，化学同人(2015)

# 第12章　バイオマテリアル

　生体内で機能する材料のことを**バイオマテリアル**(biomaterial)という．バイオマテリアルは生体分子と接触する材料であるため，バイオマテリアルの分子設計の際には，生体分子と材料との相互作用を理解することが大切である．
　本章では，代表的なバイオマテリアルを，その分子設計と生体分子との相互作用という視点から，研究対象別に解説する．

## 12.1　バイオマテリアル研究の歴史

　日本のバイオマテリアル研究を牽引する日本バイオマテリアル学会が設立されたのは1978年末のことである．当時は，人工物で臓器を代替したいという外科医のニーズに合わせて，材料科学者が既存の材料を提供するというのが任務であり，生体に埋め込んだ既存材料に腐食などが起こっていないかを観察するという研究が主であった．日本より研究が先行していた欧米も同様の状況であった．
　その後，1980年代から「材料生化学(biomaterials chemistry)」という考え方を取り入れたバイオマテリアルサイエンスの研究が幕を開けた．材料生化学とは日本の人工臓器開発のパイオニアである東京女子医科大学の桜井靖久教授により日本バイオマテリアル学会の創設より10年ほど前に提唱された新しい学問分野であり，「ニーズに応じた医用材料を分子設計するためには，特性のよくわかった材料と生体システムとの相互作用を分子レベルで解析することが必要である」という考えに立脚している．これにより経験的臨床医学的医用材料学から，科学的基礎的生医学材料学へとベクトルが転換された．そして，医学(組織学，組織化学，細胞学，病理学，外科学，人工臓器学など)と科学(材料科学，高分子化学，生化学，分析化学など)の幅広い学際的協力が進み，バイオマテリアルは新たなステージへと進んだ．
　バイオマテリアルは，人工臓器やドラッグデリバリーシステム(DDS)といった用途へ応用されてきた．DDSの原型といえる「魔法の弾丸」の概念は，19世紀にP. Ehrlich(ドイツ)によって提唱された．1970年代にH. Ringsdorf(ドイツ)

## 桜井靖久（1934〜2011）

1976年から東京女子医科大学医用工学研究施設長を務め，1999年同大学名誉教授．人工心臓に関する初期の研究において，人工材料表面上での血栓形成の回避が重要なポイントであることを確信した桜井は，従来の医学の延長線上にその発展を描くのでは人工臓器を主体とする先端医療を進めていくことができないと考え，バイオマテリアル研究の必要性を説いた．そして，医学部の中に工学部を作ることを目指した．桜井の研究室からは，現在のバイオマテリアル分野を代表する多くの研究者が輩出されている．

## Paul Ehrlich（1854〜1915）

ドイツの細菌学者・生化学者．世界の化学療法の祖といわれている．人への害が少なく，病原微生物に障害を与える物質を開発し，当初は「魔法の弾丸（magic builet）」と称された．Ehrlichは，大学で医学を学んだが，化学に興味をもった．そこで，細菌を染色する色素の研究を行い，色素が細菌を殺す作用に着目したのである．1908年に「免疫の研究」によりノーベル生理学・医学賞を受賞した．

によって体系化された後，J. Kopecheck（チェコ/アメリカ），R. Duncan（イギリス）などによって，精力的に研究が展開されてきた．近年，人工腎臓としての人工透析技術や，薬の投与回数を減らし徐々に薬効を出すDDS技術である徐放性製剤が実用化されている．

しかし，完全な人工物のみで高度な生体機能をすべて代替することは困難であるため，細胞とのハイブリッド人工臓器が開発され，最近では，ES細胞やiPS細胞を用いる再生医療におけるバイオマテリアルの貢献も期待されている．

## 12.2 バイオマテリアルに求められる性質

(1) **生体適合性**(biocompatibility, 12.3節)

　バイオマテリアルの主な用途として，固相系では人工臓器や再生医療，液相系ではDDSが考えられる．いずれの場合も，バイオマテリアルは，生体分子と接触する．そのため，生体分子との非特異的な相互作用を抑制する生体適合性が必要である．

　バイオマテリアルと血液中の生体分子との非特異的な相互作用は，血液凝固反応を誘起し，生体内でのバイオマテリアルの使用を不可能にしてしまう．例えば，人工腎臓として血液を透析している最中に，血液が固まってしまうと，血液中の老廃物は除去できなくなる．また，DDS製剤を注射により血管内に投与した場合は，血液凝固により，製剤は血管に詰まってしまう．したがって，血液に対する適合性が求められている．用いられるバイオマテリアルとしては，生体分子側から見ると，水に覆われている，すなわち，水しか存在していないようにふるまうことが理想である．

(2) **細胞認識性**(cell recognizability, 12.4節)

　生体分子との非特異的な相互作用を抑制するバイオマテリアルは，次のステージとして，特異的な相互作用を有することが求められる．例えば，特定の細胞を認識するバイオマテリアルは，再生医療における細胞の増殖や分化の制御に貢献することが期待される．また，DDS技術においては，標的の細胞を特異的に認識することにより，薬を治療したい部位へのみ送り届けることが可能となる．特異的な相互作用を発現させるために，バイオマテリアルへリガンドを導入し，細胞表面のレセプターへの結合を利用する系が多い．

(3) **外部刺激応答性**(external stimulus responsivility, 12.5.3項)

　バイオマテリアルには，熱やpHなどの外部からの刺激に応答する機能も求められている．外部刺激応答性は，DDS技術においては，薬の標的部位への到達後の放出を促進し，薬の保持と放出のジレンマの解決につながる．温度やpH変化に応答して水和状態やコンホメーションを変化させる高分子が用いられている．

　また，体に埋め込まれたバイオマテリアルは，必要に応じて，分解され，蓄積しないことも望まれる．すると，再生医療分野では，バイオマテリアルを支持体とした細胞増殖による組織様構造の形成後，支持体は消失可能となる．DDS分

野では，生分解性バイオマテリアルの粒子の中に薬を封入させれば，薬の徐放（コントロールドリリース）が達成される．こうした目的のために用いられる材料の多くは，加水分解性に富んだエステル基でつながった高分子が基本骨格となっている．

（4）シャペロン活性(chaperone activity，12.5.4項)

バイオマテリアルの機能化は多岐にわたっており，変性したタンパク質を元の天然構造に戻したり，核酸の高次構造形成を介助するというシャペロンとしての用途もある．シャペロン活性をもつバイオマテリアルを得るためには，複雑なシャペロン活性が発現するための分子機構の本質を見抜くことが重要で，シンプルな構造のバイオマテリアルが分子設計されている．

## 12.3　生体適合性とバイオマテリアル

バイオマテリアルが生体で安全に機能するために重要となるのが生体適合性である．生体適合性は，（1）材料側の反応性と（2）生体側の反応性という2つに大きく分けられ，これらはそれぞれ以下のように細分化して考えることができる．

（1）材料側の反応性
- 物理的性質の変化：大きさ，形，強度，弾性，透明度など
- 化学的性質の変化：親／疎水性，酸／塩基性，吸着性，透過性，溶出性など

（2）生体側の反応性
- 組織適合性：多量の血液に触れない場合．細胞接着性，細胞増殖性，細胞活性化など
- 血液適合性：多量の血液に触れる場合．抗血小板血栓性，抗凝固性，抗溶血性など

特に，ニーズが高いことから，血液適合性の向上を目指したバイオマテリアルの研究例は多い．血液適合性バイオマテリアルには，血小板を活性化して血栓を形成することなく，血液凝固因子などの血液中の生体分子との相互作用も抑制し，赤血球の溶血などにより血液を構成する細胞を破壊しないなどの特性が求められる．

以下では生体適合性を有するバイオマテリアルの具体例を紹介する．いずれも日本発のものである．

## 12.3.1 ポリ(2-メトキシエチルアクリレート)(PMEA)

図12.1に示すアクリル系高分子であるPMEAは，メタクリレート系高分子や類似の側鎖をもつ構造と比較して，特に血液適合性にすぐれている．生体成分との相互作用が小さく，非水溶性，非イオン性，透明であり，合成も簡便で低コストという特徴を有している．

PMEAの血液適合性には，その特徴的な水との相互作用が関係している．PMEAと相互作用する水は，図12.2に示したDSC測定の結果から，0℃では凍らず，−32℃付近で凍ることがわかった．この水を中間水という．一般的な高分子は，図12.3に示すように，不凍水と自由水と呼ばれる2種類の異なった構造の水を有している．不凍水は，高分子との強い相互作用により，−100℃でも凍結しない水である．一方，自由水は，高分子または不凍水と弱い相互作用をしている水であるので，普通の水(バルク水)と同様に0℃で凍結する．PMEAが有する中間水には，血液中のタンパク質を安定化している水和殻を乱したり，破壊したりするのを防ぐ効果がある．

血液適合性の低い類似構造の側鎖を有するアクリル系高分子やメタクリル系高

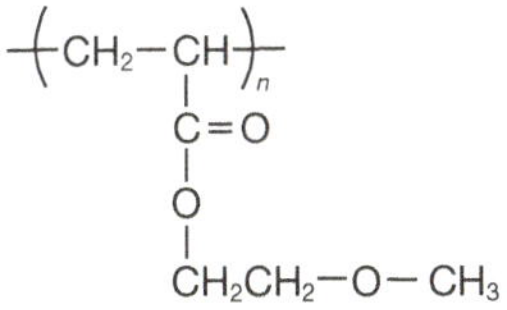

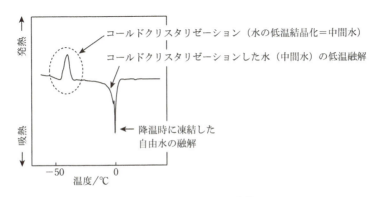

図12.1　ポリ(2-メトキシエチルアクリレート)(PMEA)の化学構造

図12.2　PMEAのDSC曲線

# 第12章 バイオマテリアル

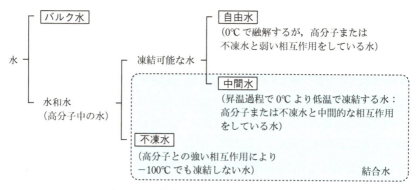

図12.3 生体適合性高分子の周囲の水の構造

分子はこうした中間水をもたない．不凍水による水和殻の攪乱や破壊は，タンパク質の高次構造の破壊を招き，タンパク質の材料表面への吸着，血液凝固反応などへとつながる．

PMEAはFDA（米国食品医薬品局）や厚生労働省から認可を受けており，「Xコート」という名称で，膜型人工肺の中空糸（テルモ社）をはじめとした体外循環部品のコーティング材料として臨床応用されている．

### 12.3.2 ポリ（2-メタクリロイルオキシエチルホスホコリン）（PMPC）

PMPC（通称MPCポリマー，図12.4）は，リン脂質極性基（ホスホコリン基）を側鎖に有する．体内に埋め込まれたポリエステル系人工血管内で血液が固まらなかったときに，人工血管表面が脂質二分子膜で覆われていたという発見をヒントに，MPCポリマーが開発されたといわれている．MPCポリマーは血液中のタンパク質との相互作用を弱め，吸着を効果的に抑制する．さらに，血液中の細胞接着も抑制する．こうした効果は，MPCポリマーが自由水を多く有しているため

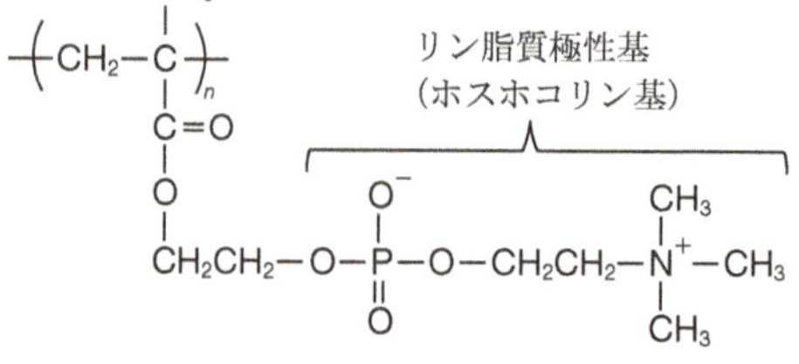

図12.4 MPCポリマー（ポリ（2-メタクリロイルオキシエチルホスホコリン）；PMPC）の化学構造

と考えられている．

さらに，MPCポリマーはバイオセンサーやバイオチップのほか，発酵工業用分離膜の表面修飾剤としても利用されている．これらの利用においては，タンパク質の吸着の抑制により，分離効率が高められることが報告されている．また，ELISA（enzyme-linked immunosorbent assay，酵素免疫測定法）などの臨床診断・検査性能の向上のためにも利用されている．ハードコンタクトレンズの処理液としても利用されており，防汚，防曇作用が認められている．

## 12.4 細胞認識性とバイオマテリアル

前節で述べたように血液適合性材料には，生体に対して不活性であること，つまり細胞が接着しないことが望まれる．一方，再生医療の分野では，特定の細胞に認識される材料，すなわち細胞認識性をもつ材料が必要である．細胞認識性をもつ材料により細胞の機能を制御することで，組織を再生することができる．細胞認識性のバイオマテリアルには

(1) タンパク質や糖脂質などによる数多くの生体分子認識の中から，特定の生体分子認識を抽出できること
(2) その特定の生体分子認識により，特定の細胞へ選択されたシグナルを送ること

が求められる．

このような特徴をもつバイオマテリアルとしてポリ($N$-$p$-ビニルベンジル-$O$-$\beta$-D-ガラクトピラノシル-(1→4)-D-グルコンアミド)（PVLA）がある．PVLAは，天然に存在する糖タンパク質であるアシアロ糖タンパク質をモデルにして合成された高分子で，$\beta$-ガラクトース残基(9.3節参照)を有するポリスチレンである（図

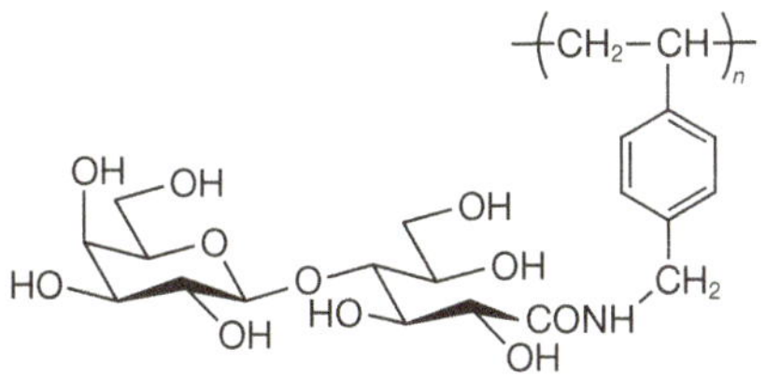

図12.5 ポリ($N$-$p$-ビニルベンジル-$O$-$\beta$-D-ガラクトピラノシル-(1→4)-D-グルコンアミド)（PVLA）の化学構造

12.5)．PVLAの特徴を以下に示す．
(1) PVLA水溶液をポリスチレン表面に滴下するだけで，ポリスチレン表面をコーティングできる．
(2) 得られたPVLAをコーティングした培養容器では，PVLAの$\beta$-ガラクトース残基に，肝実質細胞上のアシアロ糖タンパク質レセプターが特異的に認識することにより，肝実質細胞が接着する(7.6節B．項参照)．
(3) PVLAのコーティング濃度に依存して，接着した肝実質細胞の形態を制御することができる．

PVLAでコーティングしたポリスチレンディッシュでの細胞培養の研究は，バイオマテリアル分野での細胞認識材料のさきがけになったといわれている．PVLAのように天然の細胞外マトリックスに学び，さまざまな分子を材料表面に固定化することで，細胞を接着させるだけでなく，細胞挙動を制御できる可能性がある．

PVLAは，細胞培養用のコーティング剤として市販されている．用途としては，長期間の継続培養や，多種の細胞懸濁液から特定の細胞腫の単離などが報告されている．

## 12.5 ドラッグデリバリーシステムとバイオマテリアル

### 12.5.1 ドラッグデリバリーシステムの基本的な考え方

薬は，病気の治療のために投与されるが，過剰な投与や目的の場所以外への投与など，処方を誤ると毒となり，生命を脅かす可能性がある．そのため，必要な場所へ，必要な時間に，必要な量の薬を送り込むことを目指した**ドラッグデリバリーシステム**(drug delivery system, DDS)が注目されている．バイオマテリアルというと上述したようなものや人工臓器のような大きな材料を想像されるかもしれないが，DDSもバイオマテリアルの主たる領域の1つである．

薬が薬効を示すには，血流に乗り，細網内皮系(reticuloendothelial system, RES)と呼ばれるマクロファージなどの貪食細胞による異物迎撃システムに撃ち落とされずに，何回か全身を循環する必要がある．全身を循環しているうちに，毛細血管に認識され，毛細血管壁を通過し，がん細胞をはじめとする治療の対象となる細胞に取り込まれる．

DDSにおいて薬を目的の場所へ届ける(ターゲティング)ためには，受動的ター

ゲティングと能動的ターゲティングの 2 つのアプローチがある.

A. 受動的ターゲティング

　正常組織の血管は隙間なく構成されているため，サイズの大きい薬は血管を通過しない．一方，がん組織では，血管の透過性が異常に高いため，サイズの大きい薬も血管を通過し，がん組織に入ることができる．低分子の抗がん剤は，正常組織もがん組織も同様に拡散する．したがって，サイズの大きい薬のみががん組織へ選択的に到達することになる．また，全身を循環しているうちに，がん組織部に次第に取り込まれ，濃縮されることも期待される．これを**EPR効果**(enhanced permeability and retention effect)といい，こうした効果に基づいて薬を目的の場所へ届けるアプローチを**受動的ターゲティング**(passive targeting)という．EPR効果を生じる薬のサイズは粒径10〜100 nm程度である．

B. 能動的ターゲティング

　薬理活性を有している薬自体には通常，目的とする細胞だけを認識する機能は備わっていない．したがって，細胞認識性をもつリガンド(受容体に対して特異的に結合する物質)と一体化させる必要がある．こうしたものは，標的指向性医薬あるいはミサイルドラッグなどと呼ばれる．標的指向性医薬には，(1)治療すべき部位にピンポイントで到達すること，(2)到達した部位で，薬を所望のプログラムに基づいて放出することが求められる．なお，放出後に薬として機能するために，プロドラッグ(医薬前駆体)が用いられ，この場合は**標的指向性プロドラッグ**(targeted prodrug)と呼ばれる．このように薬を目的の場所へ届けるアプローチを**能動的ターゲティング**(active targeting)という．

　ターゲティングにとって大切なことは，「細胞と材料の相互作用をしっかり解析して制御すること」である．そのためにも，薬の運び屋(キャリア)の設計は重要である．以下では，代表的なDDSのためのキャリアを紹介する．

### 12.5.2　ドラッグデリバリーシステムに用いられる代表的なキャリア

A. 高分子ミセル

　親水性セグメントと疎水性セグメントからなるブロック共重合体(コポリマー)は，図12.6に示すように，水中でミセルを形成する．高分子が形成するミセルであるので高分子ミセルという．ミセルの内核は疎水的であるため，薬を疎水的相互作用に基づく物理的吸着により封入できる．高分子ミセル型ドラッグキャリアシステムには以下のような特徴がある．

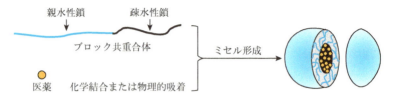

図12.6　高分子ミセル型ドラッグキャリアシステム

（1）EPR効果（前節参照）．
（2）内包する薬の物理化学的性質に左右されないこと．内核と外核の明確な二重構造をしているため，ミセル外殻の生体との相互作用が体内動態と体内分布を決定し，EPR効果の発揮に有利となる．
（3）内核形成に多彩な相互作用を利用できること．つまり，疎水性低分子薬のほかに，核酸（プラスミドDNAやsiRNAなど），タンパク質，造影剤用の金属イオンなどのさまざまな薬を内包できる．
（4）外殻と粒径を同一にすることにより，体内動態制御も同一にできる．

### B．PEG修飾タンパク質

　ポリエチレングリコール（PEG）は非抗原性で，細胞やタンパク質などの生体分子との相互作用が小さい水溶性高分子である．PEGによってタンパク質を修飾することは**PEGylation**とも呼ばれ（図12.7），抗原性の減少やEPR効果に基づく全身循環性（血中滞留性）の向上などの効果が得られる．2001年に，患者数の多いC型肝炎治療を対象としたタンパク医薬として，ウイルスや腫瘍細胞などの異物が侵入したときに細胞が分泌するタンパク質であるα-インターフェロンを

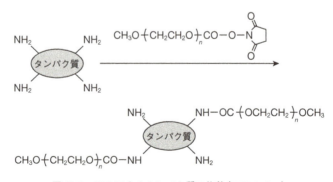

図12.7　PEGによるタンパク質の修飾（PEGylation）

PEG修飾したものが認可された．これにより，PEG修飾タンパク質は，薬物治療において注目されることになった．

もともとPEGは，12.3節で述べた血液適合性材料として，表面設計の目的で利用されていた．PEGを枝のように材料表面に生やす(グラフト重合)と(図12.8)，PEGが血液中において，海中の海藻のように揺さぶられて動くため，血小板などの血液細胞が近づきにくく，接着しにくくなる．同様に，PEG修飾タンパク質では，血液中のタンパク質の吸着が抑えられるものと考えられる．

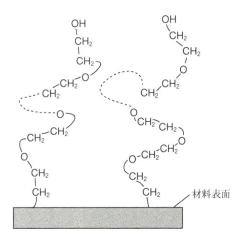

図12.8　PEGをグラフトした表面

C．フェニルアラニン修飾ポリ($\gamma$-グルタミン酸)（疎水化$\gamma$-PGA)

水溶性および生分解性のポリ($\gamma$-グルタミン酸)($\gamma$-PGA)は納豆菌由来のポリアミノ酸である．$\alpha$位ではなく$\gamma$位のカルボキシ基がアミド結合を形成しており，納豆菌由来の$\gamma$-PGAにはD体が混合しているという特徴を有する．D体とL体の比率は菌によって異なる．

この$\gamma$-PGAの$\alpha$位のカルボキシ基を疎水性アミノ酸であるフェニルアラニンで修飾した$\gamma$-PGA，すなわち疎水化$\gamma$-PGAは，両親媒性構造により自発的に会合し，水分散性にすぐれた凍結乾燥可能な200 nm程度のナノ粒子を形成する(図12.9)．また，疎水性アミノ酸の種類と修飾率(疎水化度)や会合体調製時の条件(溶媒，濃度，温度など)により，高分子鎖の会合数，粒子径，形状を制御することが可能である．

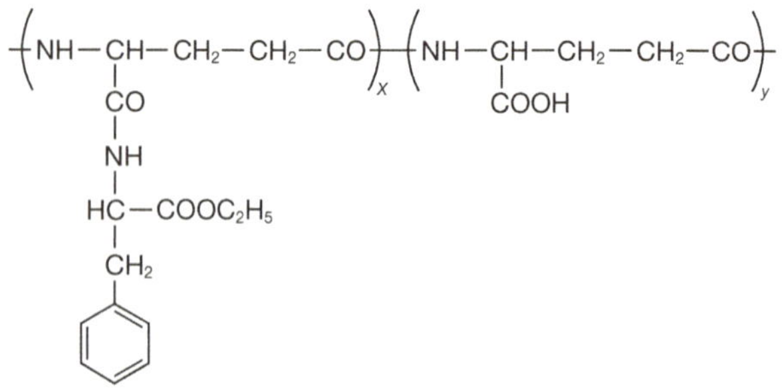

図12.9 疎水化γ-PGAの構造

この疎水化γ-PGAナノ粒子は，
(1) 抗原タンパク質やペプチドを高効率に内包および表面固定化することが可能である
(2) 納豆菌由来のγ-PGAのユニークな酵素分解性，免疫原性および免疫活性作用に基づき，ナノ粒子そのものが樹状細胞を活性化させる免疫賦活作用を有し，細胞性免疫も効率よく誘導できる（7.6節A．項参照）

などの特徴を有する．なお，粒子を形成していない疎水化γ-PGAでは，樹状細胞の活性化は引き起こされない．

### 12.5.3 外部刺激応答性デリバリーに用いられるバイオマテリアル

DDSでは，がん組織などの標的部位までは薬を安定に保持する一方で，標的部位到達後は，薬を積極的に放出しなければならない．そのため近年，外部からの物理的刺激（熱，光，超音波など）や標的部位における局所的な化学的刺激（pH変化，化学物質，酵素発現など）に応答するバイオマテリアルに関する研究が展開されている．

#### A. 温度応答性高分子：ポリ（N-イソプロピルアクリルアミド）（PNIPAM）

熱は簡便に制御でき，また安全であるため，医療へ応用しやすい刺激である．また，がん組織は正常組織より熱感受性が高く，42℃付近で殺細胞効果が現れるといわれている．したがって，がんの治療に温度応答性キャリアを利用すれば温熱療法による相乗効果もあり，非常に効果的であると考えられる．

温度応答性キャリアの骨格となる代表的な高分子として，PNIPAMがあげられる（図12.10）．PNIPAMは，水中において下限臨界溶液温度（LCST, 4.3.4項参照）である35℃を境に，低温側では溶解し，高温側では不溶になる．こうした

図12.10 ポリ(N-イソプロピルアクリルアミド)(PNIPAM)の化学構造とLCST以上・以下での分子鎖の構造の変化

PNIPAMの温度応答性は,(1)LCST以下では高分子鎖が水和して引き延ばされて,ランダムコイル状の構造になり,(2)LCST以上では脱水和を起こし,疎水性の高分子鎖が凝集したグロビュール状態となるために生じると考えられている.水中のLCSTが体温近傍であることから,PNIPAMは最も広範囲で利用されている温度応答性バイオマテリアルである.

また,PNIPAMの主鎖に共重合するモノマーの性質とその共重合率を調整することにより,LCSTを制御できる.例えば,(1)親水性の$N,N$-ジメチルアクリルアミド(DMAM)を共重合すると,その組成の増加にともない,LCSTが高温側にシフトし,(2)疎水性のメタクリル酸ブチル(BMA)を共重合すると,その組成の増加にともない,LCSTが低温側にシフトする.これにより,任意の温度で応答するDDS材料の設計が可能になる.

B. pH応答性ポリペプチド：カルボキシメチル化ポリ(L-ヒスチジン)(CM-PLH)

血管から約100 μmの距離にあるがん細胞やエンドサイトーシス後に生じる小胞内などの生体内の局所的な部位では生理pHからシフトした弱酸性の環境となっている.前者はがん細胞が低酸素状態であることから,嫌気的代謝である解糖系が促進されるためである.また,小胞内のpHを細かく見ると,初期エンドソーム内のpHは約6.2,後期エンドソーム内のpHは約5.2,消化分解酵素に富んだリソソーム内のpHは4.5以下であるといわれている.

このような局所的な低pH環境に応答する高分子としてポリペプチドであるカルボキシメチル化ポリ(L-ヒスチジン)(CM-PLH)があげられる(図12.11).CM-PLHの骨格であるポリ(L-ヒスチジン)(PLH)は,生理pHでは水溶性を示さない.一方,pH 6程度でプロトン化するイミダゾール基($pK_a=6$)を有してい

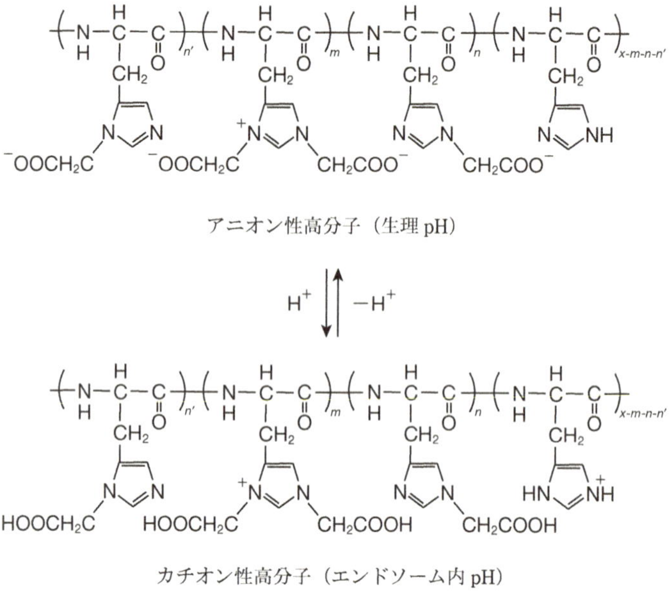

アニオン性高分子（生理 pH）

$$H^+ \updownarrow -H^+$$

カチオン性高分子（エンドソーム内 pH）

図12.11 カルボキシメチル化ポリ（L-ヒスチジン）（CM-PLH）の化学構造およびpH応答

るため，pH 6以下では水溶性を獲得する．そのため，12.5.1項で紹介したPNIPAMのような，pH依存的な物性変化を示す．すなわち，生理pHでは白濁していた水溶液が，pH 6付近を境に，酸性側では急激に透明になる．

　CM-PLHは，カルボキシメチル（CM）基を有しているため，生理pHでの水溶性を示す．したがって，生理pHでは，アニオン性高分子，エンドソーム内pHでは，カチオン性高分子としてふるまう．このようなCM-PLHの特性を利用し，エンドソーム内pHにおける細胞膜融合活性により，タンパク質の細胞内導入が行われている．

C. ナノゲル

　多糖のプルランの側鎖に，疎水性のコレステロール残基を一定量導入すると，コレステロール残基どうしの疎水性相互作用が起こり，その結果，高分子鎖であるプルランが会合して，直径約20〜100 nmの集合体を形成する．形成された集合体は，ナノゲルと呼ばれる（図12.12）．ナノゲルは主に，(1)ナノマトリクス(タンパク質の取り込みやシャペロン活性などの機能をもつ部分)，(2)架橋会合ドメイン(疎水性医薬の取り込みや刺激応答性などの機能をもつ部分)，(3)細胞認

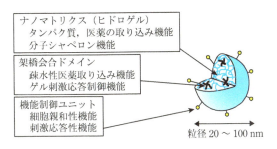

図12.12 プルランにコレステロールを導入した高分子によるナノゲル

識性などの機能をもつ部分の3つの構成部位からなる.

ナノゲルの内部の大部分は,多糖が形成する親水性環境であり,一部が疎水的なコレステロールどうしの架橋点になっている.得られたナノゲルには,タンパク質を内包することができる.このとき,シクロデキストリン添加といった微弱な刺激を与えると,コレステロールがシクロデキストリンに結合し,構造が壊れることで内包したタンパク質を放出できる.したがって,タンパク質をデリバリーするキャリアとして応用されている.

また,ナノゲルへ内包された変性タンパク質は,その放出過程を通じて,元の天然構造に戻るというシャペロン活性を示す.放出されたタンパク質の薬理効果の発現には,天然構造でなくてはならないため,シャペロン活性を有するナノゲルは,タンパク質デリバリーキャリアとして合目的である.

### 12.5.4 核酸デリバリーと核酸シャペロン

核酸医薬は,第5章で述べたDNAやRNAなどの核酸を医薬品として利用するもので,大量合成が可能な上,高い特異性を有する.そのため,低分子医薬品と抗体医薬品の利点を兼ね備えた医薬品として期待されている.

核酸医薬としてはsiRNAやmiRNAなどがある.RNA干渉の発見が2006年のノーベル生理学・医学賞の受賞の対象にもなったように,siRNAは核酸医薬開発において最もホットな領域といえる(6.8節参照).また,siRNAを含め,遺伝子治療は,治療用遺伝子を細胞内に導入し,目的遺伝子の補充や,疾患関連遺伝子の置換および修正などを行うことで,目的遺伝子の本来の働きを回復させ,治療する方法である.また,遺伝子治療は,遺伝性疾患だけでなく,がんや生活習慣病といった難治性の疾患に対しても,有効な治療法になりうると期待されている.

遺伝子は，細胞核内で塩基性タンパク質の一種であるヒストンとの集合体，すなわち，クロマチンを形成している(5.2節参照)．クロマチンは，アニオン性高分子である遺伝子とカチオン性高分子であるヒストンとのポリイオンコンプレックス(PIC)である．PIC形成は，細胞核内という限られた空間に，膨大な量のDNAを収容するために不可欠であり，DNA分解酵素からDNAを保護する役割もある．そこで，人工のカチオン性高分子とDNAからなるPICを，遺伝子デリバリーに利用する研究が展開されてきた．しかし，PICは，エンドサイトーシスにより細胞に取り込まれた後，エンドソーム内に存在することになり，そのままでは，リソソームによる分解を受けてしまう．そのため，エンドソームから脱出する機構が必要である．こうした機能をもつバイオマテリアルを以下に紹介する．

### A. ポリエチレンイミン(PEI)

　核酸とPICを形成し，エンドソームから脱出するカチオン性高分子の代表例として，プロトンスポンジ効果を有するポリエチレンイミン(PEI，図12.13)があげられる．プロトンスポンジ効果とは，生理pHからエンドソームを経由して，リソソームのような酸性条件下に外部環境が変化したときに，ポリエチレンイミンではプロトン化した窒素原子が増加するために，あたかもスポンジの様にプロトンを吸収し，付随してカウンターイオンである塩化物イオンの流入を引き起こすという現象である．その結果，エンドソーム内の浸透圧が上昇し，エンドソームが破壊され，内包物が細胞質に放出されると考えられている．

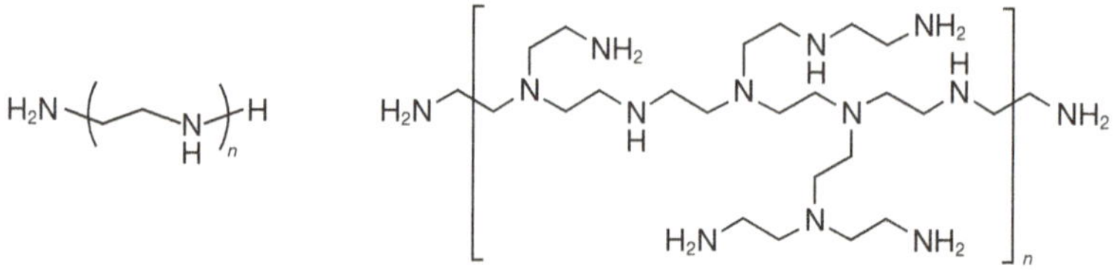

直線状ポリエチレンイミン (l-PEI)　　　分岐ポリエチレンイミン (b-PEI)

図12.13　直鎖状ポリエチレンイミン(l-PEI)および分岐ポリエチレンイミン(b-PEI)の化学構造

### B. アミノ化ポリビニルイミダゾール($PVIm-NH_2$)

　図12.14に示す$PVIm-NH_2$は，タンパク質のリジン残基が有するアミノ基とヒスチジン残基が有するイミダゾール基からなる合成高分子のバイオマテリアルで

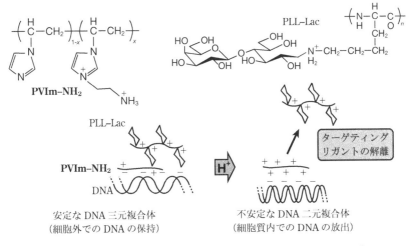

図12.14 PVIm–NH₂の化学構造およびDNAの保持と放出の両立機構

ある．前項で述べたPLHとは異なり，ポリビニルイミダゾール(PVIm)には，イミダゾール基の脱プロトン化にもかかわらず，生理pHで水溶性を有するという特徴がある．未修飾PVImは生理pHにおいてDNAと複合体を形成しないので，アミノエチル基を導入することでDNA結合能が付与される．PEI同様，エンドソーム内pHにおいては，イミダゾール基のプロトン化に起因する細胞膜破壊活性を有する．

核酸に対して，PVIm–NH₂に加え，肝細胞認識性カチオン性高分子であるラクトース修飾PLL(PLL-Lac)を用いてPICを形成させた複合体による細胞認識性遺伝子デリバリーでは，細胞選択的かつ高効率に遺伝子発現が向上した．標的細胞に到達するまでは遺伝子を安定に保持し，標的細胞到達後には機能が済んだ細胞認識性リガンド分子を解離させることにより，細胞質内移行後の遺伝子の放出を促進するという，遺伝子の保持と放出の両立を達成した遺伝子デリバリーシステムといえる．

C. 細胞内還元環境応答性キャリア（ジスルフィド結合を有するキャリア）

細胞内は生体内還元物質として働くグルタチオンが，細胞外と比べて50～1,000倍近くも高い濃度で存在する還元環境である．そのため，キャリアへジスルフィド架橋を導入すると，血中などの非還元環境では安定であるが，細胞内ではジスルフィド結合が開裂する，つまり遺伝子の保持と放出の機能を両立できる．なお，

凍結乾燥製剤としての保存も可能である．また，遺伝子と比較すると，21～23塩基対程度の小さな2本鎖RNA分子であるsiRNAは，通常PIC形成が不安定でデリバリーが困難であるが，この手法を用いると効率的なデリバリーができる．

### D. ポリ(L-リジン)-*graft*-デキストラン(PLL-*g*-Dex)

第7章で述べたタンパク質の正確な高次構造形成を介助するシャペロンと同様に，核酸にも正確な高次構造形成を介助するタンパク質があり，これを核酸シャペロンという．人工の核酸シャペロンとして，主鎖がカチオン性高分子であり，側鎖が水溶性高分子であるカチオン性くし型共重合体PLL-*g*-Dexが開発され，遺伝子解析などのさまざまな応用が期待されている(図12.15(a))．PLL-*g*-Dexの核酸シャペロン活性の特徴を以下にまとめた．

(1) 主鎖のカチオン性高分子がアニオン性の核酸と相互作用することで核酸間の静電反発が弱まるため，核酸塩基間の認識を高めることができる．

(2) カチオン性高分子と核酸が形成したPICは通常，水に不溶となるが，側鎖の親水性高分子によりPICの水溶性が保たれる．

(3) PLL-*g*-Dexの存在下，二重鎖核酸中の単鎖とまったく同じ核酸鎖(相補鎖)を，二重鎖核酸へ加えると，二重鎖核酸中の単鎖が，数分以内に加えた単鎖と入れ替わる(図12.15(b))．つまり，鎖交換反応が起こる．PLL-*g*-Dexが存在しないときは，鎖交換反応は起こらない．このとき，鎖交換反応の速度は約$10^4$倍上昇している．

(4) カチオン性のPLL-*g*-Dexは，アニオン性である元の二重らせん構造の塩基対の解離が可能な構造を保ちつつ，アニオン性の新しい鎖との負電荷反発

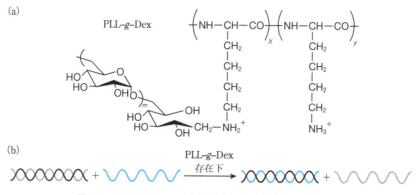

図12.15　PLL-*g*-Dexの化学構造および鎖交換反応の促進

を抑制し，新しい鎖との塩基対の再形成を促進すると考えられている．したがって，PLL-$g$-Dexは，鎖交換反応を実現し，最安定で正しい構造への転移を助ける核酸シャペロンということができる．

**参考文献**
1) 赤池敏宏，バイオマテリアルワールドへの招待，テクノネット社(2008)
2) 高分子学会 編，岡野光夫 代表執筆，最先端材料システム One Point 9 ドラッグデリバリーシステム，共立出版(2012)
3) 田畑泰彦 編，遺伝子医学別冊 ドラッグデリバリーシステムDDS技術の新たな展開とその活用法，メディカルドゥ(2003)
4) 原島秀吉，田畑泰彦 編，遺伝子医学MOOK5 ウイルスを用いない遺伝子導入法の材料，技術，方法論の新たな展開，メディカルドゥ(2006)
5) 片岡一則 監修，医療ナノテクノロジー，杏林図書(2007)

# 索　引

■人　名

Anfinsen　151
Arrhenius　53
Buchner　170
Cech　129
Clausius　36, 40
Crick　79, 103
Ehrlich　270
Eyring　170
Fire　131
Fischer　198
Flory　73
Gamow　116
Gibbs　42
Joule　36
Khorana　120
Liebig　169
Mayer　36
Mello　131
Mendel　77, 124
Michaelis　181
Nirenberg　120
Pauling　170
Perutz　135
Prigogine　57
Sanger　147
Staudinger　60
Steitz　82
Sumner　134, 170
Watson　78
Wöhler　14
Woodward　253
桜井靖久　270
桜田一郎　75
中西香爾　253

平田義正　257

■欧　文

ATP（アデノシン三リン酸）　55
A型二重らせん構造　85
B型二重らせん構造　83
co-transcriptional folding　111
co-translational folding　121
DHA（ドコサヘキサエン酸）　227
diffuse型結合　89
DNA　2
DNAシークエンシング法　98
DNAポリメラーゼ　106, 107
E1cB反応　23
E1反応　23
E2反応　23
EC番号　172
EPA（エイコサペンタエン酸）　227
EPR効果　277
error-prone PCR　191
fly-casting機構　178
GFP　167
inner sphere型結合　89
iPS細胞　167
LB膜　249
LCST（下限臨界溶液温度）　73, 280
miRNA　130
MTTアッセイ　264
NCA（N-カルボキシアミノ酸無水物）　160
N-結合型糖鎖　213
outer sphere型結合　89
O-結合型糖鎖　213

PCR法　95
PEGylation　278
PEG修飾タンパク質　278
pH応答性　281
PICsome　245
PNIPAM　73, 280
protein folding code　7
protein sequence code　7
RISC　130
RNA　2
RNA干渉　130
SAM　249
SDS-PAGE　164
siRNA　130
SNP　100
snRNA　129
tRNA　112
UCST（上限臨界溶液温度）　73
X線結晶構造解析　149
$\alpha$ヘリックス構造　142, 147, 155
$\beta$シート構造　143, 148, 155
$\beta$ストランド　143
$\pi$-$\pi$スタッキング相互作用　87

■和　文

ア

アクチン　237
アスパラギン酸カルバモイル転移酵素　187
アスパルテーム　209
アタクチック　65
アテニュエーション　127
アデノシン三リン酸（ATP）　55
アノマー炭素　201

# 索引

アフィニティークロマトグラフィー 163
アプタマードメイン 128
アポ酵素 189
アミノアシルtRNA 113
アミノグリコシド 255
アミノ酸 1, 136
　　──の語源 139
アミノ糖 206
アミロイド線維 158
アミロース 209
アミロペクチン 210
アムホテリシンB 255
アルドース 199
アレニウスの式 52, 184
アロステリック効果 145, 187
アンチコドン 118
アンチセンス鎖 109
アンフォールディング 151
イエロープロテイン 28, 31
イオン結合 5
イオン交換クロマトグラフィー 163
イオン反応 17
異化 15
いす型 204
異性化 25
イソタクチック 65
一塩基多型 100
一次構造 141, 146
一般酸-塩基触媒 172
イーディー・ホフステーブロット 183
遺伝子 124
医薬品 263
イントロン 113
裏打ちタンパク質 237
ウワバイン 261, 266
エクスプレッションプラットフォーム 128
エクソン 113
エストラジオール 231

エドマン法 146
エネルギー 35
エネルギーランドスケープ理論 156
エリスロポエチン 217
エリスロマイシン 233, 255
エリブリン 259
塩橋 33, 144
塩析 71, 163
エンタルピー 37
エントロピー 39
円二色性スペクトル 148
塩溶 71
オカダ酸 256, 261
オセルタミビル 206
オータコイド 254
オートファジー 235
オペレーター 125
オペロン 125
オボアルブミン 140
オリゴ糖 3, 212
温度応答性 280

## カ

開環重合 61
カイトセファリン 267
外部刺激応答性 271, 280
化学ポテンシャル 44
鍵と鍵穴モデル 177
核酸 2
　　──の固相合成 94
　　──の濃度決定 91
核酸医薬 283
核酸シャペロン 286
核磁気共鳴分光法 149
核内低分子RNA 129
下限臨界溶液温度 73, 280
加水分解 18
数平均分子量 67
活性化エネルギー 52
活性酸素 18, 26
活性種 61

活性部位 170
カリキュリン 256, 261
カルボキシペプチダーゼA 176
還元 25
官能基 15
幾何異性体 65
基質 3
キチン 211
拮抗阻害 186
キトサン 211
ギブス自由エネルギー 42
キャッピング 113
キャリアー補酵素 189
求核剤 17
求電子剤 17
共重合体 66
共役付加 21
共有結合 4
共有結合触媒 175
局所ホルモン 254
金属イオン 1, 190
金属イオン触媒 176
$p$-クマル酸 28, 31
クラウジウスの方程式 39
グラフト共重合体 66
グリコーゲン 201, 210
グリコサミノグリカン 215
グリコシル化 218
グリシノエクレピン 251
$\alpha$-クリスタリン 158
グリセロ脂質 228
グリセロリン脂質 229
グルコサミン 206
グルタチオン 26, 285
クローバーリーフ構造 113
クロマチン構造 80, 126
クロマチンリモデリング 126
蛍光タンパク質 167
血液型糖鎖(抗原) 212
結合反応 47
結合部位 170

289

索　引

ケトーエノール互変異性　206
ケトース　199
ゲノム　98, 106
ゲノムマイニング　258
ケミカルバイオロジー　264
ゲルろ過クロマトグラフィー　163
交互共重合体　66
格子モデル　72
酵素　3
構造エントロピー　88
酵素工学　190
酵素の反応速度　180
酵素番号　172
抗体酵素　192
高分子電解質　70
高分子ミセル　279
高マンノース型糖鎖　213
合理的再設計　191
黒膜　248
固定化二分子膜　248
コレステロール　231
混成型糖鎖　213
コンドロイチン硫酸　216
コンビナトリアルケミストリー　261
コンフィグレーション　64
コンホメーション　6

サ

細胞接着タンパク質　166
細胞内環境応答性　285
細胞認識性　271, 275
細胞膜　235
サッカロ脂質　232
ザナミビル　206
サポニン類　256
酸化　25
サンガー法　98, 146
酸化還元反応　25
三次構造　144, 149
ジアシルグリセロール　228

シアル酸　206
紫外吸収法　145
シガトキシン　256
シクロスポリン　263
自己集合　233
自己集合単分子膜　249
自己組織化　233
脂質　1, 227, 23
脂質二重膜　4
ジスルフィド結合　144
シータ状態（シータ溶媒）　69
質量分析　221
至適pH　185
至適温度　184
脂肪　229
脂肪酸　4, 227, 242
ジャイアントリポソーム　247
シャペロン活性　273
自由水　273
充てんパラメータ　233
重付加　61
重量平均分子量　67
縮合反応　3, 59
縮重合　59
主溝　86
受動的ターゲティング　277
上限臨界溶液温度　73
触媒三残基　174
触媒部位　170
ショ糖　209
進化分子工学　167, 191
人工酵素　193
人工天然物　258
シンジオタクチック　65
親水性－疎水性バランス　233
水素結合　5, 31
水和　5
水和反応　21
スクロース　209
スタウロスポリン　261
ステロイド　231
ステロイドホルモン　231

ステロール脂質　231
ストレプトマイシン　255
スフィンゴ脂質　231
スフィンゴ糖脂質　208, 214, 231
スプライシング　114
スプライソソーム　129
制限酵素　100
成熟RNA　109
生体適合性　271, 272
生体分子　1
生体膜　235
静電相互作用　33
正の協同性　188
生物活性物質　254, 255
生理活性物質　254
ゼータ電位　70
セラソーム　248
セラミド　214
セリン結合型糖鎖　213
セリンプロテアーゼ　173
セルロース　201, 210
セロビオース　208
遷移状態　179
遷移状態アナログ　192
遷移状態安定化の原理　178
センス鎖　109
セントラルドグマ　2, 7, 103
双極子　5
阻害剤　185, 261
疎水性クロマトグラフィー　164
疎水性相互作用　5, 32, 87, 233

タ

代謝　14
タキソール　261
タクチシチー　66
タクロリムス　263
多重層ベシクル　246
脱水縮合　18
脱水和　8

# 索　引

脱離反応　15, 23
多糖　3, 209
ターン構造　156
胆汁酸　231
淡色効果　92
単糖　3, 199
タンデム質量分析計　147, 221
単独重合体　65
タンパク質　3, 136
　——の定量法　145
　——の分離・精製・分析　162
置換反応　15, 18
逐次重合　59
チミンダイマー　27
中間水　273
超二次構造　144
定常状態　54
低障壁水素結合　31
デオキシリボ核酸　2
テトラサイクリン　233, 255
テトロドトキシン　256, 261
デバイ長　70
α-テルピネオール　20
転位反応　15, 25
電子対　4
転写　2, 104
天然物　251
　——ケミカルバイオロジー　266
　——の活性評価法　264
　——ライブラリー（天然物バンク）　260
天然変性タンパク質　160
デンプン　209
糖　1, 197
　——の命名法　202
同化　15
糖鎖　197, 217
　——の蛍光標識　220
　——の合成　217

　——の二次元マッピング　220
　——の分析　219
糖タンパク質——　213
トウトマイシン　261
ドラッグデリバリーシステム　4, 269, 276
トランス脂肪酸　228
トリアシルグリセロール　228
トリパンブルー法　264
トリプトファンオペロン　126
トレハロース　209

## ナ

内部エネルギー　36
ナノゲル　282
二次構造　141, 147
二糖　207
ニトロセルロース　211
尿素　13
ヌクレオシド　82
ヌクレオソーム　80
ヌクレオチド　1, 83
ねじれ舟型　204
熱ショックタンパク質　157
熱力学第一法則　36
熱力学第三法則　57
熱力学第二法則　39
粘性　74
濃色効果　92
能動的ターゲティング　277

## ハ

配位重合　63
バイオテクノロジー　4
バイオマテリアル　4, 269
排除体積効果　69, 157
ハース式　202
パッカリング　85
ハリコンドリンB　259
パリトキシン　259
バンガム法　246

反応速度　49, 179
反応特異性　171
ヒアルロン酸　216
ビウレット法　145
光反応　27
非拮抗阻害　186
非共有結合　4
ビシンコニン酸法　146
ひずみモデル　178
ビタミン　189
ビタミン$D_2$　27
必須アミノ酸　138
ヒトゲノムプロジェクト　98
非標準構造　86, 101
非翻訳RNA　108
標的指向性プロドラッグ　277
ヒル係数　188
貧溶媒　69
ファージディスプレイ法　168
ファンデルワールス力（相互作用）　5, 30
フィッシャー投影式　199
フィードバック阻害　187
フェロモン　255
フォールディング　3, 151
フォワードケミカルジェネティクス　264
付加重合　59
付加縮合　61
付加反応　15, 20
不拮抗阻害　186
副溝　86
複合型糖鎖　213
フーグスティーン塩基対　86
複製反応　104
複製フォーク　106
フコース　205
不凍水　273
舟型　204
負の協同性　188
ブラッドフォード法　145
フラビン補酵素　189

291

# 索引

フラボノイド 256
フリップフロップ 240
フルクトース 203
プレノール脂質 232
プレベトキシン 256
ブレンステッドプロット 174
プロセシング 108, 112
ブロック共重合体 66
プロテオグリカン 215
プロトンスポンジ効果 284
プロモーター 125
分子クラウディング 6
分子シャペロン 157
分子量分布 67
ヘキソキナーゼ 19, 177
ベシクル 243
ヘテロクロマチン 126
ペニシリン 211, 255
ヘパリン/ヘパラン硫酸 216
ペプチド 133, 141
ペプチドグリカン 211
ペプチド固相合成 161
変性 150
変性温度 153
変旋光 202
補欠分子族 189
ホスホロアミダイト法 94
ホフマイスター系列 71
ポリAテール 114
ポリアクリルアミドゲル 63
　——電気泳動 164
ポリアデニレーション 114
ポリ($N$-イソプロピルアクリルアミド) 73, 280
ポリエチレングリコール 278
ポリケチド 233
ポリ($N$-$p$-ビニルベンジル-$O$-$β$-D-ガラクトピラノシル-(1→4)-D-グルコンアミド)(PVLA) 275
ポリマーソーム 244
ポリマーベシクル 244

ポリ(2-メタクリロイルオキシエチルホスホコリン)(PMPC) 274
ポリ(2-メトキシエチルアクリレート)(PMEA) 273
ボルツマン定数 41
ホルモン 254
ボンビコール 251, 255
翻訳 2, 104, 114

## マ

マイクロRNA 130
マイナーグルーブ 86
マーク・ホーウィンク・桜田の式 75
マクロライド 255
マタタビラクトン 251
マトリックス支援レーザー脱離イオン化法 221
マルトース 207
マンノース 205
ミカエリス定数 180
ミカエリス・メンテンの式 181
水 1
ミセル 243
無機分子 1
ムコ多糖 215
ムチン型糖鎖 213
メイラード反応 22
メジャーグルーブ 86
免疫染色法 221
免疫タンパク質 166
モルテングロビュール状態 155

## ヤ

融解温度 92
融解曲線 92
誘起双極子 5
有機分子 1
誘導適合モデル 178
ユークロマチン 126

四次構造 145, 149
四大抗生物質 255

## ラ・ワ

ライブラリー 4
ラインウィーバー・バークプロット 182
ラクトース 208
ラジカル触媒 177
ラジカル反応 17
ラフト 237
ラマチャンドラン角 142
ラングミュア・ブロジェット法 248
ランダム共重合体 66
リゾチーム 174
立体規則性 66
立体配置 64
リナリル二リン酸 20
リバースケミカルジェネティクス 264
リビング重合 63
リフォールディング 151
リボ核酸 2
リボザイム 129, 194
リボース 205
リボスイッチ 127
リボソーム 7, 112
リポソーム 244
リモネン 20
流動モザイクモデル 237
両親媒性 233
良溶媒 69
臨界ミセル濃度 243
リン脂質 4
レチナール 28
レバンタールのパラドックス 155
レーヨン 211
連鎖重合 59
ローリー法 145
ワトソン・クリック塩基対 87

#### 編著者紹介

**杉本直己** 理学博士

1985年京都大学大学院理学研究科博士後期課程修了．同年米国ロチェスター大学リサーチアソシエイト，1988年甲南大学理学部（現理工学部）講師，同助教授を経て，1994年より同教授．2003年より甲南大学先端生命工学研究所（FIBER）所長．2001～2004年は甲南大学ハイテクリサーチセンター所長を兼務，2014年からは甲南大学フロンティアサイエンス学部教授を兼務．

NDC 464　302 p　21cm

エキスパート応用化学テキストシリーズ

# 生体分子化学——基礎から応用まで

2017年1月26日　第1刷発行

| | |
|---|---|
| 編著者 | 杉本直己 |
| 著　者 | 内藤昌信・橋詰峰雄・高橋俊太郎・田中直毅・建石寿枝・遠藤玉樹・津本浩平・長門石 曉・松原輝彦・上田 実・朝山章一郎 |
| 発行者 | 鈴木　哲 |
| 発行所 | 株式会社　講談社 |

〒112-8001　東京都文京区音羽2-12-21
　　販　売　(03) 5395-4415
　　業　務　(03) 5395-3615

| | |
|---|---|
| 編　集 | 株式会社　講談社サイエンティフィク |
| | 代表　矢吹俊吉 |

〒162-0825　東京都新宿区神楽坂2-14　ノービィビル
　　編　集　(03) 3235-3701

| | |
|---|---|
| 本文データ制作 | 株式会社双文社印刷 |
| カバー・表紙印刷 | 豊国印刷株式会社 |
| 本文印刷・製本 | 株式会社講談社 |

落丁本・乱丁本は，購入書店名を明記のうえ，講談社業務宛にお送り下さい．送料小社負担にてお取替えします．なお，この本の内容についてのお問い合わせは講談社サイエンティフィク宛にお願いいたします．定価はカバーに表示してあります．

© N. Sugimoto, M. Naito, M. Hashizume, S. Takahashi, N. Tanaka, H. Tateishi, T. Endoh, K. Tsumoto, S. Nagatoishi, T. Matsubara, M. Ueda, S. Asayama, 2017

本書のコピー，スキャン，デジタル化等の無断複製は著作権法上での例外を除き禁じられています．本書を代行業者等の第三者に依頼してスキャンやデジタル化することはたとえ個人や家庭内の利用でも著作権法違反です．

**JCOPY**　〈(社)出版者著作権管理機構　委託出版物〉

複写される場合は，その都度事前に(社)出版者著作権管理機構（電話03-3513-6969，FAX 03-3513-6979，e-mail: info@jcopy.or.jp）の許諾を得て下さい．

Printed in Japan
ISBN 978-4-06-156806-8

講談社の自然科学書

# エキスパート応用化学テキストシリーズ

学部2～4年生，大学院生向けテキストとして最適!!

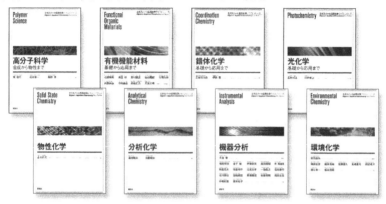

| 高分子科学 | 基本概念が深くわかる一生役に立つ本. |
|---|---|
| 合成から物性まで | |

東 信行／松本 章一／西野 孝・著
A5・254頁・本体2,800円

| 有機機能材料 | 幅広く，わかりやすく，ていねいな解説. |
|---|---|
| 基礎から応用まで | |

松浦 和則／角五 彰／岸村 顕広／佐伯 昭紀／竹岡 敬和／内藤 昌信／中西 尚志／舟橋 正浩／矢貝 史樹・著
A5・255頁・本体2,800円

| 錯体化学 | 群論からスタート. 最先端の研究まで紹介. |
|---|---|
| 基礎から応用まで | |

長谷川 靖哉／伊藤 肇・著
A5・254頁・本体2,800円

| 光化学 | 光化学を完全に網羅. フォトニクス分野もカバー. |
|---|---|
| 基礎から応用まで | |

長村 利彦／川井 秀記・著
A5・319頁・本体3,200円

| 物性化学 | 化学の学生に適した「物性」の入門書. |
|---|---|

古川 行夫・著
A5・238頁・本体2,800円

| 分析化学 | 初学者がつまずきやすい箇所を，懇切ていねいに. |
|---|---|

湯地 昭夫／日置 昭治・著
A5・204頁・本体2,600円

| 機器分析 | 機器分析のすべてがこの1冊でわかる! |
|---|---|

大谷 肇・編著
A5・287頁・本体3,000円

| 環境化学 | 地球を知り環境問題を解決するために. |
|---|---|

坂田 昌弘・編著
A5・271頁・本体2,800円

表示価格は本体価格（税別）です．消費税が別途加算されます．　「2016年12月現在」

講談社サイエンティフィク　http://www.kspub.co.jp/